21世纪高等院校电子信息类本科规划教材

DSP原理与开发实例

吉建华 主编　贾伟广 副主编
郭继昌 主审

机械工业出版社
China Machine Press

图书在版编目（CIP）数据

DSP 原理与开发实例／吉建华主编 . —北京：机械工业出版社，2014.1
（21 世纪高等院校电子信息类本科规划教材）

ISBN 978-7-111-45249-2

Ⅰ. D…　Ⅱ. 吉…　Ⅲ. 数字信号处理－高等学校－教材　Ⅳ. TN911.72

中国版本图书馆 CIP 数据核字（2013）第 309335 号

　　本书以 TI 公司的 TMS320C54x 系列 DSP 为平台、以提高读者工程应用能力为目的，由浅入深、全面系统地介绍了 DSP 的相关知识和技术。全书共分为 8 章。第 1 章介绍 DSP 的定义、发展、分类、特点、应用领域以及 DSP 系统的构成、优势和设计流程等内容。第 2 章介绍 CCS 的安装和配置、CCS 的界面和菜单、CCS 的基本功能和通用扩展语言等内容。第 3 章介绍 TMS320C54x 的软件开发过程。第 4 章通过大量翔实的例题详细介绍 TMS320C54x 的汇编语言源程序格式、操作码中的符号和缩写、指令系统中所用到的记号和运算符号以及汇编指令系统。第 5 章介绍数据寻址和程序寻址。第 6 章以 TMS320C5416 为例，介绍 DSP 芯片的总线结构、中央处理单元（CPU）、存储器和存储空间等基本结构。第 7 章介绍 DSP 的通用 I/O 口、时钟发生器、定时器、主机接口、串口及外部总线等片内外设。第 8 章主要介绍基于 TMS320VC5416 的 DSP 应用系统设计，包括最小系统设计和扩展系统（音频系统）设计以及相应的系统调试方法。

机械工业出版社（北京市西城区百万庄大街 22 号　　邮政编码　100037）
责任编辑：谢晓芳
北京市荣盛彩色印刷有限公司印刷
2014 年 1 月第 1 版第 1 次印刷
185mm×260mm · 17.25 印张
标准书号：ISBN 978-7-111-45249-2
定　　价：35.00 元

凡购本书，如有缺页、倒页、脱页，由本社发行部调换
客服热线：（010）88378991　88361066　　　　　　投稿热线：（010）88379604
购书热线：（010）68326294　88379649　68995259　　读者信箱：hzjsj@hzbook.com

前　　言

随着信息技术和超大规模集成电路的飞速发展，数字化进程不断加速，高速实时的数字信号处理系统应用日趋广泛，由此发展起来的数字信号处理器是现代数字系统设计不可缺少的重要手段，其表现出的方便、快捷、简单、移植性好、工程实现容易等特点已得到学术界和企业界的认可，数字信号处理器的相关知识已成为电子信息系统设计人员的必备知识。

本书以 TI 公司的 TMS320C54x 系列 DSP 为平台、以提高读者工程应用能力为目的，由浅入深、全面系统地介绍 DSP 的相关知识和技术。通过对本书的学习，希望读者可以举一反三，了解和掌握 DSP 的相关理论知识和系统设计方法。

本书作为内部教材已使用 4 年，教学效果良好。在此期间，编者不断发现问题、解决问题，最终形成了这样一部具有一定特色的 DSP 教材。

全书共分为 8 章。第 1 章介绍了 DSP 的定义、发展、分类、特点、应用领域以及 DSP 系统的构成、优势和设计流程等内容。第 2 章主要介绍了 CCS 的安装和配置、CCS 的界面和菜单、CCS 的基本功能和通用扩展语言等内容。第 3 章详细介绍了 TMS320C54x 的软件开发过程。第 4 章通过大量翔实的例题详细介绍了 TMS320C54x 的汇编语言源程序格式、操作码中的符号和缩写、指令系统中所用到的记号和运算符号以及汇编指令系统。第 5 章介绍了数据寻址和程序寻址。第 6 章以 TMS320C5416 为例，介绍了 DSP 芯片的总线结构、中央处理单元（CPU）、存储器和存储空间等基本结构。第 7 章详细介绍了 DSP 的通用 I/O 口、时钟发生器、定时器、主机接口、串口及外部总线等片内外设。第 8 章主要介绍了基于 TMS320VC5416 的 DSP 应用系统设计，包括最小系统设计和扩展系统（音频系统）设计以及相应的系统调试方法。

在本书的编写过程中，我们坚持"边学边练、学做结合，践以求知、学以致用"的编写原则，将理论和实践置于同等重要的地位，追求理论和实践的完美结合。总体上来说，本书具有以下几个特点。

- 体系结构合理。本书首先介绍了 CCS 开发环境，然后逐步介绍软件开发过程、汇编指令、寻址方式等内容，这样就为践行"边学边练、学做结合"打开了便利之门。同时，也有利于读者真正掌握并将 DSP 这门技术应用于工程实践。
- 模块设计优化。每章均包括内容提要、重点难点、具体内容、小结和思考题等模块，部分章还包括与本章内容相配套的实验内容。这样的模块设计有利于做到重点突出，便于读者自学并进行实践。
- 理论深入浅出。本书语言流畅、通俗易懂，努力避免繁琐的理论和长篇的数学推导，尽量用实例来说明问题，从而使学生轻松掌握所学的知识，达到事半功倍的效果。
- 实践全面丰富。本书包含 100 余道例题、100 道思考题、12 个实验和两个应用系统设计，成功地实践了"践以求知、学以致用"的编写原则。让事实说话、用实例释疑，在有效地整合本书内容的同时，最大限度地帮助读者掌握 DSP 这门应用技术。

- 配套资源完善。为方便读者的学习，作者在配套教学资源中提供了本书所有程序的源代码，以便于初学者在实践中快速掌握 DSP 技术。为满足广大教师的教学需求，编者在配套教辅资源中提供了电子课件（PPT 格式）、思考题答案（Word 格式）以及书中所有插图的电子版图片（JPEG 格式和 Visio 格式）等教辅资源（参见 http:∥www.hzbook.com）。

本书既可作为高等学校电子类专业本科生和研究生学习 DSP 的教材和参考书，也可供从事 DSP 芯片开发与应用的广大工程技术人员参考。

全书由天津大学仁爱学院吉建华担任主编并编写第 2 ~ 5 章及第 7 ~ 8 章，国家海洋标准计量中心贾伟广编写第 1 章、第 6 章。本书承蒙天津大学电子信息工程学院郭继昌教授担任主审，郭教授对本书进行了审阅并给予了许多指导和建议，编者对此深表谢意。

本书在编写过程中得到了天津大学电气与自动化工程学院孙雨耕教授和天津大学电子信息工程学院祖光裕副教授的大力支持和帮助。王思力、贾理淳、王鸣骥、张若石等完成了部分程序和电路的调试工作，在此一并表示衷心的感谢。

由于编者水平有限，书中错误和疏漏之处在所难免，恳请广大读者批评指正。

编者

2013 年 10 月

教 学 建 议

【教学目的】

1）了解 DSP 的发展状况和应用领域；

2）掌握 DSP 的基本硬件结构和片内外设；

3）掌握 DSP 开发环境（CCS）的使用方法；

4）掌握 DSP 软件编程和硬件设计的基本方法。

【教学实施】

教学内容	学习要点	课时安排
第 1 章 绪论	• DSP 芯片的定义、发展、分类、特点、应用领域及选择 • DSP 系统的构成及设计流程	4
第 2 章 DSP 集成开发环境	• CCS 安装 • 工程维护和程序调试方法 • 图形显示 • 数据交换 • 通用扩展语言	8（含 2 课时实验）
第 3 章 TMS320C54x 软件开发基础	• 汇编伪指令 • 汇编宏指令 • 段的定义和用法 • 链接命令文件 • C 语言程序设计 • 混合语言程序设计	16（含 8 课时实验）
第 4 章 TMS320C54x 汇编指令系统	• 汇编语言源程序格式 • 汇编语言指令的语法格式和使用方法	8（含 2 课时实验）
第 5 章 TMS320C54x 寻址方式	• 直接寻址 • 间接寻址 • 堆栈寻址 • 分支转移 • 调用与返回 • 中断	6
第 6 章 TMS320C54x 基本结构	• TMS320C54x 的总线结构及其作用 • TMS320C54x 中央处理单元（CPU）的组成及各部分的功能 • TMS320C54x 存储器结构和存储空间的组织与分配 • TMS320C5416 的存储器映像寄存器	10（含 2 课时实验）
第 7 章 TMS320C54x 片内外设	• 时钟发生器的实现方式 • 可编程定时器的原理和应用 • 主机接口的原理和使用方法 • 串行接口的 4 种形式及其使用方法 • 软件可编程等待状态发生器 • 可编程分区转换逻辑	8（含 2 课时实验）

（续）

教学内容	学习要点	课时安排
第 8 章 DSP 应用系统设计	• 系统电源 • 时钟电路 • 外扩存储系统 • CPLD 系统 • 系统调试方法	4

【教学方法】

数字信号处理器（DSP）是一门应用性较强的专业基础课程，宜采用边学边练、学做结合的方式进行教学，以便读者真正掌握并能将 DSP 这门技术应用于工程实践。在教学过程中，要真正做到理论与实践并重。有条件的院校可结合相应的实验平台完成各项实验内容，对于无法采购相关实验平台的院校，也可采用 CCS 软仿真的方法进行相关实验，以达到提高学生工程实践能力的目的。

【说明】

1）本书建议总学时为 64 学时，其中，理论教学 48 学时，实验教学 16 学时。各学校可根据不同的专业和课程设置对内容进行适当的调整，以利于学生学习。

2）实验一、实验三和实验五为必做实验，其他实验项目可以根据实际情况进行增减。

3）7.5 节中的多通道缓冲串口为必修内容，其他部分可作为选修内容。

4）第 8 章可作为选修内容，若不讲授该内容，可适当增加实验项目以着力提高学生的软件编程能力。

5）除第 8 章之外，其他章节的基础性实验可采用实验箱或软件的方式进行，教学效果基本一致。

目　　录

第1章 绪 论

📖 **内容提要**

本章介绍 DSP 芯片的定义、发展、分类、特点和应用领域，以及 DSP 系统的构成、优势和设计流程。DSP 芯片种类较多，但它们的基本原理和开发方法基本一致，因此，本书以 TI 公司的 TMS320C54x 为例展开讨论。

📖 **重点难点**

- DSP 芯片的定义、特点及分类
- DSP 系统的构成及设计流程

1.1 DSP 芯片

1.1.1 DSP 的含义

20 世纪 60 年代以来，随着计算机技术和信息技术的飞速发展，数字信号处理技术应运而生并得到迅速的发展。迄今为止，数字信号处理技术已经在通信、自动控制、航空航天、军事、仪器仪表、家用电器等众多领域得到了极为广泛的应用。

21 世纪是数字化的世纪，作为数字化最重要的技术之一，DSP 无论在其应用的深度还是广度方面，都正以前所未有的速度向前发展。随着越来越多的电子产品将数字信号处理作为技术核心，DSP 已经成为推动数字化进程的主要动力之一。

数字信号处理把信号用数字或符号表示成序列，通过计算机或者通用（专用）信号处理设备，用数值计算的方法进行处理，以达到提取有用信息、便于应用的目的。数字信号处理的主要内容有滤波、检测、变换、增强、估计、识别、参数提取、频谱分析等。

DSP 可以代表数字信号处理技术（Digital Signal Processing），也可以代表数字信号处理器（Digital Signal Processor），两者不可分割。前者指理论和计算方法上的技术，后者指实现这些技术的通用或专用可编程微处理器芯片。随着数字信号处理器的快速发展，DSP 这一英文缩写已被公认为是数字信号处理器的代名词。

1.1.2 DSP 的历史与发展

DSP 芯片诞生至今已经得到了突飞猛进的发展，其发展历程大致可分为以下三个阶段。

第一阶段，DSP 的雏形阶段（1980 年前后）。在 DSP 芯片出现之前，数字信号处理只能用通用微处理器来完成。但由于通用微处理器的处理速度较低，因此其难以满足对数字信号进行高速实时处理的要求。1965 年库利（Cooley）和图基（Tukey）提出了著名的快速傅里叶变换（Fast Fourier Transform，FFT），极大地降低了傅里叶变换的计算量，从而为数字信号的实时处理奠定了算法基础。与此同时，伴随着集成电路技术的发展，各大集成电路厂商都为生产通用 DSP 芯片做了大量的工作。1978 年 AMI 公司生产出第一片 DSP 芯片 S2811，1979 年美国 Intel 公司发布了商用可编程 DSP 器件 Intel2920，由于内部没有单周期的硬件乘法器，因此芯片的运算速度、运算精度和数据处理能力均受到了很大的限制。1980 年，日本 NEC 公司推出的 μPD7720 是第一片具有硬件乘法器的商用 DSP 芯片。这个时期，DSP 芯片的运算速度大约为单指令周期 200～250ns，应用仅局限于军事或航空航天领域。值得一提的是，TI 公司的第一代 DSP 芯片 TMS32010，它采用了改进的哈佛结构，允许数据在程序存储空间（简称"程序空间"）与数据存储空间（简称"数据空间"）之间传输，大大提高了运行速度和编程灵活性，在语音合成和编码解码器中得到了广泛的应用。这个时期的代表性器件主要有 Intel2920（Intel）、μPD7720（NEC）、S2811（AMI）、TMS32010（TI）、DSPl6（AT&T）和 ADSP21（AD）等。

第二阶段，DSP 的成熟阶段（1990 年前后）。这个时期，国际上许多著名的集成电路厂家都相继推出了自己的 DSP 产品。此时，DSP 芯片在硬件结构上更符合数字信号处理的要求：具有硬件乘法器、硬件 FFT 变换和单指令滤波处理，其单指令周期为 80～100ns。如 TI 公司的 TMS320C20，它是该公司的第二代 DSP 芯片，采用 CMOS 制造工艺，其存储容量和运算速度成倍提高，为语音和图像硬件处理技术的发展奠定了基础。20 世纪 80 年代后期，以 TI 公司的 TMS320C30 为代表的第三代 DSP 芯片问世，伴随着运算速度的进一步提高，其应用范围逐步扩大到通信和计算机领域。这个时期的器件主要有 TI 公司的 TMS320C20、30、40、50 系列，Motorola 公司的 DSP5600、9600 系列，AT&T 公司的 DSP32 等。

第三阶段，DSP 的完善阶段（2000 年以后）。这一时期，各 DSP 制造厂商不仅使芯片的信号处理能力更加完善，而且系统开发更加方便、程序编辑调试更加灵活、功耗进一步降低、成本不断下降、多核技术开始应用。尤其是各种通用外设集成到片内，极大地提高了 DSP 的数字信号处理能力。这一时期的 DSP 运算速度可达到单指令周期 10ns 以上，可在 Windows 环境下直接用 C 语言编程，使用方便灵活，从而使 DSP 芯片不仅在通信、计算机领域得到了广泛的应用，而且逐渐渗透到人们的日常消费领域。表 1-1 列出了 DSP 芯片在性能、规模、工艺、价格等方面的变化情况。

目前，DSP 芯片发展非常迅速。硬件方面主要是向多处理器的并行处理结构、便于外部数据交换的串行总线传输、大容量片内 RAM 和 ROM、程序加密、增加 I/O 驱动能力、外围电路内装化、低功耗等方面发展。软件方面主要是综合开发平台的完善，使 DSP 的应用开发更加灵活方便。

表 1-1　DSP 芯片性能、规模、工艺、价格变化表

年代 指标	1980	1990	2000	2010
速度/MIPS	5	40	5000	50 000
RAM/字节	256	2k	32k	1M
规模/门	5×10^4	5×10^5	5×10^6	5×10^7
工艺/μm	3	0.8	0.1	0.02
价格/美元	150.00	15.00	5.00	0.15

在如此众多的 DSP 芯片中，最成功的是美国德州仪器（Texas Instruments，TI）公司的系列产品。目前，TI 公司已经成为世界上最大的 DSP 芯片供应商，其市场份额占到了全世界的约 50%。

TI 公司常用的 DSP 芯片可以归纳为四大系列，即 C2000 系列、C5000 系列、C6000 系列和 KeyStone 多核系列。

TMS320C2000 系列主要是定点 DSP 芯片，主要用于自控领域，典型芯片是 TMS320C24x 和 TMS320C28x。TMS320C24x 的运算速度为 20～40MIPS，内部集成了 PWM、ADC 等资源，性价比较高。TMS320C28x 可提供 150MIPS 的运算速度，采用 32 位 CPU，可单片实现大部分应用功能。该系列芯片目前的浮点芯片有 TMS320F283x，运算速度可达到 300MFLOPS。

TMS320C5000 系列主要用于通信、信息技术领域，属于定点 DSP 芯片。TMS320C54x（简称 C54x）系列芯片最高速度可达几百 MIPS，且品种较多，易于选配。TMS320C55x 采用了高性能的电源管理技术，功耗很低，适合于手持设备选用。OMAP 芯片将 TMS320C55x 和 ARM 集于一体，可真正做到功能的单片实现。

TMS320C6000 系列特别适合于处理图像和视频等性能需求较高的场合。TMS320C64x 属于定点 DSP 芯片，其时钟频率可达 1GHz。TMS320C67x 属于浮点 DSP 芯片，其运算速度可达 1MFLOPS 左右。

KeyStone 多核 DSP 综合了定点和浮点计算能力，是目前 TI 公司的顶级 DSP 芯片。该多核平台的处理能力与低功耗功能特别适合于工业自动化、高性能计算、关键任务、视频基础设施和高端成像等应用领域。多核处理器包括 C667x 系列（如 C6670、C6671、C6672、C6674、C6678）和 C665x 系列（如 C6654、C6655、C6657）。

下面以 TMS320（B）VC5416PGE（L）为例介绍 TMS320 系列 DSP 芯片的命名方法。

1）TMS：前缀，TMX 为实验器件、TMP 为样品器件、TMS 为合格器件。

2）320：器件系列，320 即 TMS320 系列。

3）（B）：自举加载选项，包括加电自检和磁盘引导。

4）VC：工艺，C = CMOS、E = CMOS EPROM、F = CMOS Flash EEPROM、LC = 低电压 CMOS（3.3V）、VC = 低电压 CMOS（3V）、UC = 超低电压 CMOS 1.8～3.6V（内核 1.8V）。

5）5416：器件型号，如 5410、5502、6455、6711、6657 和 6678 等。

6）PGE：封装形式，DIP = 双列直插封装、PGA = 针栅阵列封装、CC = 芯片载体、QFP = 四边引脚扁平封装、BGA = 球栅阵列封装、TQFP = 薄形 QFP（1.0mm 厚）、N = 塑料 DIP、J = 陶瓷 DIP、GP = 陶瓷 PGA、FZ = 陶瓷 CC、FN = 塑料引线 CC、FD = 陶瓷无引线 CC、PJ = 100 引脚塑料 QFP、PQ = 132 引脚塑料 QFP、PZ = 100 引脚塑料 TQFP、PBK = 128 引脚塑料 TQFP、PGE = 144 引脚塑料 TQFP、GGU = 144 引脚 BGA、PQFP = 塑料 QFP 和 LQFP = 薄形 QFP（1.4mm 厚）。

7）（L）：芯片工作的温度范围，L（默认）= 0～70℃、A = -40～85℃、S = -55～100℃、M = -55～125℃。

1.1.3　DSP 的分类

为了满足数字信号处理的多种应用需求，DSP 厂商生产出多种类型和档次的 DSP 芯片。一般来说，可以依据 DSP 芯片的基础特性、数据格式和用途对其进行分类。

根据 DSP 芯片的基础特性（工作时钟和指令类型），可分为静态 DSP 芯片和一致性 DSP 芯片。

如果在某时钟频率范围内的任何时钟频率上，DSP 芯片都能正常工作，除计算速度有变化外，性能不会下降，这类 DSP 芯片就称为静态 DSP 芯片。如日本 OKI 电气公司的

DSP 芯片、TI 公司的 TMS320C2xx 系列芯片等。如果两种或两种以上 DSP 芯片的指令集、机器代码及引脚结构均相互兼容，则称这类 DSP 芯片为一致性 DSP 芯片。如 TI 公司的 TMS320C54x。

根据 DSP 芯片的数据格式（数据精度或动态范围），可分为定点 DSP 芯片和浮点 DSP 芯片。

数据以定点格式工作的 DSP 芯片称为定点 DSP 芯片。如 TI 公司的 TMS320C1x/2x、TMS320C2xx/C5x、TMS320C54x/C62xx 系列，AD 公司的 ADSP21xx 系列，AT&T 公司的 DSP16/16A 和 Motorola 公司的 MC56000 等。数据以浮点格式工作的 DSP 芯片称为浮点 DSP 芯片。如 TI 公司的 TMS320C3x/4x/8x、AD 公司的 ADSP21xxx 系列、AT&T 公司的 DSP32/32C 和 Motorola 公司的 MC96002 等。不同的浮点 DSP 芯片所采用的浮点格式有所不同，有的 DSP 芯片采用自定义的浮点格式，如 TMS320C3x。有的 DSP 芯片采用美国电气与电子工程师协会（Institute of Electrical and Electronics Engineers，IEEE）的标准浮点格式，如 Motorola 公司的 MC96002、Fujitsu 公司的 MB86232 和 ZORAN 公司的 ZR35325 等。

根据 DSP 芯片的用途，可分为通用型 DSP 芯片和专用型 DSP 芯片。

通用型 DSP 芯片一般是指可以用指令编程的 DSP 芯片。它适合于普通的 DSP 应用，具有可编程性和强大的处理能力，可完成复杂的数字信号处理算法。如 TI 公司的一系列 DSP 芯片均属于通用型 DSP 芯片。专用型 DSP 芯片是为特定数字信号处理算法设计的 DSP 芯片。此类芯片通常只针对某一种应用，相应的算法由内部硬件电路实现，适合于数字滤波、FFT、卷积和相关等特殊运算，主要用于要求信号处理速度极快的特殊场合，如 Motorola 公司的 DSP56200 和 ZORAN 公司的 ZR32881 等。

1.1.4 DSP 的结构特点

数字信号处理不同于普通的科学计算与分析，它强调运算的实时性。除了具备普通微处理器所强调的高速运算和控制能力外，DSP 针对实时数字信号处理的特点，在处理器的结构、指令系统和指令流程上作了很大改进。

1. 采用哈佛结构

DSP 芯片普遍采用数据总线和程序总线分离的哈佛结构或改进的哈佛结构，比传统处理器的冯·诺依曼结构有更快的指令执行速度。

以 Pentium 系列为代表的通用微处理器采用冯·诺依曼（Von Neuman）结构。该结构采用单存储空间，即程序和数据共用一个存储空间，使用单一的数据和地址总线，取指令和取操作数通过一条总线分时进行，其结构如图 1-1a 所示。当进行高速运算时，其不但不能同时取指令和取操作数，而且会造成数据传输通道的瓶颈现象，工作速度较慢。

DSP 芯片采用哈佛（Harvard）结构或改进型的哈佛结构。哈佛结构采用双存储空间，程序存储器和数据存储器分开，有各自独立的程序总线和数据总线，可独立编址和访问。因此，其程序和数据可独立传输，大大地提高了芯片的数据处理能力和指令的执行速度，非常适合于实时的数字信号处理，其结构如图 1-1b 所示。

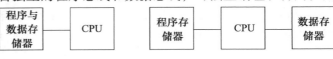

a）冯·诺依曼结构   b）哈佛结构

图 1-1 DSP 的微处理器结构

改进型的哈佛结构采用双存储空间和数条总线，即一条程序总线和多条数据总线。它允许在程序空间和数据空间之间相互传送数据，使得这些数据可以由算术运算指令直接调用，以增强芯片的灵活性。同时，它还提供存储指令的高速缓冲器和相应的指令，当重复执行这些指令时，只需读入一次就可连续使用，不需要再次从程序存储器中读出，从而减少了指令执行所需要的时间。如 TMS320C6200 系列的 DSP，整个片内程序存储器都可以配制成高速缓冲结构。

2. 采用多总线结构

对 DSP 芯片而言，内部总线是十分重要的资源，总线越多，可实现的并行度就越高。DSP 芯片采用多总线结构，并由辅助寄存器自动增减地址进行寻址，使得 CPU 在一个机器周期内可多次对程序空间和数据空间进行访问，大大地提高了 DSP 的运行速度。如 C54x 系列内部有 4 组总线，每组总线都有地址总线和数据总线，这样，在一个机器周期内 C54x 可以并行完成如下操作：

1）从程序存储器中取一条指令；
2）从数据存储器中读两个操作数；
3）向数据存储器写一个操作数。

3. 采用流水线技术

计算单元在执行一条多周期指令时，一般要经过取指令、指令译码、取操作数、执行指令和保存结果等步骤，需要若干指令周期才能完成。

流水线（Pipeline）技术将各指令的各个步骤重叠起来执行，而不是一条指令完成后，才开始执行下一条指令。即在每个指令周期内，几条不同的指令均处于激活状态，但每条指令处于不同的阶段。如图 1-2 所示，在第 N 条指令取指令时，前面一条即第 $N-1$ 条指令正在译码，而第 $N-2$ 条指令正在取操作数，第 $N-3$ 条指令则正在执行指令。

使用流水线技术后，尽管每条指令的执行仍然经过这些步骤，需要同样的指令周期，但将一个指令段综合起来看，其中每条指令的执行都可近似看作是在一个指令周期内完成的。

DSP 所采用的将程序空间和数据空间的地址与数据总线分开的哈佛结构，为指令系统的流水线操作提供了很大的方便。利用流水线技术，加上执行重复操作，就能保证在单指令周期内完成数字信号处理中用得最多的乘法 – 累加运算（见式 1.1）。

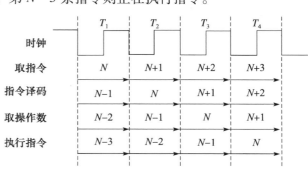

图 1-2 四级流水线操作

$$y = \sum_{i=1}^{n} a_i x_i \tag{1.1}$$

当然，不同系列 DSP 芯片的流水线深度是不同的。第一代 TMS320 处理器采用 2 级流水线，第二代采用 3 级流水线，第三代采用 4 级流水线，TMS320C54x 采用 6 级流水线，而 TMS320C6000 系列芯片的流水线深度更深。

4. 配有专用的硬件乘法 - 累加器

在数字滤波、FFT、卷积、相关、向量和矩阵运算等数字信号处理算法中，乘法和累加是最基本的运算。但通用 CPU 没有专门的乘法器，因此一次乘法运算要占用多个机器周期才能完成。

为了适应数字信号处理的需要，当前的 DSP 芯片都配有专用的硬件乘法 - 累加器，可在一个周期内完成一次乘法和一次累加操作，从而极大地提高了芯片的运算速度。

5. 具有特殊的指令

为了满足数字信号处理的需要，在 DSP 的指令系统中，设计了一些完成特殊功能的指令。如 TMS320C54x 中的 FIRS 和 LMS 指令，专门用于完成系数对称的 FIR 滤波器和最小均方（Least Mean Square，LMS）算法。

6. 快速的指令周期

由于采用哈佛结构、流水线操作、专用的硬件乘法器、特殊的指令以及集成电路的优化设计，从而使得 DSP 芯片的指令周期可降低至 20ns 以下。如 TMS320C54x 的运算速度为 200MIPS，即 200 百万条指令/秒。

7. 硬件配置强

新一代的 DSP 芯片具有较高的硬件配置，除了具有串口、定时器、主机接口、DMA 控制器、软件控制的等待状态发生器等片内外设外，还配有中断处理器、PLL、片内存储器、测试接口等单元电路，可以方便地构成一个嵌入式自封闭控制的处理系统。

8. 省电管理和低功耗

DSP 芯片的功耗一般为 0.5～4W，若采用低功耗技术可降到 0.25W 以下。这样就可以采用电池供电，特别适合于便携式数字终端设备。

9. 支持多处理器结构

为了满足多处理器系统的设计，许多 DSP 芯片都采用支持多处理器的结构。如，TMS320C40 提供了 6 个用于处理器间高速通信的 32 位专用通信接口，使处理器之间可直接对通，应用灵活、使用方便。

1.1.5　DSP 的应用领域

伴随着科技的迅猛发展，人们对数字信号处理的速度和运算量的要求不断升级。凭借其自身成本低、运算速度快、可定制的优点，各种封装形式的 DSP 芯片已广泛应用于多个领域，而且 DSP 的应用领域仍在不断地扩大，发展速度惊人。

在通信领域，DSP 广泛应用于调制解调器、自适应均衡、数据加密、数据压缩、回波抵消、多路复用、传真、扩频通信、纠错编码、可视电话、个人通信、移动通信、个人数字助手（PDA）、X.25 分组交换开关等算法和设备中。

在信息处理领域的数字滤波、快速傅里叶变换、希尔伯特变换、小波变换、频谱分析、卷积、模式匹配、加窗、波形产生等各类运算中，DSP 已成为主要实现技术。另外，DSP 已成为语音编解码、语音合成、语音识别、语音增强、语音邮件、语音存储及图形处理、图像压缩与传输、图像增强、动画与数字地图、机器人视觉、模式识别等方面的技术核心。

在仪器仪表和自动控制领域，无论是频谱分析、函数发生、锁相环、数字滤波、模式匹配、暂态分析，还是工业控制、引擎控制、声控、机器人控制、磁盘控制、激光打印机控制、电机控制，都可以看到 DSP 的身影。

在保密通信、雷达处理、声呐处理、图像处理、射频调制解调、导航、导弹制导等军事领域，在助听器、超声设备、诊断工具、病人监护、胎儿监控、修复手术等医疗领域，在高保真音响、音乐合成、音调控制、玩具与游戏、数字电话与电视、电动工具等家用电器领域，在自适应驾驶控制、防滑制动器、发动机控制、导航及全球定位、振动分析、防撞雷达等汽车电子领域……DSP 均成为了不可或缺的重要组成部分。随着科技的进一步发展，在可以预见的将来，DSP 的应用领域必将得到进一步的拓展。

1.2　DSP 系统

1.2.1　DSP 系统的构成

通常，一个典型的 DSP 系统应包括抗混叠滤波（带限滤波）、模数转换（ADC）、数字信号处理（DSP）、数模转换（DAC）和低通滤波等部分，其组成框图如图 1-3 所示。

图 1-3　典型的 DSP 系统框图

抗混叠滤波器将输入的模拟信号进行带限滤波，滤除信号中高于折叠频率的分量，以防止信号频谱产生混叠。然后通过模数转换器（ADC）将模拟信号转换成 DSP 可以处理的数字比特流，即数字信号。根据系统所要实现的功能，DSP 芯片对输入的数字信号进行相应的处理，这是 DSP 系统的关键所在。之后，经过处理的数字信号再经过数模转换器（DAC）进行数/模转换，得到模拟信号。最后，该模拟信号经过低通滤波器，滤除不需要的高频分量，得到连续的模拟信号。

需要说明的是，实际的数字信号处理系统不一定完全包含图 1-3 中的所有部分。例如，有的系统的输入已经是数字信号，就不需要 ADC 模块了。有的系统需要输出数字信号，就不需要 DAC 模块了。当然，如果系统的输入不是电信号，而是其他形式的信号（如光信号、物理信号等），这时就需要利用传感器首先将其转换为电信号然后再进行相关处理。因此，在设计 DSP 系统时，要根据系统的要求，有选择地进行系统的构建。

1.2.2　DSP 系统的优势

一般来说，数字信号可以在通用的微型计算机（PC）上利用编程语言（如 VB、VC 等）采用软件的方式实现信号的处理。这种信号处理方式编程方法灵活但速度慢，无法满足信号实时处理的要求。为了提高运算速度，可以在通用的计算机系统中加上专用的加速处理机来提高处理速度，但其专用性太强、灵活性差，不便于系统的独立运行。因此，PC 无法担当数字信号处理的重任。

近年来，人们利用可编程器件（如 CPLD、FPGA 等）来实现数字信号的处理算法。该方法具有通用性，且可以实现并行运算，取得了一定的效果。但其专用性极强、开发周期较长、调试相对困难，而且这种方法的研发工作也主要不是由一般的用户来完成的。因此，对于一般用户而言，CPLD、FPGA 无法满足人们对数字信号处理的各种要求。

当然，也可以利用单片机（如 MCS-51、96 系列等）来实现信号处理。单片机接口性能良好，但由于其采用冯·诺依曼结构，因此运算速度慢，只能用于简单的数字信号处理。一般来说，单片机长于控制领域，而 DSP 注重信号分析运算，它们针对了不同的需求，不存在互相替代的问题。不过，就目前的情况来看，单片机和 DSP 的特点互相融合的趋势越来越明显，这也将是单片机与 DSP 的发展趋势。

表 1-2 对单片机和通用的可编程 DSP 芯片进行了对比，并简要列举了 DSP 芯片的优势所在。

表 1-2　DSP 系统的优势

项目 \ 芯片	DSP	单片机	DSP 的优势
总线结构	哈佛/改进型哈佛结构	冯·诺依曼结构	消除瓶颈，运行速度更快
乘加运算	有硬件乘法器，单指令实现	多指令实现	减少所需指令周期数
寻址方式	利用硬件数据指针，实现逆序寻址	普通寻址	减少 FFT 运算寻址时间
指令运行方式	流水线方式，允许程序与数据存储器同时访问	顺序运行	在单条指令执行时间相同的情况下，极大地提高运算速度
指令	配置专用运算器，复合指令可以在寄存器、运算单元处理变量的同时，使用指针访问数据存储器	无复合指令功能	采用并行方式，提高数据处理能力
循环控制	利用硬件循环控制结构，实现无消耗循环控制	每次循环都将消耗机器周期	较好地解决了高速运行和精简程序的矛盾
多处理系统	提供具有很强同步机制的互锁指令	无专用指令	保证了高速运算中通信和结果的完整

综上所述，PC、CPLD、FPGA 和单片机均不是数字信号处理的理想平台。通用的可编程 DSP 芯片有更适合于数字信号处理的软件和硬件资源，非常适合于通用数字信号处理的开发。因此，实现数字信号处理的最理想平台，只能是可编程 DSP 芯片。

虽然 DSP 功能强大，但是一个产品的设计要考虑在满足需求情况下的性价比。如果实现一个遥控器，选用 DSP 就没有优势了，因为很多单片机比它更适合用来实现遥控器。

以上从数字信号处理实现方法的角度上分析了 DSP 系统的优越性。与模拟系统相比，数字信号处理系统同样具有许多优越性。

1）接口方便

DSP 系统提供了灵活的接口，可以与其他以数字技术为基础的系统或设备相兼容，与这样的系统接口以实现某种功能要比模拟系统与这些系统接口容易得多。

2）编程灵活

DSP 系统中的可编程 DSP 芯片及其完善的开发环境可使开发人员在设计过程中灵活方便地对软件进行修改和维护。

3）运行速度快

由于 DSP 芯片采用了硬件乘法 – 累加单元、双存储空间和多总线结构，因此，DSP 系统运行速度较快。

4）可重复性好

模拟系统的性能受元器件参数性能变化的影响较大，而数字系统基本不受其影响，因此，数字系统的可重复性较好，便于进行大规模生产。

5）精度高

早期的 DSP 字长为 8 位，后来逐步提高到 16 位、24 位、32 位。为了防止运算过程中的溢出，有的累加器达到 40 位。此外，一批浮点 DSP，如 TMS320C3x、TMS320C4x、ADSP21020 等，提供了更大的动态范围，进一步提高了运算精度。

6）稳定性好

模拟电路中的电阻、电容、电感和运算放大器等器件的特性，都会随环境的改变而变化。也就是说，当环境的温度、湿度、振动条件改变时，模拟系统的性能极有可能会发生改变，甚至是很大的改变。与此相比，数字系统的稳定性要好得多，受环境的影响要小得多。

7）大规模集成

随着微电子技术的发展，集成电路已经不再是数字电路的专利。近年来，出现了大量的模拟集成电路和模拟数字混合集成电路。但就可选择的种类、集成度、功能和性价比等方面而言，模拟集成电路和模拟数字混合集成电路还是不能与超大规模数字集成电路相比。DSP 就是基于超大规模数字集成电路和计算机技术而发展起来的，适合于用作数字信号处理的高速微处理器。它体积小、功能强、功耗低、使用灵活方便、性价比高，从而得到了迅速的发展和广泛的应用。

8）可获得高性能指标

随着人们对信号质量的要求越来越高，信号传输的带宽和存储的代价也越来越高。模拟信号的信息量可以通过限制信号带宽的方式进行压缩，但随着信号的带宽变窄，信号的质量也会受到比较大的影响。随着数字信号处理中压缩算法的不断改进，已经可以在对原始信号质量影响很小的前提下，取得很高的压缩比，获得更好的性能指标。

尽管前面讨论了数字信号处理的诸多优越性，但模拟信号处理仍然不可或缺，不可能被数字信号处理完全取代，其原因如下。

1）自然界的绝大多数信号是模拟信号。我们从自然界采集并加以处理的信号，如声音、图像、温度、压力、速度、加速度等，绝大多数是随时间连续变化的，也就是模拟信号。必须首先采用模拟系统和模拟/数字混合系统加以处理，例如，用模拟滤波器将其变换成为带限信号，用模拟放大器改变其幅度，然后采样/保持，并通过 A/D 转换器转换成为数字信号后，才能用数字信号处理系统加以处理。处理之后，还要通过 D/A 转换器将其转换为模拟信号，并经过适当的模拟信号处理，才能加以使用。

2）模拟信号处理系统从根本上说是实时的。很多信号的处理必须是实时的，如通信雷达、视频监控等。数字信号处理本质上是通过计算来实现的，尽管以 DSP 为代表的数字信号处理器的计算能力已经有了很大提高，但严格地讲它还不能达到真正的实时要求。因此，从实时处理的角度讲，用数字信号处理系统完全取代模拟信号处理系统，至少在目前还是不可能的。

3）射频（Radio Frequency，RF）信号必须用模拟信号实现。射频表示可以辐射到空间的电磁频率，频率范围为 300kHz ~ 30GHz。射频信号的发射和接收都是依靠模拟系统实现的。

因此，模拟信号处理还有待进一步发展，而且不可能被数字信号处理完全替代。

1.2.3 DSP 系统的设计流程

DSP 系统的开发需要一定的软、硬件环境，同时，开发人员要能够了解各类 DSP 芯片的片内资源和芯片的可扩展性，以便根据系统要求选择恰当的芯片。DSP 系统整体设计框图如图 1-4 所示。依据设计流程，其设计步骤可分为如下几个阶段。

1. 需求分析

在进行 DSP 系统设计之前，首先要分析系统需求、明确设计任务、写出设计任务书。在设计任务书中，应将设计要求准确、清楚地描述出来，描述方式可以采用人工语言描述，也可以是流程图或算法描述。然后根据任务书来选择设计方案，确定设计目标。

2. 确定性能指标

根据设计目标，要明确 DSP 系统的技术性能指标，主要包括：系统的采样频率、实时性、算法精度、存储空间、I/O 接口及成本要求。

1）系统的采样频率。系统的采样频率应由系统所处理信号的频率决定。

2）实时性。根据以系统的采样频率完成最复杂的算法所需的最大时间以及系统对实时性的要求来判断系统能否完成工作。

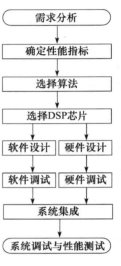

图 1-4 DSP 系统整体
设计框图

3）算法精度。由系统要求的精度决定字长采用 16 位还是 32 位，选择定点运算还是浮点运算。

4）存储空间。由数据量及程序的大小决定片内 RAM 的大小，以及是否需要外扩及外扩多大容量的存储空间。

5）I/O 接口。根据系统设计目标，计算系统对 I/O 接口的具体要求。

6）成本要求。在达到系统设计目标的基础上，尽量选择较高性价比的芯片和设计方案。

3. 选择算法

一般而言，为了实现系统的设计目标，需要对输入信号进行相关处理，而不同的处理方法（算法）会导致不同的系统性能，因此，在本步骤中要对信号处理算法进行优化选择：首先选择不同的算法，然后用计算机高级语言（如 VC、Matlab 等）验证算法是否满足系统的性能指标，最后从多种信号处理算法中找出全局最佳或局部最佳算法。

4. 选择 DSP 芯片

根据应用场合和设计目标，选择恰当的 DSP 芯片。选择 DSP 芯片时主要考虑的因素有以下几个方面。

（1）DSP 芯片的运算速度

可以用来表示 DSP 芯片运算速度的指标有：

1）指令周期：执行一条指令所需要的时间，通常以 ns 为单位。

2）MAC 时间：一次乘法和一次加法的时间。大部分 DSP 芯片可在一个指令周期内完成一次乘法和一次加法操作。

3）FFT 执行时间：运行一个 N 点 FFT 程序所需要的时间。由于 FFT 运算在数字信号处理中很有代表性，因此 FFT 运算时间常作为衡量 DSP 芯片运算能力的一个指标。

4）MIPS：每秒执行百万条指令。

5）MOPS：每秒执行百万次操作。

6）MFLOPS：每秒执行百万次浮点操作。

7）BOPS：每秒执行十亿次操作。

（2）DSP 芯片的价格

如果采用价格昂贵的 DSP 芯片，即使性能再好，其应用范围也受到一定限制，尤其是民用产品。因此，应选择最适合的而不是价格最高的 DSP 芯片。

（3）DSP 芯片的硬件资源

不同 DSP 芯片所提供的硬件资源不同，如片内 RAM、ROM 的数量，外部可扩展的程序和数据空间，总线接口、I/O 接口等。要根据系统的实际需要，尽量选择片内资源较为丰富的芯片。

（4）DSP 芯片的运算精度

DSP 芯片的字长越长，其运算精度就越高，因此，需要根据系统对运算精度的要求选择合适的 DSP 芯片。定点 DSP 芯片的字长一般为 16 位，少数为 24 位；浮点 DSP 芯片的字长一般为 32 位。

（5）DSP 芯片的开发工具

在 DSP 系统的开发过程中，如果没有开发工具的支持，要想开发一个复杂的 DSP 系统几乎是不可能的。功能强大的开发工具，可使开发周期大大缩短。

（6）DSP 芯片的功耗

便携式的 DSP 设备、手持设备、野外应用的 DSP 设备等对功耗有特殊的要求，因此，在选择芯片时，要考虑到功耗因素。

（7）其他因素

除了上述因素外，还要考虑到 DSP 芯片的封装形式、质量标准、供货情况、生命周期等因素。

一般来讲，定点 DSP 芯片的价格较便宜，功耗较低，但运算精度稍低。浮点 DSP 芯片的运算精度高，用 C 语言编程调试方便，但价格稍高，功耗较大。DSP 系统的运算量是确定选用 DSP 芯片处理能力的基础。如果系统的运算量比较小，则可选用处理能力不是很强的 DSP 芯片，以便降低系统成本。如果单块 DSP 芯片达不到要求，则需选用多块 DSP 芯片并行处理。

5. 软/硬件设计

当选定 DSP 芯片及其外围器件后，就可以对 DSP 系统进行软件和硬件设计了。软件设计是指用 DSP 的汇编语言或通用的高级语言（如 C 语言）编写出来的、用于信号处理的汇编程序、C 语言程序或由汇编语言和高级语言混合编写的混合程序。硬件设计是指根据所选择的 DSP 芯片设计其外围电路和系统其他电路。

6. 软/硬件调试

软件调试一般借助 DSP 开发工具，如软件仿真器（Simulator）、硬件仿真器（Emulator）、开发初学者套件（DSK）和评价模块（EVM）等进行调试，完成功能的测试与程序的修改。硬件调试一般采用硬件仿真器进行调试，在此平台上，可以借助示波器、逻辑分析仪等工具对系统的信号进行测量和分析。

7. 系统集成

软/硬件设计、调试完成之后，需要进行系统集成。所谓系统集成是先将软件程序固化到系统中，然后把软/硬件结合起来组装成一台样机。

8. 系统调试与性能测试

样机完成后，要对其进行系统性能测试，评估系统的性能指标是否达到了设计要求。在此过程中，要反复核实系统的精度、稳定性及实时性，如测试结果不符合系统要求，则需要通过修改程序、调整硬件予以解决。

1.3 小结

本章首先对 DSP 芯片进行了简要介绍，包括定义、发展、分类、特点和应用领域等。然后介绍了 DSP 系统的基本知识，包括系统的构成、优势和设计流程。通过对本章知识的学习，读者可以对 DSP 有一个大致的了解，为今后的学习做一个铺垫。

思考题

1. 思考并讨论 Digital Signal Processing 和 Digital Signal Processor 之间的联系和区别。
2. 简述 DSP 的发展历程。
3. DSP 有哪几种分类方式？可将 DSP 芯片分成哪几类？
4. 什么是定点 DSP 芯片？什么是浮点 DSP 芯片？
5. 什么是静态 DSP 芯片？什么是一致性 DSP 芯片？
6. DSP 芯片的结构特点是什么？
7. 冯·诺依曼结构和哈佛结构的主要区别是什么？与前者相比，哈佛结构有何优势？
8. 以四级流水线为例，介绍 DSP 所采用的流水线技术。
9. 简述典型 DSP 系统的构成。
10. 数字信号处理的实现方法有哪几种？
11. 与模拟系统相比，数字系统有哪些优点？
12. 数字信号处理系统的局限性是什么？
13. 简述 DSP 系统的设计流程。
14. 设计 DSP 系统时需要关注的性能指标有哪些？
15. 简述选择 DSP 芯片需要考虑的因素。
16. 调试 DSP 系统，一般需要哪些软硬件工具？

第 2 章 DSP 集成开发环境

📖 **内容提要**

本章以 CCS 2 为参照，对 CCS 开发环境进行详细介绍。主要内容包括 CCS 的安装和配置、CCS 的主界面及其菜单和工具栏、CCS 的基本功能（工程的创建和维护、程序调试、图形显示、File I/O 及开销估计）以及通用扩展语言等。

📖 **重点难点**

- 工程维护和程序调试方法
- 探针的使用方法
- 图形显示
- 通用扩展语言

2.1 概述

CCS 是 TI 公司为开发 TMS320 系列 DSP 软件而推出的集成开发环境，它采用 Windows 风格界面，集编辑、编译、链接、软件仿真、硬件调试以及实时跟踪等功能于一体，极大地方便了 DSP 芯片的开发与设计，是目前使用最为广泛的 DSP 开发软件之一。

在一个开放式的插件结构下，CCS 内部可以集成 TI 各系列 DSP 的代码生成工具和软件仿真器（Simulator）。

CCS 最早是由 GO DSP 公司为 TI 公司的 C6000 系列 DSP 开发的，后来 TI 公司将 CCS 扩展到其他系列。现在 TI 公司所有的 DSP 都可以使用该开发环境进行软件开发，并为 C2000（v2.2 以上）、C5000 和 C6000 系列 DSP 提供 DSP/BIOS 功能。因为用于 C3x 开发的集成开发工具没有 DSP/BIOS 功能，所以有时也将其称为 CC，以区别于其他型号。

CCS 的基本功能如下。

1）集成可视化代码编辑界面。可以直接编写 C 语言源文件、汇编语言源文件、链接命令文件等。

2）集成代码生成工具。包括 C 编译器、汇编器、链接器等。

3）基本调试工具。如载入可执行代码，查看寄存器、存储器、反汇编窗口、变量窗口等，另外，CCS 还支持 C 代码级调试。

4）支持多 DSP 调试。

5）断点工具。包括硬件断点、数据空间读/写断点、条件断点等。

6）探针工具。用于算法仿真、数据监控等。

7）分析工具。用于评估代码执行所需要的时钟周期数。

8）数据的图形显示工具。可绘制时域/频域波形、眼图、星座图、图像等，并可自动刷新图形窗口。

9）提供通用的扩展语言工具。方便使用者编写自己的控制面板/菜单、直观修改变量、配置参数等。

10）支持实时数据交换（Real Time Data Exchange，RTDX）技术。可以在不中断目标系统运行的情况下，实现 DSP 与其他应用程序对象链接与嵌入的数据交换。

11）开放式的插件技术。支持第三方的 ActiveX 插件，支持包括软件仿真在内的各种仿真器（只需安装相应的驱动程序）。

12）提供 DSP/BIOS 工具。增强对代码的实时分析能力，如分析代码执行的效率、调度程序执行的优先级，方便管理或使用系统资源（代码/数据占用空间、中断服务程序的调用、定时器使用等），从而减少开发人员对硬件资源熟悉程度的依赖性。

2.2　CCS 安装

安装 CCS 2 的步骤如下。

1）将 CCS 2 安装光盘插入 CD-ROM 驱动器中，运行光盘根目录下的 setup. exe，打开如图 2-1 所示的界面，单击 Code Composer Studio 图标，以开始 CCS 的安装。

2）出现图 2-2 所示界面后单击 Next 按钮。

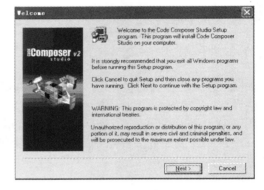

图 2-1　进入安装界面，开始安装步骤 1）　　　　图 2-2　安装步骤 2）

3）选择同意接受条款，然后单击图 2-3 所示界面中的 Next 按钮。

4）继续单击如图 2-4 所示界面中的 Next 按钮。

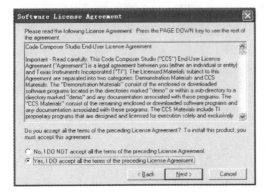
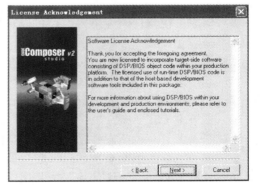

图 2-3　安装步骤 3）　　　　　　　　　　图 2-4　安装步骤 4）

5）出现如图 2-5 所示界面后，首先单击 Select All 按钮，然后单击 Next 按钮。

6）在图 2-6 所示的界面上方选择 New Installation 单选按钮，可以通过单击 Destination Folder 区域的 Browse 按钮选择安装路径，默认安装路径为 c：\ti。

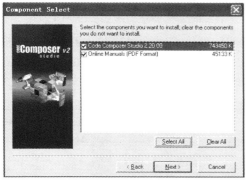

图 2-5　安装步骤 5）

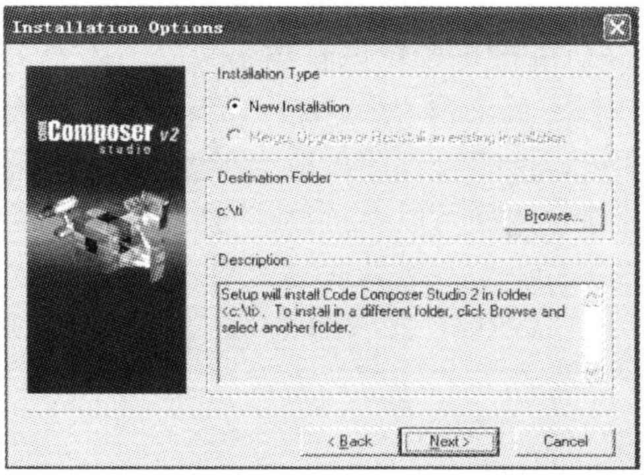

图 2-6　安装步骤 6）

7）单击图 2-7 界面中的 Next 按钮。

8）提示安装路径，单击图 2-8 界面中的"确定"按钮。

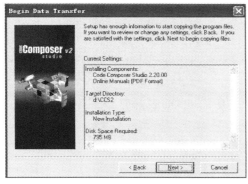

图 2-7　安装步骤 7）

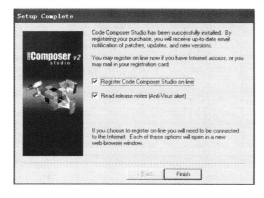

图 2-8　安装步骤 8）

9）出现如图 2-9 所示的安装完成界面，单击 Finish 按钮，完成 CCS2 的安装。

安装完成后，桌面上出现如图 2-10 所示的 CCS 2（′C 5000）和 Setup CCS 2（′C 5000）两个图标，这两个图标分别对应于 CCS 应用程序和 CCS 配置程序。

图 2-9　安装步骤 9）

图 2-10　桌面图标

2.3 CCS 系统配置

CCS 是一个开放的开发环境，可以通过设置不同的驱动程序完成对不同环境的支持，Setup CCS 配置程序就是用来定义 DSP 芯片和目标板类型的。在第一次使用 CCS 之前，必须首先运行 Setup CCS 配置程序，在以后的使用中，若用户想改变 CCS 应用平台的类型，可以再次运行该配置程序以改变设置。CCS 开发环境集成了 TI 公司的 Simulator 和 Emulator 的驱动程序，用户可以直接用 TI 公司的仿真器进行开发调试。

在 CCS2.x 版本中，针对不同的 DSP 型号有更细的分类。例如，有 CCS2000（针对c2x）、CCS5000（针对 C54x）、CCS6000（针对 C6x）等。它们除了支持的目标器件不同外，在软件操作方法和功能上没有太大的差别。CCS 的 3.x 版本已经不区分目标器件了，目前最高版本的 CCS 是 CCS3.3。除此之外，还有一类 CCS 专门用于某种型号的 DSP 目标板，如VC5416 DSK CCS 只能与 VC5416 DSK 搭配使用，而不能用于连接其他的仿真器（包括 Simulator）。除了专用的 CCS 之外，其余的 CCS 均需要在使用前进行配置才能与仿真器连接并进行工作。

下面以 TMS320C5000 的 CCS 开发环境为例，分别介绍软件仿真器（Simulator）和硬件仿真器（Emulator）的配置过程。

CCS 软件仿真器（Simulator）的配置过程很简单，双击桌面上的 Setup CC 2（'C5000）图标，弹出如图 2-11 所示的对话框。从 Available Configurations 列表中选取用户平台类型。例如，若需要使用 C54x 软件仿真器（Simulator），则选择 C5416 Device Simulator 选项，单击Import 按钮，然后单击 Close 按钮即可。对话框下方的 Filters 可以用来根据 DSP 类型、平台类型等帮助用户快速完成用户平台类型的选择。

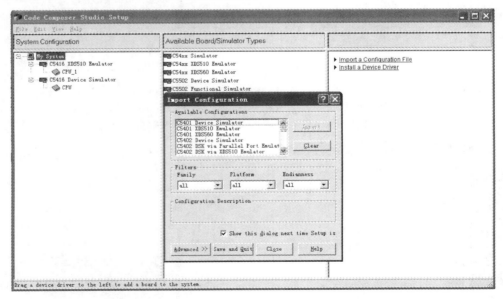

图 2-11　CCS 配置对话框

硬件仿真器（Emulator）的配置过程稍微复杂一点儿，本书以 evm5510 型硬仿真器为例说明驱动程序的安装过程，同时以 CCS 2 为例说明其驱动配置方法。

首先运行仿真器配套光盘中的 setup.exe 文件，按提示将驱动程序安装在计算机中。注意，安装路径应与 CCS 的安装路径一致（默认路径为 c：\ti）。安装完成后，运行 CCS setup，对 CCS 进行配置，具体步骤如下。

1）双击桌面上的 Setup CCS 2（′C5000）图标。根据 DSP 的型号选择相应的 TI 原始驱动程序（在此以 C5416 为例），在如图 2-12 所示的对话框中，选择 C5416 XDS510 Emulator 项。然后单击 Import 按钮，最后单击 Close 按钮，关闭对话框。

图 2-12　选择硬件仿真器类型

2）在如图 2-13 所示界面中，选中 C5416 XDS510 Emulator 项，右击，在弹出的快捷菜单中选择 Properties 选项。

3）弹出的对话框如图 2-14 所示，从下拉列表中选择 Auto-Generate board data file with extra configuration file。

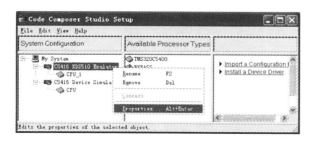

图 2-13　快捷菜单中的 Properties 选项

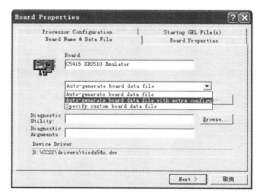

图 2-14　Board Properties 对话框

4）在步骤 3）所示的对话框中单击 Browse 按钮，弹出如图 2-15 所示对话框，选中

Drivers 目录下的配置文件 Seedusb2. cfg，同时打开。

　　5）选择文件后，返回 Board Properties 对话框，如图 2-16 所示，单击 Next 按钮。

图 2-15　选择文件

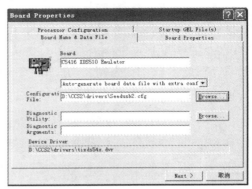

图 2-16　返回 Board Properties 对话框

　　6）出现如图 2-17 所示对话框后，设置 I/O Port 的值为 0240H（即默认值），单击 Next 按钮。

　　7）弹出的对话框如图 2-18 所示，根据 CPU 的个数，单 CPU 选择 Add Single 按钮，多 CPU 选择 Add Multiple 按钮，添加相应的 DSP。设置完成后，单击 Next 按钮。

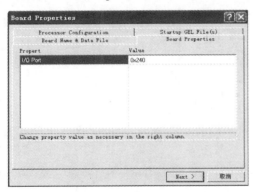

图 2-17　配置 I/O

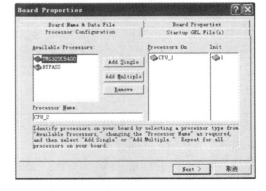

图 2-18　配置 CPU 个数

　　8）弹出的对话框如图 2-19 所示，在 Startup GEL 栏中选择与开发板上 DSP 芯片型号匹配的 GEL 文件（如本例中选择 c5416. gel），单击 Finish 按钮，完成配置。

　　9）最后，保存设置，退出 Setup CCS 2（′C5000）程序。

　　注意，如果同时安装了 Simulator 和 Emulator，则打开 CCS 应用程序时会出现如图 2-20 所示的界面，选择其中一项即可进行软件开发。

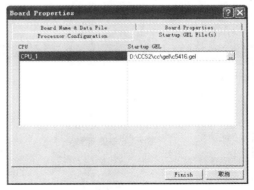

图 2-19　配置 GEL 文件

图 2-20　软/硬仿真器选择界面

2.4　CCS 系统界面

　　CCS 系统配置完成后，单击 CCS 2（′C5000）图标，可以打开 CCS 应用程序并在此环境下进行工程的定义、添加，程序的编辑、编译、链接和调试以及程序运行结果的分析与评估等工作。CCS 的应用窗口由主菜单、工具栏、工程窗口、查看窗口、源程序编辑和调试窗口、存储器窗口、CPU 寄存器窗口以及输出窗口等组成，如图 2-21 所示。为了调试和运行方便，还可以打开反汇编窗口、图形显示窗口、变量观察窗口和时钟窗口等辅助窗口。

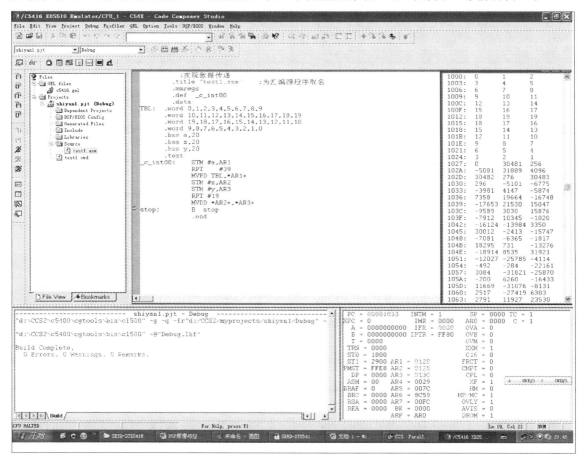

图 2-21　CCS 应用窗口

1. 主菜单

CCS 应用窗口的最上方一行即为 CCS 的主菜单栏，主菜单共有 12 项，下面分别对各项功能进行介绍。

(1) File（文件）

File 菜单提供了与文件相关的各种命令，包括文件管理，载入执行程序、符号和数据、文件输入/输出等，其主要命令的功能如表 2-1 所示。

表 2-1   File 菜单主要命令的功能

菜单命令		功能
NEW	Source File	新建源文件（.c、.asm、.h、.cmd、.gel、.map 和 .inc 等）
	DSP/BIOS Configuration	新建 DSP/BIOS 配置文件
	Visual Linker Recipe	打开 Visual Linker Recipe 向导
Load Program		将可执行文件加载到目标板（实际目标板或 Simulator）
Reload Program		重新加载可执行文件，如果程序未作更改则只加载程序代码而不加载符号表
Data	Load	将 PC 文件中的数据加载到目标板，可以指定存放的地址和数据长度，数据文件可以是 COFF 文件格式，也可以是 CCS 支持的数据格式
	Save	将目标板存储器数据存储到一个 PC 数据文件中
Workspace	Load Workspace	载入工作空间
	Save Workspace	保存当前的工作环境，如父窗、子窗、断点、探针点、文件输入/输出、当前的工程等
	Save Workspace As	用另外一个不同的名字保存工作空间
File I\O		CCS 允许在 PC 文件和目标 DSP 之间传送数据。File I\O 功能应与探针（Probe Point）配合使用。探针将告诉调试器在何时从 PC 文件中输入或输出数据。File I\O 功能并不支持实时数据交换，实时数据交换应使用 RTDX

(2) Edit（编辑）

Edit 菜单提供了文字及变量的编辑命令，如剪切操作、字符串查找/替换、内存和寄存器编辑等，其主要命令的功能如表 2-2 所示。

表 2-2   Edit 菜单主要命令的功能

菜单命令		功能
Find in Files		在多个文本文件中查找特定的字符串或表达式
Go To		快速跳转到源文件中的某一指定行或书签处
Memory	Edit	编辑存储单元
	Copy	将某一存储块（标明起始地址和长度）的数据复制到另一存储块
	Fill	将某一存储块填入某一固定值
	Patch Asm	在不修改源文件的情况下修改目标 DSP 的执行代码
Register		编辑指定的 CPU 或外设寄存器的值
Variable		修改变量值。如果目标 DSP 由多个页面构成，则可使用 @ prog、@ data 与 @ io 分别指定页面是程序空间、数据空间和 I/O 空间。例如，在对话框中输入：*1000H@ prog = 0，表示将程序空间的 1000H 存储单元的内容修改为 0

（续）

菜单命令	功能
Command Line	可以方便地输入表达式或执行 GEL 函数
Column Editing	选择某一矩形区域内的文本进行列编辑（剪切、复制、粘贴等）
Bookmarks	在源文件中定义一个或多个书签以便于快速定位，书签保存在 CCS 的工作空间内以便随时可查找到

（3）View（查看）

View 菜单提供了反汇编、内存、寄存器和图形显示等命令，其主要命令的功能如表 2-3 所示。

表 2-3　View 菜单主要命令的功能

菜单命令		功能
Disassembly		当将程序加载入目标板后，CCS 将自动打开一个反汇编窗口。反汇编窗口根据存储器的内容显示反汇编指令和调试所需的符号信息
Memory		显示指定存储器的内容
Registers	CPU Registers	显示 CPU 寄存器的内容
	Peripheral Regs	显示外设寄存器内容
Graph	Time/Frequency	在时域或频域显示信号波形。当进行时域分析时数据无须进行预处理，当进行频域分析时对数据进行 FFT 变换。显示缓存区的大小由 Display Data Size 定义
	Constellation	使用星座图显示信号波形。输入信号分解为 X、Y 两个分量，采用笛卡儿坐标显示波形。显示缓存的大小由 Constellation points 定义
	Eye Diagram	使用眼图来量化信号失真度。在指定的显示范围内，输入信号连续叠加并显示为眼睛的形状
	Image	使用 Image 图来测试图像处理算法。图像数据基于 RGB 和 YUV 数据流显示
Watch Window		用来检查和编辑变量或 C 表达式，可采用不同的数据格式，还可显示数组、结构体和指针等包含多个元素的变量
Project		CCS 启动后将自动打开工程视图。在工程视图中，文件按其性质分为源文件、头文件、库文件、链接命令文件等
Mixed Source/Asm		同时显示 C 代码及相关的反汇编代码，汇编语言代码位于 C 语言代码的下方，用于解释 C 语句

（4）Project（工程）

Project 菜单负责工程的管理与构建，其主要命令的功能如表 2-4 所示。

表 2-4　Project 菜单主要命令的功能

菜单命令	功能
Add Files to Project	CCS 根据文件的扩展名将文件添加到工程的相应子目录中。工程支持 C 源文件（.c）、汇编源文件（.a、.asm）、库文件（.o、.lib）、头文件（.h）和链接命令文件（.cmd）。其中，C 和汇编源文件可编译和链接，库文件和链接命令文件只能链接，CCS 会自动将头文件添加到工程中
Compile File	对 C 或汇编源文件进行编译
Build	增量构建（编译和链接）。对于没有修改的源文件，CCS 将不重新构建

（续）

菜单命令	功能
Rebuild All	重新构建。对工程中所有文件重新编译并链接生成输出文件
Stop Build	停止正在构建的进程
Build Options	用来设定编译器、汇编器和链接器的参数
Show File Dependencies	为了判别哪些文件应重新编译，CCS 在构建一个工程时会生成一棵关系树以判别工程中各文件的依赖关系。使用这个菜单命令可以观察工程的关系树
Recent Project Files	加载最近打开的工程文件

（5）Debug（调试）

Debug 菜单包括断点和探针设置、单步运行、复位等常用的调试命令，其主要命令的功能如表 2-5 所示。

表 2-5   Debug 菜单主要命令的功能

菜单命令	功能
Breakpoints	断点设置。程序在执行到断点时将停止运行
Probe Points	探针点设置。可通过探针点关联对话框对探针点进行相关设置
Step Into	单步进入。程序从当前程序计数器处单步执行程序，当调试语句不是单条语句时，此操作将进入语句（如子程序或中断服务程序）内部单步运行
Step Over	单步执行。用于单步执行当前程序中的单条语句（C 语句或汇编语句），当调试语句不是单条语句时，此操作不进入语句（如子程序或中断服务程序）内部单步运行，而是将其按照单条语句执行
Step Out	单步跳出。如果程序运行在一个子程序中，执行 Step Out 将使程序执行完该子程序后回到调用程序的地方
Run	程序运行。从当前程序计数器执行程序，遇到断点时程序暂停执行
Halt	暂停程序运行
Animate	动画运行。遇到断点时程序暂停运行，显示寄存器当时的状态信息并更新关联窗口后程序继续运行。可以通过选择 Option→Customize 在 0~9s 之间设定动画运行中暂停的时间
Run Free	自由运行。忽略所有断点和探针，从当前程序计数器开始执行程序。此命令在 Simulator 下无效
Run to Cursor	执行到光标处。在调试过程中，从程序计数器的当前位置执行程序，直到光标所在位置停止，光标所在行必须为有效代码行
Multipe Operation	设置单步执行的次数
Reset CPU	CPU 复位。停止程序的运行并初始化所有寄存器到其上电状态
Restart	重新启动。将 PC 值恢复到当前载入程序的入口地址，此命令并不开始程序的执行
Go Main	运行到 main() 函数的入口位置。在程序的 main 符号处设一个临时断点，程序计数器转到 main() 函数的入口位置。此命令仅在对 C 程序时起作用

（6）Profiler（性能分析器）

Profiler 菜单提供了程序代码特定区域的执行统计功能，用户可以方便地测试并优化程序的性能，其主要命令的功能如表 2-6 所示。

表 2-6　Profiler 菜单主要命令的功能

菜单命令	功能
Enable Clock	使能时钟。为获得指令周期及其他事件的统计数据，必须使能代码分析时钟。代码分析时钟作为一个变量（CLK）通过 Clock 窗口被访问。CLK 变量可在 Watch 窗口观察，并可在 Edit/Variable 对话框内修改其值，还可在用户定义的 GEL 函数中使用。指令周期的计算方式与使用的 DSP 驱动程序有关。对使用 JTAG 扫描路径进行通信的驱动程序，指令周期通过处理器的片内分析功能进行计算，其他驱动程序则可使用其他类型的定时器，Simulator 使用模拟的 DSP 片内分析接口来统计分析数据。当时钟使能时，CCS 调试器将占用必要的资源实现指令周期的计数。加载程序并开始一个新的代码段分析后，代码分析时钟自动启用
Clock Setup	设置时钟。在 Clock Setup 对话框中，Instruction Cycle Time 域用于输入执行一条指令的时间，其作用是在显示统计数据时将指令周期数转换为时间或频率。在 Count 域选择分析的事件。对某些驱动而言，CPU Cycles 可能是唯一的选项。对于使用片内分析功能的驱动程序而言，可以分析其他事件，如中断次数、子程序或中断返回次数、分支数及子程序调用次数等。可使用 Reset Option 参数决定如何计数。如选择 Manual 选项，则 CLK 变量将不断累加指令周期数；如选择 Auto 选项，则在每次 DSP 运行前自动将 CLK 置为 0，此时 CLK 变量显示的是上一次运行以来的指令周期数
View Clock	打开 Clock 窗口，显示 CLK 变量的值。双击 Clock 窗口的内容可直接将 CLK 变量复位
Start New Session	开始一个新的代码段分析。打开代码分析统计观察窗口

（7）GEL（扩展功能）

若工程窗口中的 GEL 文件已添加到 GEL 菜单项中，按照 GEL 文件的配置，可在其二级下拉菜单中选择 DSP 复位或初始化以及调整变量等操作。用户也可以自行编写 GEL 文件，加载到 CCS 后，在此菜单下出现相应子菜单。

（8）Option（选项）

Option 菜单提供了一些选项设置，通过该菜单可以设置字体、颜色、键盘属性、动画速度、内存映射等，其主要命令的功能如表 2-7 所示。

表 2-7　Option 菜单主要命令的功能

菜单命令	功能
Font	设置集成开发环境字体格式及字号大小
Disassembly Style	设置反汇编窗口显示模式，包括反汇编代数指令格式或助记符格式，直接寻址的地址用十六进制或十进制显示，立即数用十六进制、十进制或二进制显示
Memory Map	用来定义存储器映射，弹出 Memory Map 对话框。存储器映射指明了 CCS 调试器能访问哪段存储器，不能访问哪段存储器。典型情况下，存储器映射命令与命令文件的存储器定义一致。在对话框中选中 Enable Memory Mapping 以使能存储器映射。当第一次运行 CCS 时，存储器映射即呈禁用状态（未选中 Enable Memory Mapping），也就是说，CCS 调试器可存取目标板上所有可寻址的存储器（RAM）。当使能存储器映射后，CCS 调试器将根据存储器映射设置检查其可以访问的存储器。如果要存取的是未定义数据或保护区数据，则调试器将显示默认值（通常为 0），而不是存取目标板上的数据。也可在 Protected 域输入另外一个值，这样当试图读取一个非法存储地址时将清楚地给予提示
Customize	打开用户自定义对话窗。用于设定 CCS 环境的各项参数

（9）Tools（工具）

Tools 菜单包含引脚连接、端口连接、命令窗口、连接配置等在内的常用工具，其主要命令的功能如表 2-8 所示。

表 2-8　Tools 菜单主要命令的功能

菜单命令	功能
Data Converter Support	使开发者能快速配置与 DSP 芯片相连的数据转换器
C54xx McBSP	使开发者能观察和编辑多通道缓冲串口的内容
C54xx Emulator Analysis	使开发者能设置、监控事件和硬件断点的发生
C54xx DMA	使开发者能观察和编辑 DMA 寄存器的内容
C54xx Simulator Analysis	使开发者能设置和监控事件的发生
Command Window	在 CCS 调试器中输入所需的命令，输入的命令遵循 TI 调试器命令语法格式。例如，在命令窗口中输入 HELP 并按 Enter 键，可得到命令窗口支持的调试命令列表
Port Connect	将 PC 文件与存储器（端口）地址相连，从而可从文件中读取数据或将存储器（端口）数据写入文件中
Pin Connect	用于指定外部中断发生的间隔时间，从而使用 Simulator 来仿真和模拟外部中断信号： ①创建一个数据文件以指定中断间隔时间（用 CPU 时钟周期的函数来表示）； ②从 Tools 菜单下选择 Pin Connect 命令； ③单击 Connect 按钮，选择创建好的数据文件，将其连接到所需的外部中断引脚； ④加载并运行程序
Linker Configuration	选择一个工程所用的链接器
RTDX	实时数据交换功能，使开发者在不影响程序执行的情况下分析 DSP 程序的执行情况

（10）DSP/BIOS（实时跟踪分析）

利用 DSP/BIOS 可以对目标板上的 DSP 程序进行实时的跟踪和分析，也可为嵌入式应用提供基本的运行服务，其主要命令的功能如表 2-9 所示。

表 2-9　DSP/BIOS 菜单主要命令的功能

菜单命令	功能
RTA Control Panel	打开实时工具控制面板，设置实时分析的相关参数，使能各种跟踪器
Execution Graph	调用执行图分析工具，打开执行图窗口，显示程序中各线程运行情况
Statistics View	打开统计视图窗口，该窗口显示统计模块的实时数据
Message Log	打开信息日志窗口，该窗口显示日志模块传送的信息
Kernel/Object View	打开内核/模块窗口，显示当前程序中各种 BIOS 模块的实时配置、状态等信息，显示的模块包括 KNL/TSK/MBX/SEM/MEM/SWI 模块
Host Channel Control	打开主机信道控制窗口，显示当前程序定义的主机信道模块的信息
CPU Load Graph	打开 CPU 负载图窗口，该窗口显示目标板 CPU 正在处理的负载信息

（11）Windows（窗口）

Windows 菜单提供窗口管理命令，包括窗口排列、列表等。

（12）Help（帮助）

Help 菜单提供各种帮助文件，包括用户手册、入门指南、资料查询等。

2. 常用工具栏

常用工具栏由 CCS 的一些常用命令组成。CCS 有四类常用的工具栏：标准工具栏、编辑工具栏、工程工具栏和调试工具栏，下面分别介绍每个工具栏的功能和用法。

（1）标准工具栏（Standard Toolbar）

标准工具栏如图 2-22 所示，工具栏自左向右的名称及作用分列如下。

图 2-22　CCS 标准工具栏

1）创建文件按钮。用来创建新文件。

2）打开文件按钮。用来打开已有的文件。

3）保存文件按钮。用来保存当前文件。

4）剪切按钮。用来剪切文本，将标记文本放入剪切板。

5）复制按钮。用来复制文本，将标记文本放入剪切板。

6）粘贴按钮。用来粘贴文本，将剪切板中的文本粘贴在光标处。

7）撤销按钮。用于撤销最后的编辑活动。

8）显示撤销按钮。用于显示撤销操作的历史。

9）恢复按钮。用于恢复最后撤销的活动。

10）显示恢复按钮。用于显示恢复操作的历史。

11）向下搜索按钮。用来查找光标所在处下一个要搜索的字符串。

12）向上搜索按钮。用来查找光标所在处前一个要搜索的字符串。

13）搜索文本段按钮。将加亮显示的文本段作为搜索文本，单击该按钮，窗口将移动到该文本段下一个出现的位置。

14）搜索多个文件按钮。用来在多个文件或指定的文本中搜索。

15）打印文件按钮。用来打印当前窗口源文件。

16）帮助按钮。为用户提供上下文相关的帮助。

（2）编辑工具栏（Edit Toolbar）

编辑工具栏如图 2-23 所示，工具栏自左向右的名称及作用分列如下。

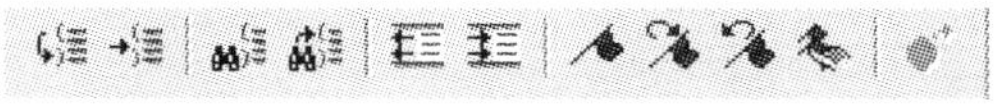

图 2-23　CCS 编辑工具栏

1）设置括号标志按钮。从光标所在处开始查找括号对，并标记括号对中的文本。此时需要先选中半个括号，再单击该按钮，这样与所选的半个括号相对应的另外半个括号以及括号所包括的代码就会呈高亮状态。

2）设置查找下一个左括号按钮。找到后，标记与之对应的右括号内的文本。

3）查找匹配按钮。用来寻找匹配的闭括号或分支。此时需要先选中半个括号，再单击该按钮，则与之相对应的另外半个括号就会呈高亮状态。

4）查找下一个左括号按钮。用来寻找下一个左括号。

5）左移制表位按钮。将选定的文本块左移一个 Tab 键。

6）右移制表位按钮。将选定的文本块右移一个 Tab 键。

7）设置或取消标签按钮。用来为当前文件设置或删除标签。

8）查找下一个标签按钮。在当前文件光标所在处，查找下一个标签。

9）查找上一个标签按钮。在当前文件光标所在处，查找上一个标签。

10）标签属性设置按钮。用来编辑标签属性。

11）外部编辑器使能按钮。用来使能外部编辑器。

（3）工程工具栏（Project Toolbar）

工程工具栏如图 2-24 所示，工具栏自左向右的名称及作用分列如下。

图 2-24   CCS 工程工具栏

1）工程窗口。用来显示当前工程。

2）状态窗口。用来显示当前工程的状态。

3）编译文件按钮。用来编译当前的源文件，生成 .obj 目标文件，但不进行链接。

4）增量构建按钮。用来生成当前工程项目的可执行文件。所谓增量构建，是指编译时只编译上次构建后修改过的源文件，先前编译过且没有修改的源文件不再编译。也就是说，增量构建仅对上次生成后改变了的文件进行编译。

5）全部重新构建按钮。用来重新编译、链接当前工程中所有文件，并形成输出文件。

6）停止构建按钮。用于停止正在构建的工程。

7）设置断点按钮。用来在编辑窗口中的源文件或反汇编指令中设置断点。

8）删除所有断点按钮。用来删除全部断点。

9）设置探针点按钮。用来设置探针点。

10）删除所有探针点按钮。用来删除全部探针点。

（4）调试工具栏（Debug Toolbar）

调试工具栏如图 2-25 所示，工具栏自左向右的名称及作用分列如下。

图 2-25   CCS 调试工具栏

1）单步进入按钮。程序从当前程序计数器处单步执行，当调试语句不是单条语句时，此操作将进入语句（如子程序或中断服务程序）内部单步运行。

2）单步执行按钮。用于单步执行当前程序中的单条语句，当调试语句不是单条语句时，此操作不进入语句（如子程序或中断服务程序）内部单步运行，而是将其视作单条语句执行。

3）单步跳出按钮。在调试过程中，用于子程序的执行操作。该条命令能直接从当前子程序的位置自动执行后续的程序，直到返回到调用该子程序的指令。

4）单步进入（汇编）。功能类似于1）。

5）单步执行（汇编）。功能类似于2）。

6）执行到光标处按钮。在调试过程中，从程序计数器的当前位置执行程序，直到光标所在位置停止。

7）将程序计数器设置到光标所在处。将程序计数器跳转到当前光标所在位置，但不执行程序。

8）程序运行按钮。从当前程序计数器位置开始执行程序，直到遇到断点后停止。

9）暂停程序按钮。用来暂停正在执行的程序。

10）动画执行按钮。当遇到断点时程序暂停运行，显示 CPU 寄存器当时的状态信息并更新关联窗口后程序继续运行。显示 CPU 寄存器状态信息的时间可以通过选择 Option→Customize 在 0～9s 间设定。

11）寄存器观察按钮。用来显示寄存器观察窗口，观察和修改寄存器。

12）内存观察按钮。用来打开存储器窗口选项，显示存储器观察窗口。

13）堆栈观察按钮。用来打开调用堆栈观察窗口。

14）反汇编按钮。用来打开反汇编窗口。

2.5　CCS 基本功能

2.5.1　工程的维护与构建

CCS 是采用工程（Project）来集中管理应用程序文档的，这一点同 Visual Basic、Visual C++以及 Delphi 等集成开发工具类似。一个工程包含汇编语言/C 语言源程序、库文件、链接命令文件和头文件等。它们按照目录树的结构组织在工程文件中，工程窗口显示了工程的全部内容。工程中所包含的文件，一部分是用户自己编写的，还有一部分是 CCS 自动生成的。其中，需要用户自己编写的文件包括源程序、链接命令文件和中断向量表，运行库文件由用户加入，其他文件均是由 CCS 在构建工程时自动生成的。

1. 新建工程

如前所述，每一个 DSP 开发应用项目，都要创建一个后缀为 .pjt 的工程文件，以便于对开发应用项目的设计文档进行管理。选择 Project→New，出现如图 2-26 所示的对话框。

用户可以在 Project Creation 对话框中设定欲创建工程的相关信息，具体内容分列如下。

1）Project：设置工程的名称，图 2-26 中的工程名设置为 example。

2）Location：指定新建工程的路径，由于一个工程的文件较多，为了避免混淆，建议将一个工程放入一个独立的文件夹中。默认路径是安装文件中的 myprojects 文件夹下，图 2-26 中工程的存放路径为：C：\ti\myprojects\example\。

图 2-26　Project Creation 对话框

3）Project 下拉选框：用来设置工程生成的目标文件格式，用以选择生成可执行的"."out" 文件或者可用于其他工程调用的".lib" 库文件。

4）Target 下拉选框：是 DSP 开发软件特有的选项，用来指定工程的目标器件，即这个工程将在何种 DSP 芯片上运行，由于本实验芯片为 5416 故选择 TMS320C54XX。

设置完成后单击 Project Creation 对话框的"完成"按钮即可将新建的工程文件保存到用户指定的路径中，同时该工程显示于工程窗口中。

2. 打开工程

选择 Project→Open，出现如图 2-27 所示的对话框，根据保存的路径找到欲打开的工程，单击"打

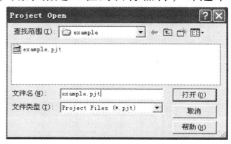

图 2-27　Project Open 对话框

开"按钮即可打开已保存的工程。

需要注意的是，CCS 允许用户在一个环境中打开多个工程，但只有一个工程是当前有效工程（Active Project），该工程名用粗体标出，包括编辑、运行在内的所有操作都是针对当前有效工程的。可以通过在工程名上右击，选择 Set as Active Project 选项的方式，将某个非当前有效工程设置为当前有效工程，如图 2-28 所示。

3. 关闭工程

有两种方法可以关闭工程：主菜单方式和快捷菜单方式，二者稍有区别。

主菜单方式：在 CCS 主菜单中选择 Project→Close，如图 2-29 所示。此方法只能关闭当前有效工程，即工程名字为粗体的工程。

快捷菜单方式：在工程窗口中选中欲关闭的工程文件，右击后选择 Close，即可关闭此工程文件，如图 2-30 所示。此方法可以关闭已经打开的任何一个工程，而不论该工程是否为当前有效工程。

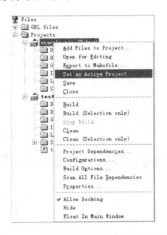

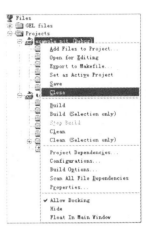

图 2-28　设置当前有效工程示意图　　图 2-29　关闭工程方法一　　图 2-30　关闭工程方法二

4. 文件的新建、打开和编辑

CCS 集成开发环境中，在菜单栏中选择 File→New→Source File，或选择 File→Open，以及利用标准工具栏和编辑工具栏，就可以新建、打开或编辑任何文本文件了。

（1）新建文件

创建新文件不会影响已有的文件，其步骤如下：

1）打开新文件窗口。选择 File→New→Source File，或使用标准工具栏上的"创建文件"按钮，将在编辑窗口中显示一个新的窗口。

2）编辑文本。在新窗口中输入源代码。

3）选择保存方式。选择主菜单 File 中的 Save 或 Save As 选项。也可使用标准工具栏上的保存文件按钮。

4）选择文件保存路径、文件名和扩展名。在"保存为"对话框中，输入文件名和扩展名，选择文件的保存路径，以保存文件。

5）保存文件。单击 Save 按钮，完成文件的保存。

（2）打开文件

打开文件的步骤如下：

1）选择 File→Open，或单击标准工具栏上的"打开文件"按钮，出现"打开"对话框。

2）在"打开"对话框中，选择文件，该文件名将出现在对话框文件名域中。若没有所要选择的文件，应先查找文件的保存路径再选择文件。

3）单击"打开"按钮，将在编辑窗口中打开所选择的文件。

（3）编辑文件

CCS 的内嵌编辑器具有以下编辑功能。

1）利用标准工具栏和编辑工具栏可以帮助用户实现快速编辑。

2）能用不同颜色显示文本文件中的汇编语言指令、汇编命令、关键字、字符串和注释，以便于相互区分。

3）可以在一个或一组文件中查找和替换字符串，这对在多个文件中追踪、修改变量及函数特别有用。

4）可以打开多个窗口进行编辑。

5）CCS 的 C 编辑器能够判别圆括号或花括号是否匹配，排除语法错误。

6）允许在任意类型文件的任意一行设置书签，书签随 CCS 工作空间保存，在下次载入文件时重新调入，以帮助用户快速地定位文件。

注意：

① 编辑 CCS 所用到的路径和文件，不能设置为中文名，CCS 对此不能识别。而文件中可以出现中文注释，但注释一定要符合相关书写要求。

② 所有文件都是文本文件，因此包括链接命令文件在内的所有文件都可以用记事本打开。

5. 工程中文件的添加和删除

（1）添加文件

工程文件创建后，可以利用以下任何一种操作方法向工程中添加文件：

1）在菜单栏中选择 Project→Add Files to Project。

2）在工程窗口中右击工程，在弹出的快捷菜单中选择 Add Files to Project。

经常需要添加的文件有 C 语言源文件（.c）、汇编语言源文件（.asm）和链接命令文件（.cmd）。CCS 具有判断工程所需的 C 语言头文件（.h）并自动添加的功能，因此头文件不需要用户手动添加，只需在 Project 菜单中（或在工程窗口中右击工程）选择 Scan All File Dependences 就可以无遗漏地将头文件添加到工程中。添加到工程的文件将会按照文件类型放入不同的工程目录下。

（2）删除文件

如果需要删除工程中的文件，只需在文件名上单击右键，选择 Remove from Project 或者直接按键盘上的 Delete 键即可。这个操作只是把文件从工程中移除，不会真正删除磁盘中的文件。

6. 工程的构建

所谓构建，就是对工程的所有文件进行编译和链接，生成可执行文件，为以后的代码调试做准备。在介绍工程构建以前，先了解构建前后一些文件的名称。

project. pjt　　　　　　　名为"project"的工程文件，后缀名为 .pjt。

program. asm　　　　　　名为"program"的汇编语言源文件，后缀名为 .asm。

program. c	名为"program"的 C 语言源文件，后缀名为 .c。
program. obj	经编译后生成的目标文件"program"，后缀名为 .obj。
program. out	经链接后生成的可执行文件"program"，后缀名为 .out。
filename. h	名为"filename"的 C 语言头文件，后缀名为 . h。
filename. cmd	名为"filename"的链接命令文件，后缀名为 .cmd。

假如工程文件已经创建，工程所需的文本文件（如 .asm、.c、.cmd 等文件）也已经编辑好，并且已经添加到工程中，这时就可以对该工程进行构建了。

CCS 集成开发环境提供了 4 条工程构建命令，分别是：编译、增量构建、全部重新构建和停止构建，它们的作用可以参考 2.4 节关于工程菜单或工程工具栏的内容，在此不再赘述。

编译、链接命令执行完毕后，输出窗口会显示编译和链接信息。如果没有警告或报错信息，就可直接进入下一步的工程调试；若有警告信息，则可以查找原因并加以修正，也可不予处理，直接进行工程调试；若有报错信息，则必须根据提示信息查找原因并进行修改，然后再重新进行编译和链接。

2.5.2　程序调试

工程构建完成之后，就可以进入程序的调试阶段了。通过调试可以达到发现问题、解决问题、优化程序的目的，从而使程序达到预定的设计要求。CCS 提供了非常丰富的调试手段，十分便于程序的调试。下面介绍调试过程中几种主要的操作方法。

1. 加载可执行文件

选择 File→Load Program 载入经编译、链接后生成的可执行程序（即 .out 文件）。加载可执行文件后，就会在主窗口自动地打开工程的源文件供调试使用。图 2-31 是加载可执行文件后主窗口显示源文件的一个示例。语句前的箭头（黄色）表示程序计数器当前所在的位置。

调试过程中，用户可能需要深入到汇编指令代码一级，此时可以借助 CCS 反汇编工具进行调试。首先加载可执行文件，然后选择 View→Disassembly 命令，或单击调试工具栏中的反汇编按钮，就会在主窗口自动地打开显示汇编指令代码的反汇编窗口。图 2-32 是反汇编窗口的一个示例。语句前的箭头（绿色）表示程序计数器（PC）当前所在的位置。

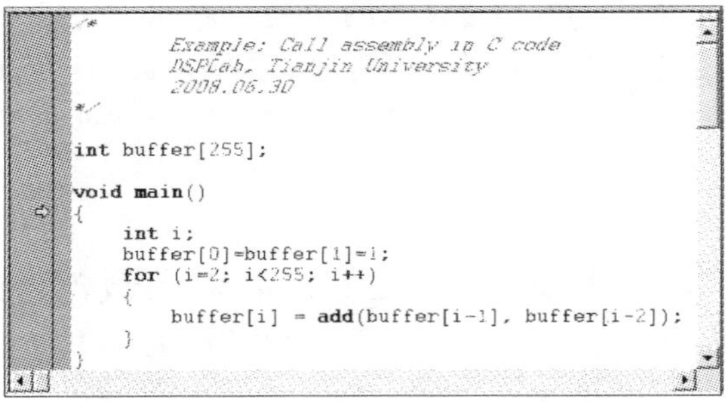

图 2-31　主窗口显示源文件示例

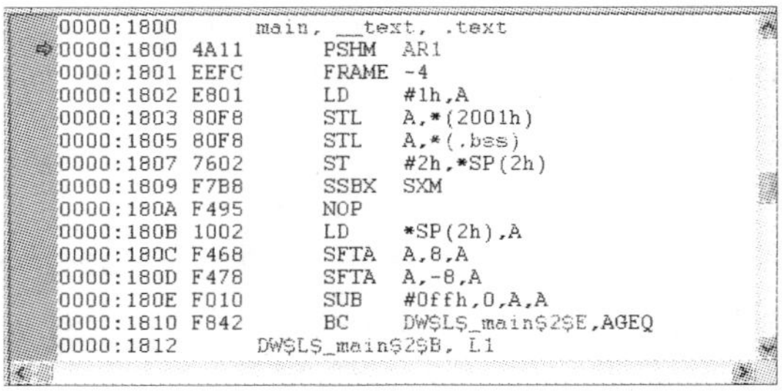

图 2-32　反汇编窗口示例

所有的 C 代码都要编译成汇编指令执行。为了更好地理解程序的执行流程，CCS 提供了 C 代码和汇编指令的对照调试模式。菜单命令为 View→Mixed source/ASM，如图 2-33 所示。进入这个模式后，每一条 C 代码都对应若干条汇编指令。

2. 程序的运行和复位

CCS 提供了程序运行、自由运行、暂停运行、动画运行和单步运行（单步进入、单步执行、单步跳出、汇编时单步进入、汇编时单步执行、运行到当前光标处、将程序计数器转到当前光标所在位置）5 种程序运行方法，以及 CPU 复位、重新启动和运行到 main() 函数入口位置 3 种复位操作。程序运行及复位操作的主要功能请参阅 2.4 节与调试菜单或调试工具栏相关的内容，在此不再赘述。

3. 断点

断点可以使程序运行到某个位置时停止下来并保留运行时的环境状态，便于程序员跟踪错误。把光标放在想要"设置断点"的程序行上，单击工程工具栏中的"设置断点"按钮或者按 F9 键即可设置一个断点。断点设置成功后会在该行的前面显示一个红色的圆形标记，如图 2-34 所示。将光标放到断点位置，单击工程工具栏中的"删除断点"按钮或按 F9 键，可以取消断点。

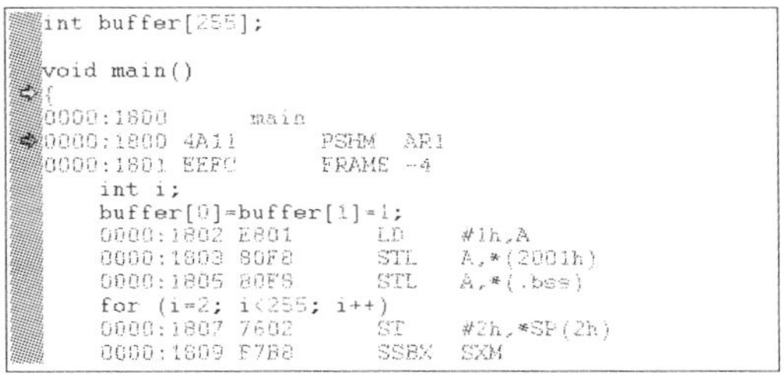

图 2-33　C/汇编混合源代码查看功能 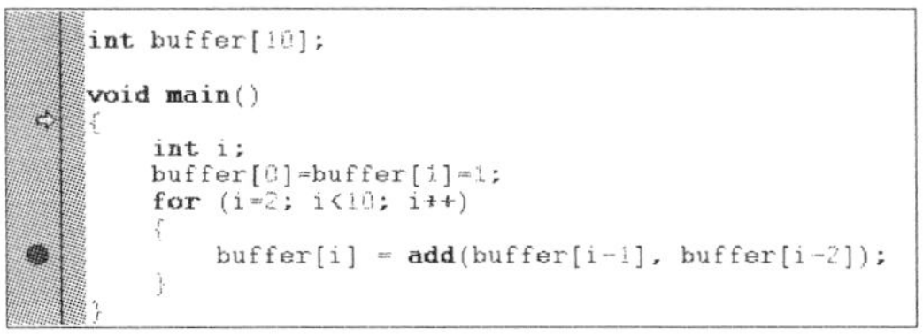　　　　图 2-34　程序断点示意图

4. 内存、寄存器和变量操作

在调试过程中，利用单步运行或设置断点运行一段程序后，往往需要观察、分析和修改内存单元、寄存器以及数据变量，下面分别介绍它们的操作方法。

（1）内存操作

1）查看内存。

选择 View→Memory 命令，或单击调试工具栏中的"内存观察窗口"按钮，CCS 会弹出 Memory Window Options 对话框，如图 2-35 所示。在 Address 一栏中填入需要查看的内存起始地址，在 Format 一栏中选择数据的显示格式，在 Page 一栏中选择存储

图 2-35　Memory Window
Options 对话框

空间类型，包括 Program、Data 和 I/O。单击 OK 按钮后，在主窗口中会出现内存查看窗口，如图 2-36 所示。其中，最左边一列为内存地址，右侧为内存单元中的数据。

2）编辑内存。

有两种方法可用于编辑存储器的内存单元，下面分别进行介绍。

① 修改单个内存单元内容：在存储器窗口双击需要修改内容的存储单元，然后输入新的数值；或者选择 Edit→Memory→Edit 命令，在弹出的 Edit Memory 对话框中输入需要修改的内存单元地址和新的数值，单击 Done 按钮就可以了。

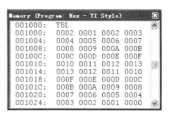

图 2-36　内存查看窗口

② 复制、填充存储区：选择 Edit→Memory→Copy（Fill/Patch Assembly），按照弹出的对话框操作，即可实现存储区复制（填充/修改汇编语言程序）了。

（2）寄存器操作

1）查看寄存器。

选择 View→Register→CPU Registers（或 Peripheral Regs）命令，或单击调试工具栏中的"寄存器观察"按钮，就会在 CCS 主窗口下方弹出 CPU 寄存器窗口。在此窗口可以查看各寄存器中的数值。右击寄存器窗口，选择 Close 命令，即可关闭该窗口。

2）编辑寄存器。

在寄存器窗口双击某个寄存器，然后输入新的数值；或者选择 Edit→Register 命令，打开 Edit Registers（编辑寄存器）对话框，按对话框要求选择寄存器并输入新的数值就可以实现寄存器的编辑了。

（3）变量操作

在调试过程中，用户会经常需要实时地查看某个变量的变化情况，此时，只要选择 View→Watch Window 命令，或单击"观察"工具栏中的"观察窗口"按钮，主窗口下方就会弹出一个"变量观察"窗口，如图 2-37 所示。

Watch Locals 中自动显示当前代码段的本地变量。若想手动添加监视变量，只能在其他的变量查看标签中添加。单击"变量观察"窗口左下方的 Watch1 按钮，窗口中就会出现一蓝色亮条。单击此亮条左侧的按钮，在空白处输入变量名称并按 Enter 键，即可向窗口添加一个观察变量。或者单击"观察"工具栏中的"快速观察"按钮，打开

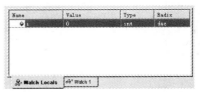

图 2-37　变量观察窗口

"快速观察"窗口，输入变量名称，再单击 Add To Watch 按钮，就可以将变量加入到"观察"窗口中。在打开的一个"变量观察"窗口中，可以加入若干个需要观察的变量。一个"变量观察"窗口不够用，还可以打开多个"变量观察"窗口。

当使用"变量观察"窗口查看变量时，只需在 Name 一栏输入变量名称即可。也可以在 Type 栏中指定这个变量以何种数据类型的格式显示出来，在 Radix 栏则指定显示数据的进制。

如果要删除变量观察窗口中的某个变量，可用鼠标选中变量所在行，当该行变成蓝色亮条时，再按 Delete 键即可。若要删除整个变量观察窗口，只要右击该窗口，从快捷菜单中选择 Close 选项就可以了。

变量查看功能可以实时地跟踪变量值的变化，经常结合单步执行一起用于程序调试。CCS 中的变量查看功能不但可以观察某个变量的值，而且可以改变其值，这点要比 VC 中的变量查看功能更强。

2.5.3　图形显示

在程序的运行和调试过程中，往往需要以图形方式观察和分析程序运行的结果。CCS 提供了强大的画图功能，这对程序的调试，特别是数字信号处理和数字控制程序的调试是十分有用的。

在 CCS 菜单栏中选择 View→Graph 命令，弹出一个图形类型选择级联菜单，如图 2-38 所示。图 2-38 表明，CCS 可以显示 4 类图形，即时域/频域图、星座图、眼图和图像。表 2-10 简单介绍了这 4 类（9 种）图形的特点，选择任一种图形类型，将会出现一个 Graph Property Dialog 对话框。单击该对话框右下角的 Help 按钮，可以查到对这些图形功能更为详尽的说明。

表 2-10 中所列图形的显示原理基本上是相同的，都采用了双缓存区（采集缓存区和显示缓存区）的方法。采集缓存区用于存放需要显示的实际或仿真数据，显示缓存区存在于主机内存中，其内容与采集缓存区相同。不过，CCS 从采集缓存区中读取多少数据以及对哪些数据进行显示，则由用户自己定义。

图 2-38　CCS 图形类型选择级联菜单

表 2-10　CCS 图形显示种类

图形种类		图形特点
时域/频域图（Time/ Frequency Graph）	单曲线时域图（Single Time）	在图形显示窗口显示一组数据的幅度－时间曲线，这是最基本的图形显示方式
	双曲线时域图（Dual Time）	在同一个图形显示窗口显示两组数据的幅度－时间曲线
	FFT 幅频特性图（FFT Magnitude）	在图形显示窗口显示 FFT 的幅值－频率特性曲线
	复数 FFT（Complex FFT）	对复数数据的实部和虚部分别进行 FFT 变换，在同一个图形显示窗口显示两条幅值－频率特性曲线
	FFT 幅频和相频特性图（FFT Magnitude and Phase）	在同一个图形显示窗口显示幅值－频率特性曲线和相位－频率特性曲线
	FFT 瀑布图（FFT Waterfall）	对显示缓存区中的数据进行 FFT 变换，显示一帧帧按时间排序的幅频图形成一张 FFT 瀑布图
星座图（Constellation）		在直角坐标系中，将两组独立的数据分别作为 X 分量和 Y 分量作图。得到的星座图可以任意指定坐标轴的起点、最大值和最小值，以及是否显示方格线等。利用星座图可以测量从输入信号中提取信息的有效性
眼图（Eye Diagram）		在指定的显示范围内，输入信号连续叠加并显示为眼睛的形状。利用眼图可量化信号失真
图像显示（Image）		使用 Image 图来测试图像处理算法。图像数据基于 RGB 和 YUV 数据流显示

星座图和眼图都是通信行业经常使用的图形，星座图可以表示数字调制方式，眼图可以用来显示数字信号的质量。图像显示可以把一段数据看作是 RGB 或者 YUV 信号进行绘图。信号处理常用的是时域/频域波形显示，因此，下面主要介绍时域/频域波形显示的设置。

选择 View→Graph→Time/Frequency，会弹出如图 2-39 所示的窗口，下面分别介绍各字段含义。

1）Display Type：设置显示类型。图形显示类型不同，相应的选项也不同。这里以 Single Time 类型为例进行介绍。

2）Graph Title：自定义图形标题。用户可在此输入图形标题。

3）Start Address：需要绘制图形的数据起始地址。既可以输入地址值，也可以输入数组名称，CCS 会自动将其转换成地址。

4）Page：选择页的类型。用于选择需要绘制图形数据的存储空间，可以从 Data、Program 和 I/O 中进行选择。

5）Acquisition Buffer Size：设置采集缓存区的大小。指定每次绘图刷新时 CCS 从 DSP 的内存中取出并放入采集缓存区（Acquisition Buffer）中的数据个数（注意，不是显示的数据个数），可以在此栏中输入常数或合法的 C 语言表达式。如果在此输入了一个表达式，则表达式的值会在每次绘图刷新时重新计算，因此，当表达式的值改变时，就不必重新输入这个参数了。

图 2-39　Time/Frequency 图形
参数设置对话框

6）Index Increment：设置下标增长步长。如果要从起始地址开始连续取数据，则设置为 1；如果要每 n 个数据取一个，则设置为 n。这个功能可用于只提取立体声音频中的单一声道信息。

7）Display Data Size：设置显示缓存区的大小。用于指定需绘制数据点的个数。在时域图中，这个值通常应该小于或等于采集缓存区大小。如果这个值大于采集缓存区大小，从采集缓存区中新来的数据将会从左边插入显示缓存区中。同样，在此栏中输入合法的 C 语言表达式，其值也会动态更新。

8）DSP Data Type：设置数据类型，包括位宽、有/无符号、整数/浮点数等。由于Graph 工具与程序无关，因此 CCS 并不清楚用户指定数据区域的数据类型，于是需要用户手动指定。

9）Q-value：Q 值为十六进制定点数的定标值，用它来指明小数点所在位置。对于 16位字长的 DSP 而言，Q 值取值范围为 0～15。如果选 Q 值为 15，则表示小数点所在的位置是从最低有效位向左移动 15 位，即 X. XXX XXXX XXXX XXXX。

10）Sample Rate（Hz）：用来计算绘图中时间和频率的值。在时域图中，这个值用来计算时间轴的标识。

11）Plot Data From：设置采集缓存区中数据的方向。如果选择从左至右（Left to Right），表示采集缓存区的第一个数据是最新或最近到来的数据；如果选择从右至左（Right to Left），则表示采集缓存区的第一个数据是最旧的数据。

12）Left-shifted data Display：用来控制如何将采集缓存区中的数据导入显示缓存区。如果选择 YES，当刷新显示缓存区时，显示缓存区中旧的数据会左移，来自采集缓存区的新数据会接在旧数据的右边，当采集缓存区的数据量小于显示缓存区时，一些旧的数据依然会保存在显示缓存区中；如果选择 NO，采集缓存区的数据会直接覆盖显示缓存区的原数据。

13）Autoscale：自动缩放。如果打开了此功能，绘图工具会自动判断 Y 轴数据的范围，并保证采用合适的比例使得所有的点都能够显示。

14）DC Value：设置 Y 轴数据范围的中点。Y 轴会以设置值的位置为基准上下对称。

15）Axes Display：是否显坐标轴。

16）Time Display Unit：是否显示时间单位。

17）Status Bar Display：设置是否在绘图窗口的下方显示状态栏。状态栏中会提供当前光标位置的坐标值。

18）Magnitude Display Scale：设置绘图中数据的缩放功能。若选择 Linear，则使用原数值绘图；若选择 Logarithmic，则使用对数坐标绘图，即对每个数值 x 求 $20\lg x$。

19）Data Plot Style：设置数据在绘图中的显示方式。若选择 Line，则使用线连接每个数据点；若选择 Bar，则使用柱状图绘制数据点。

20）Grid Style：设置绘图背景水平和竖直的网格线样式。若选择 No Grid，则没有网格线；若选择 Zero Line，则只显示 X、Y 轴；若选择 Full Grid，则显示全部的网格线。

21）Cursor Mode：选择鼠标经过绘图窗口时的样式。可以在 No Cursor、Data Cursor 和 Zoom Cursor 三种功能中选择。

如果在 Display Type 中选择查看频域，即 FFT Magnitude，则会有一些含义不同的选项和新增的选项，列举如下。

1）Signal Type：信号数值类型，可以在实数（Real）和复数（Complex）中选择。如果选择复数，则会出现 Interleaved Data Sources 选项。

2）Interleaved Data Sources：当数据按照类似"实部 – 虚部 – 实部 – 虚部"方式交叉存储时，把此项设置为 Yes，CCS 会自动取出数据并识别这种存储格式；如果设置为 NO，需要分别指定实部数据的起始地址和虚部数据的起始地址，因此会出现 Start Address-real data 和 Start Address-imaginary data 项。

3）Start Address-real data：指定实部数据的起始地址。

4）Start Address-imaginary data：指定虚部数据的起始地址。

5）FFT Framesize：指定每次参与 FFT 运算的样点个数。

6）FFT Order：指定 FFT 的阶数。

7）FFT Windowing Function：指定 FFT 的窗函数。可以在 Rectangle（矩形窗）、Bartlett（巴特莱特窗）、Blackman（布莱克曼窗）、Hanning（汉宁窗）和 Hamming（汉明窗）中选择。

8）Display Peak and Hold：设置是否要保留以前的峰值记录。

9）Sample Rate：设置采样率，决定显示的频率范围（0 ~ Sample Rate/2）。需要注意的是，这里的 Sample Rate 指的是需要分析的数据自身的采样率，而不是要进行 FFT 分析所需的采样率。例如，要分析一段采样率为 48kHz 的音频信息，直接输入 48000 即可，而不用根据采样定理输入 96000。

设置完毕后单击 OK 按钮即可看到绘图窗口。在调试过程中，用户仍可以右击绘图窗口，在显示的菜单中选择 Properties 来改变图形的属性。

例如，将内存中的 40 个数据（0，1，2，…，19，19，18，…，2，1，0）以 Single Time 图形来显示，根据上述方法进行设置后，可以得到如图 2-40 所示图形。

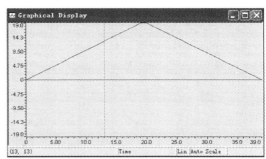

图 2-40 图形显示举例

2.5.4　File I/O

用户在调试程序过程中，有时需要在某个特定时刻从外部文件载入一批数据，供程序中的算法使用。或者将内存中的一批数据保存到外部文件，供主机对算法的执行结果进行分析。为此，CCS 提供了探针（Probe）工具，该工具使用户得以方便地将数据导入或导出目标处理器，这对于开发调试阶段验证程序和算法的正确性极为有用。

探针点（Probe Point）是一种设置在源文件某条语句上的特殊断点，主要用来与一个外部文件的读/写相关联。当用户程序运行到探针点时，自动地从与该探针点关联的外部文件中读入数据或将计算的结果输出给外部文件。

探针在算法开发过程中是一个有用的工具，可用来与 PC 主机进行数据通信。利用探针点可以进行以下工作。

1) 从 PC 主机的文件中，传输输入数据至目标系统的缓存区，作为算法开发的模拟数据。

2) 从目标系统的缓存区中，传输输出数据至 PC 主机的文件，以便进行数据分析。

3) 更新窗口，例如图形窗口、数据窗口等。

默认情况下，能够动态显示数据变化的窗口（如内存查看、绘图等）到达程序的断点处或者单步执行后就会刷新。但是，如果把某个窗口与探针点关联起来，则只有当运行到该探针点时，窗口才会刷新，之后程序会继续运行。如果想要观察此时的数据，需要在探针点处设置断点；否则，当再次运行到该探针点时，新的数据会覆盖原先的内容。

探针点可以在编辑窗口的源文件中设置，也可以在反汇编窗口的反汇编指令中设置。探针点标记在源文件或反汇编指令中呈蓝色背景显示。设置探针点非常简单，在编辑窗口或反汇编窗口中，只需要将光标移到程序要加入探针点的行上，单击"工程"工具栏上的设置探针点按钮，即可完成探针点的设置。将光标放在欲取消的探针点位置，单击"工程"工具栏上的删除探针点按钮，即可完成探针点的删除。

探针点要想起到应有的作用，需要和某个窗口或 File I/O 相关联。使用菜单命令 Debug→Probe Points 可以调出探针点关联对话框，如图 2-41 所示。

从图 2-41 可以看出，当前设定的探针点没有关联任何对象。如果要制定关联对象，需要选中这个探针点，然后创建 Memory、Graph 或 Register 等窗口，此时在对话框的 Connect 栏中会出现相关窗口的名字。从列表中选中需要更新的窗口后，单击 Add 按钮即可添加关联，如图 2-42 所示。当然，也可以使用对话框中的 Replace 替换已有的关联。需要说明的是，探针点和关联对象并非一一对应关系，而是一对多的关系，即一个探针点可以关联多个对象。

图 2-41　Break/Probe Points 对话框

图 2-42　探针点关联

如前所述，探针点也可以与 File I/O 相关联，用于在内存和外部数据文件之间进行数据交换。此时，File I/O 文件必须为合法的文件格式。合法的 File I/O 文件支持两种格式：公共目标文件格式（Common Object File Format，COFF）和 CCS 数据文件格式（CCS Data File Format）。前者是二进制文件，后者是文本文件。

COFF 看似陌生，其实它是一种很流行的文件格式，用于存储多段信息。VC 中产生的目标文件（.obj）采用的就是这种格式，除此以外，很多编译器产生的文件都使用这种格式，统一格式的目标文件为混合语言编程带来了极大的方便。在此先介绍 CCS 数据文件格式，COFF 将在第 3 章详细阐述。

CCS 数据文件格式相对简单，其后缀名为 .dat，由文件头和数据两部分组成。文件头的格式为：

文件类型	数据类型	起始地址	数据页号	数据长度

文件头各字段的含义分列如下。

1）文件类型：固定为 1651。

2）数据类型：取值为 1~4，分别对应为十六进制数、整数、长整数和浮点数。

3）起始地址：存放数据的存储区首地址，十六进制数。

4）数据页号：表明数据存放的存储空间类型，0 为程序存储空间、1 为数据存储空间、2 为 I/O 空间。

5）数据长度：指明数据块长度，以字（16 位）为单位，十六进制数。

需要注意的是，数据部分从数据文件的第 2 行开始，每行必须有且仅有一个数据。

【例 2-1】　某个数据文件 ex2_1.dat 的内容如下：

1651 1 100 1 14
0x0000
0x0001
0x0002
0x0003
0x0004
0x0005
0x0006
0x0007
0x0008
0x0009
0x000A
0x000B
0x000C
0x000D
0x000E
0x000F
0x0010
0x0011
0x0012
0x0013

此数据文件表明：共 20 个十六进制数（0000H，0001H，…，0013H），传送到（或来源于）数据存储空间的 0100H～0113H 单元。

当工程已经且构建完成且可执行文件已经加载至目标板时，按照如下步骤即可从外部文件载入数据。

1）创建外部数据文件。新建一个记事本，将其后缀名更改为 .dat，然后设定数据文件的名字，如 example.dat。

2）打开源文件或反汇编文件，在适当位置设置探针点，用来定义程序执行到何处时进行外部数据的导入。

3）选择 File→File I/O 命令，弹出 File I/O 对话框，如图 2-43 所示。

4）在此对话框中，选择 File Input 标签。

5）单击 Add File 按钮，浏览工程文件夹，选择所需的数据文件，假定为 C：\ti\myprojects\test\example.dat。

6）在 Page 下拉列表中选择欲将外数据保存到内存的存储空间类型，本例中选择了数据空间，即 Data。

7）在 Address 和 Length 栏中分别填写欲保存数据的存储区起始地址及长度，本例中的起始地址为 0100H，长度为 0014H。

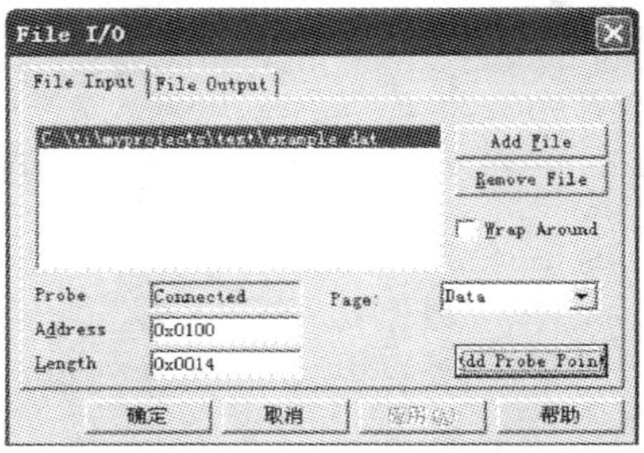

8）单击 Add Probe Point 按钮，弹出 Break/Probe Points 对话框，如图 2-41 所示。根据探针点的设置方法，将探针点与输入数据文件 example. dat 相关联。

图 2-43　File I/O 对话框

9）探针点和外部输入数据关联后，弹出的载入数据控制对话框如图 2-44 所示。该对话框用进度条的形式显示外部数据载入的进度。在对话框的下方设置有开始、停止、后退到数据文件起点和快进等按钮，以方便控制数据载入的进程。

10）当程序运行到探针点位置时，CCS 将暂停程序的运行，从外部数据文件载入数据至相关存储区间。数据传送完毕后，程序才继续运行。载入的数据可以通过查看内存的方法加以查看。本例中数据载入的内存单元为数据空间的 0100H～0113H 单元。

图 2-44　载入数据控制对话框

假设欲将程序存储空间起始地址为 1000H 的连续 10 个单元的数据通过探针工具，将其保存为外部数据文件 outdata. dat。方法与从外部文件导入数据基本相同。仍然需要设置探针点，然后将探针点与外部数据文件相关联，具体步骤如下。

1）打开源文件或反汇编文件，在适当位置设置探针点，用来定义程序执行到何处时进行内部数据的导出。

2）选择 File→File I/O 命令，弹出 File I/O 对话框，在此对话框中，选择 File Output 标签，如图 2-45 所示。

3）单击 Add File 按钮，在弹出的 File Output 对话框（如图 2-46 所示）的文件名中输入 outdata，选择"打开"按钮，返回到 File I/O 对话框。

图 2-45　File I/O 对话框

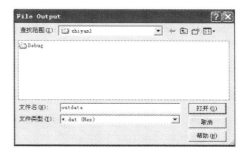

图 2-46　File Output 对话框

4）在 Page 下拉列表中选择欲输出数据所在的存储空间类型，本例中选择了程序空间，即 Program。

5）在 Address 和 Length 栏中分别填写欲导出数据所在内存单元的起始地址及长度，本例中的起始地址为 1000H，长度为 000AH。

6）单击 Add Probe Point 按钮，弹出 Break/Probe Points 对话框，如图 2-41 所示，根据探针点的设置方法，将探针点与刚才选择加入的数据文件 outdata. dat 相关联。

7）探针点和数据文件关联后，弹出的导出数据控制对话框如图 2-47 所示。该对话框用进度条的形式显示内部数据导出的进度。在对话框的下方设置有开始、停止、后退到数据文件起点和快进等按钮，以方便控制数据导出的进程。

图 2-47　导出数据控制对话框

8）当程序运行到探针点位置时，CCS 将暂停程序的运行，将内存中的数据导出至外部数据文件。数据传送完毕后，程序继续运行。导出的数据可以通过记事本等工具加以查看。

2.5.5　开销估计

在嵌入式系统开发中，性能是关键因素之一。随着代码体积和复杂度的持续增长，程序开发者很难明确地定位影响系统性能的细节问题。开销估计（Profiling）可以用来减少定位和消除性能瓶颈的时间，它会分析程序的执行过程并显示耗费时间的代码段。例如，开销估计可以查出执行某个函数需要多少个周期（Cycle）及其执行频率，因此，它能够帮助程序员把宝贵的开发时间用于优化最影响程序性能的代码上。

对每个可执行文件的开销估计都需要启动一个新会话（Session）。选择 Profiler→Start New Session，在弹出的窗口中输入会话（Session）的名称后单击 OK 按钮，窗口底部就会出现一个开销估计的观察窗口。例如，会话名称为 MySession，则出现的观察窗口为 MySession Profile，如图 2-48 所示。

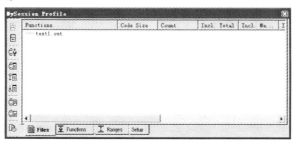

图 2-48　MySession Profile 窗口

开销估计的对象可以是整个文件，也可以是文件中的某个/些函数，还可以是几行代码。需要分析的代码段称为开销估计区域（Profile Area），可以根据"开销估计观察"窗口左侧的工具栏选择需要分析的开销估计区域。定义好了开销估计区域之后，运行程序，"开销估计观察"窗口中就会出现相关统计数据，如图 2-49 所示。

当然，有的时候我们只是需要统计程序运行的时间，这个时候，可以选择 Profiler→Clock，然后单击 Enable 勾选它。再选择 Profiler→Clock Setup，出现如图 2-50 所示对话框，在其中设置相关选项后，选择 Profiler→View Clock，在主窗口下方就会出现 Clock 窗口。如果此时窗口中的值非零，则可以通过双击 Clock 窗口使其变为零，然后可以单步执行计时，也可以运行一段或全部程序计时，单位为 CPU 周期。

图 2-49　Profile 结果

图 2-50　Clock Setup 对话框

2.6　通用扩展语言

通用扩展语言（General Extention Language，GEL）属于解释性语言，是一种交互式的命令。它是解释执行的，即不能编译成可执行文件，其语法基本类似于 C 语言。但 GEL 语言不能说明变量，所有变量都要在 DSP 程序中进行定义，这是 GEL 语言与 C 语言的主要区别。用户可以使用该语言创建 GEL 函数，而一系列 GEL 函数就构成了 GEL 文件，其后缀名为 .gel。用户通过创建（或修改）GEL 文件，并将其加载到 CCS 中，就可以实现定制用户工作区、程序调试的自动测试等功能，从而达到扩展 CCS 集成开发环境功能的目的。GEL 语言的重要性在于针对计算机模拟环境的用户，使用 GEL 文件可以为其准备一个虚拟的 DSP 仿真环境，但也不是非用不可。

2.6.1　GEL 函数的语法

GEL 文件的主体是 GEL 函数，本节将介绍 GEL 函数的相关知识。

GEL 函数的定义格式如下：

```
函数名（[参数 1[,参数 2…[,参数 n]]]）
{
函数语句；
}
```

说明：

1）GEL 函数的参数类型可以是数字常量、字符串常量和 DSP 程序符号。

2）GEL 函数中的函数语句支持如下类型。

- 函数定义。
- 函数参数。
- 调用 GEL 函数。

- 注释语句。GEL 语言支持标准 C 语言的注释。若注释单行，以符号"//"开头；若注释多行，则以符号"/ *"开始注释内容，以符号" */"结束注释内容。
- 预处理语句。与标准 C 语言一样，GEL 函数支持标准#define 预处理语句。其格式如下：

```
#define  identifier  token-sequence
```

　　上述语句用符号序列（token-sequence）替代标识符（identifier）。需要注意，#define 是 GEL 函数支持的唯一一个预处理关键字。
- return 语句。GEL 函数支持标准 C 语言形式的 return 语句，其格式如下：

```
return   表达式
```

　　当 return 后面有表达式时，返回表达式的值。当 return 后面没有表达式或函数结尾处没有 return 语句时，它返回的不是一个有效值，而只是将控制权返回给调用函数。与 C 语言不同之处在于，GEL 函数不指定返回类型，返回类型可以根据运行情况自动确定。
- if-else 语句。GEL 函数支持标准 C 语言形式的 if-else 语句，其格式如下：

```
if ( 表达式 )
    语句 1;
else
    语句 2;
```

　　其语句执行过程与 C 语言完全一致：当表达式为真时，执行语句 1；否则，执行语句 2。当然，同 C 语言一样，语句 1 和语句 2 可以是单条语句，也可以是多条语句，当为多条语句时，需要使用花括号"{}"将其括起来。
- while 语句。GEL 函数支持标准 C 语言形式的 while 语句，但不支持嵌入的 continue 和 break 语句，其格式如下：

```
while( 表达式 )
    语句;
```

　　其语句执行过程与 C 语言完全一致：当表达式为真时，执行语句，执行完成后，再次判断表达式的值，当表达式为假时，跳出 while 循环。当然，同 C 语言一样，语句可以是单条语句，也可以是多条语句，当为多条语句时，需要使用花括号"{}"将其括起来。
- for 语句。GEL 函数支持标准 C 语言形式的 for 语句，其格式如下：

```
for( 表达式 1; 表达式 2; 表达式 3)
        语句;
```

　　其语句执行过程与 C 语言完全一致。当然，同 C 语言一样，语句可以是单条语句，也可以是多条语句，当为多条语句时，需要使用花括号"{}"将其括起来。

2.6.2　GEL 函数的关键字

　　当工程中没有加载 GEL 文件时，CCS 开发环境中的 GEL 菜单是没有任何项目的，如图 2-51所示。只有创建 GEL 文件并将其加载到工程中后，GEL 菜单下面才会出现相应的一、二级菜单，如图 2-52 所示。

图 2-51　GEL 菜单（未加载 GEL 文件）　　　　图 2-52　GEL 菜单（加载 GEL 文件）

为了使用 GEL 文件，需要在 GEL 菜单中创建下拉菜单。当创建下拉菜单时，需要使用 4 个关键字，分别为 menuitem、hotmenu、dialog 和 slider。其中，一级菜单使用 menuitem 关键字，二级菜单根据功能要求，从 hotmenu、dialog 和 slider 三个关键字中选择使用。

1. menuitem

关键字 menuitem 用来在 GEL 菜单中创建一个新的一级下拉菜单，其语法格式如下：

```
menuitem "my functions"
```

其中，my functions 是用户欲创建的 GEL 一级菜单的名字。如图 2-52 中的 geltext example 就是用户创建的一级菜单的名字。

2. hotmenu

用户可以使用 hotmenu 关键字将 GEL 函数添加到 GEL 菜单中，当选择此函数时，该函数立即执行。关键字 hotmenu 适用于不需要传递参数的场合，其语法格式如下：

```
hotmenu functionname()
{
    语句;
}
```

其中，functionname 为用户要创建的函数名，即二级下拉菜单的名字。如图 2-51 中的 InitTarget 和 LoadMyProg 就是由该关键字创建的二级菜单的名字。

3. dialog

用户可以使用 dialog 关键字将 GEL 函数添加到 GEL 菜单中，从而创建一个需要输入参数的对话框窗口。当在 GEL 菜单中选择此函数时，将弹出一个对话框窗口，用户可在该窗口中输入参数，其语法格式如下：

```
dialog functionname(参数 1"参数 1 说明",参数 2"参数 2 说明",…)
{
    语句;
}
```

说明：

1）functionname 为用户要创建的函数名，即二级下拉菜单的名字；

2）参数是在函数内使用的变量名，最多可以传递 6 个参数；

3）参数说明是弹出的对话框中相应输入区域的提示信息。

4. slider

用户可以使用 slider 关键字将 GEL 函数添加到 GEL 菜单中，当 GEL 菜单选择此函数时，将会出现一个滑块，其作用是控制传递给 GEL 函数的参数值。每次移动滑块时，都将调用 GEL 函数，其参数值由滑块位置确定。该函数共有 5 个参数，不过使用时也可以只向 slider

GEL 函数传递一个参数。其语法格式如下：

```
slider para_definition(minVal,maxVal,increment,pageIncrement,paramName)
{
    语句;
}
```

说明：

1）para_ definition：在 slider 对象旁显示的参数提示；

2）minVal：当滑块在最低位置时传递给函数的整数常量值；

3）maxVal：当滑块在最高位置时传递给函数的整数常量值；

4）increment：每次移动一个滑动位置时增加的整数常量值，即增加的步长；

5）pageIncrement：每次移动一页时增加的整数常量值；

6）paramName：在函数内部使用的参数定义。

2.6.3　GEL 文件的加载与卸载

当 GEL 文件编写完成之后，还需要将其加载到 CCS 集成开发环境中才能被用户所调用。需要说明的是，GEL 文件一旦加载，其中的 GEL 函数就一直驻留在内存中，直到将其卸载为止。所以，如果用户需要对一个已经加载的 GEL 文件进行修改，需要先将其卸载，然后将修改后的 GEL 文件再次加载，才能使修改生效。

加载 GEL 文件的方法类似于加载源程序和链接命令文件，共有两种方法可以使用。

1）选择 CCS 菜单命令：File→Load GEL 命令，从弹出的对话框中选择需要加载的 GEL 文件，单击打开即可，如图 2-53 所示。

2）在工程窗口中右击 GEL File 文件夹，在弹出的快捷菜单中选择 Load GEL 选项，然后从文件夹中选择需要加载的 GEL 文件即可，如图 2-54 所示。

卸载 GEL 文件的方法非常简单，只需要在工程窗口中右击欲卸载的 GEL 文件，从弹出的快捷菜单中选择 Remove 选项就可以将选中的 GEL 文件从工程中卸载了，如图 2-55 所示。

图 2-53　加载 GEL 文件方法一　　　图 2-54　加载 GEL 文件方法二　　　图 2-55　卸载 GEL 文件

2.6.4　GEL 文件应用举例

本节将通过例子详细介绍如何使用上述 4 个关键字创建 GEL 函数，从而创建 GEL 菜单，以及如何使用创建的 GEL 菜单。

【例 2-2】 利用上述 4 个关键字创建 GEL 菜单。

解：1）创建一个工程 ex2_ 2. pjt，其中源程序 ex2_ 2. c 代码如下：

```
// 程序完成的功能是 z = ax + by
void main()
{
    int x,y,z,a,b;
    a = 2;
    b = 3;
    x = 4;
    y = 5;
    while(1)
    {
    z = a * x + b * y;
    }
}
```

2）创建的 GEL 文件 ex2_ 2. gel 代码如下：

```
menuitem " ex2_2"                      // 一级菜单名字为 ex2_2
hotmenu abxyvalue()                    // 二级菜单名字为 abxyvalue,当单击该菜单时,
                                       //4 个参数按照本程序中的数值被赋值

{
    a = 1;
    b = 1;
    x = 2;
    y = 2;
}
dialog abxyDia(a1"a",b1"b",x1"x",y1"y")  // 二级菜单名字为 abxyDia,当单击该菜单时,
                                       // 出现对话框,可在相应位置输入相应数据

{
    a = a1;
    b = b1;
    x = x1;
    y = y1;
}
slider avalueSli(0,10,1,1,a2)          // 二级菜单名字为 avalueSli,当单击该菜单时,
                                       // 出现滑块,通过移动滑块位置确定参数值

{
    a = a2;
}
slider bvalueSli(0,10,1,1,b2)
{
    b = b2;
}
slider xvalueSli(0,10,1,1,x2)
{
    x = x2;
}
slider yvalueSli(0,10,1,1,y2)
{
    y = y2;
}
```

3）将 GEL 文件 ex2_2.gel 加载到工程中。

4）编译链接完成之后，加载可执行文件，本例中是 ex2_2.out。

5）选择单步执行，通过"变量观察"窗口查看运行结果，如图 2-56 所示。

6）单击菜单 GEL→ex2_2→abxyvalue，如图 2-57 所示。

7）程序执行后，重新查看"变量观察"窗口，变量值发生了如下变化：a＝2→a＝1；b＝3→b＝1；x＝4→x＝2；y＝5→y＝2；z＝23→z＝4，如图 2-58 所示。

　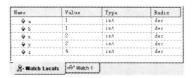　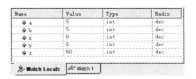

图 2-56　程序运行结果（a＝2；　　　图 2-57　GEL 命令选择　　　图 2-58　程序运行结果（a＝1；
　　　　　b＝3；x＝4；y＝5；）　　　　　　　　　　　　　　　　　　　　　　b＝1；x＝2；y＝2；）

8）单击菜单 GEL→ex2_2→abxyDia，弹出对话框，在对话框中输入 a＝5、b＝5、x＝6、y＝6，然后单击 Execute 按钮，如图 2-59 所示。

9）程序执行后，在"变量观察"窗口得到的结果如图 2-60 所示。

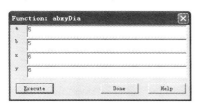

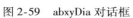

图 2-59　abxyDia 对话框　　　　　图 2-60　程序运行结果（a＝5；b＝5；x＝6；y＝6；）

10）单击菜单 GEL→ex2_2→avalueSli，GEL→ex2_2→bvalueSli，GEL→ex2_2→xvalueSli，GEL→ex2_2→yvalueSli，依次弹出 4 个滑块，调节滑块使 a＝3、b＝4、x＝5、y＝6，如图 2-61 所示。

11）执行程序，通过"变量观察"窗口查看运行结果，如图 2-62 所示。

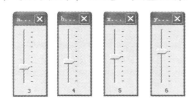

图 2-61　滑块及变量值（a＝3；b＝4；x＝5；y＝6；）　　图 2-62　程序运行结果（a＝3；b＝4；x＝5；y＝6）

2.6.5　CCS 内建 GEL 函数

在 CCS 集成开发环境中，每一种 DSP 芯片都有一个 GEL 文件用于初始化。用户不仅可以自己编写 GEL 文件，以便根据实际需要合理配置开发环境，还可以使用 CCS 为用户提供的一系列 GEL 函数（一般称为内建 GEL 函数或嵌入 GEL 函数）。为了区别于用户自定义的 GEL 函数，所有内建 GEL 函数都有一个"GEL_"作为前缀。利用这些内建 GEL 函数，用户可以控制仿真或实际目标板的状态、访问目标板的存储空间以及显示运行结果等。

CCS 内建函数非常多，限于篇幅，这里不详细介绍。下面给出的代码是由内建 GEL 函数构成的用于 C5416 初始化的 GEL 文件，读者可以自行分析其功能。如果遇到不理解的函数，可以通过 CCS 菜单中 Help→Contents 进行查询，也可以参看 TI 公司提供的 CCS 相关资料。

```
#define   PMST_VAL                    0xffe8u

#define   SWWSR_VAL                   0x2009u
#define   BSCR_VAL                    0x02u
#define   ZEROS                       0x0000u
#define   DMPREC                      0x0054u
#define   DMSA                        0x0055u
#define   DMSDI                       0x0056u

#define   DMA_CH0_DMFSC_SUB_ADDR      0x0003u
#define   DMA_CH1_DMFSC_SUB_ADDR      0x0008u
#define   DMA_CH2_DMFSC_SUB_ADDR      0x000Du
#define   DMA_CH3_DMFSC_SUB_ADDR      0x0012u
#define   DMA_CH4_DMFSC_SUB_ADDR      0x0017u
#define   DMA_CH5_DMFSC_SUB_ADDR      0x001cu

#define   MCBSP0_SPSA                 0x0038u
#define   MCBSP0_SPSD                 0x0039u
#define   MCBSP1_SPSA                 0x0048u
#define   MCBSP1_SPSD                 0x0049u
#define   MCBSP2_SPSA                 0x0034u
#define   MCBSP2_SPSD                 0x0035u

#define   MCBSP_SPCR1_SUB_ADDR        0x0000u
#define   MCBSP_SPCR2_SUB_ADDR        0x0001u
#define   MCBSP_SRGR1_SUB_ADDR        0x0006u
#define   MCBSP_SRGR2_SUB_ADDR        0x0007u

#define   MCBSP_MCR1_SUB_ADDR         0x0008u
#define   MCBSP_MCR2_SUB_ADDR         0x0009u

#define   SRGR1_INIT                  0x0001u

#define   PRD0                        0x0025u
#define   TCR0                        0x0026u
#define   PRD1                        0x0031u
#define   TCR1                        0x0032u

#define   TIMER_STOP                  0x0010u
#define   TIMER_RESET                 0x0020u

#define   PRD_DEFAULT                 0xFFFFu

#define   GPIOCR                      0x0010u

StartUp()
{
    C5416_Init();
    GEL_TextOut("Gel StartUp complete.\n");
}
Menuitem  "C5416_Configuration";
Hotmenu   CPU_Reset()
{
    GEL_Reset();
```

```
        PMST = PMST_VAL;
        BSCR = BSCR_VAL;
        GEL_TextOut("CPU Reset Complete.\n");
}

hotmenu C5416_Init()
{
        GEL_Reset();
        PMST = PMST_VAL;
        BSCR = BSCR_VAL;
        C5416_Periph_Reset();
        GEL_XMDef(0,0x1eu,1,0x8000u,0x7f);
        GEL_XMOn();
        GEL_MapOn();
        GEL_MapReset();
        GEL_MapAdd(0x80u,0,0x7F80u,1,1);
        GEL_MapAdd(0x08000u,0,0x8000u,1,1);
        GEL_MapAdd(0x18000u,0,0x8000u,1,1);
        GEL_MapAdd(0x18000u,0,0x8000u,1,1);
        GEL_MapAdd(0x28000u,0,0x8000u,1,1);
        GEL_MapAdd(0x38000u,0,0x8000u,1,1);
        GEL_MapAdd(0x0u,1,0x60u,1,1);
        GEL_MapAdd(0x60u,1,0x7FA0u,1,1);
        GEL_MapAdd(0x08000u,1,0x8000u,1,1);
        GEL_TextOut("C5416_Init Complete.\n");
}

C5416_Periph_Reset()
{
        IFR = 0xFFFFu;
        IFR = 0x0000u;
        DMA_Reset();
        MCBSP0_Reset();
        MCBSP1_Reset();
        MCBSP2_Reset();
        TIMER0_Reset();
        GPIO_Reset();
}

DMA_Reset()
{
        *(int *)DMPREC = ZEROS;
        *(int *)DMSA = DMA_CH0_DMFSC_SUB_ADDR;
        *(int *)DMSDI = ZEROS;
        *(int *)DMSDI = ZEROS;
        *(int *)DMSA = DMA_CH1_DMFSC_SUB_ADDR;
        *(int *)DMSDI = ZEROS;
        *(int *)DMSDI = ZEROS;
        *(int *)DMSA = DMA_CH2_DMFSC_SUB_ADDR;
        *(int *)DMSDI = ZEROS;
        *(int *)DMSDI = ZEROS;
        *(int *)DMSA = DMA_CH3_DMFSC_SUB_ADDR;
        *(int *)DMSDI = ZEROS;
        *(int *)DMSDI = ZEROS;
```

```
        *(int *) DMSA = DMA_CH4_DMFSC_SUB_ADDR;
        *(int *) DMSDI = ZEROS;
        *(int *) DMSDI = ZEROS;
        *(int *) DMSA = DMA_CH2_DMFSC_SUB_ADDR;
        *(int *) DMSDI = ZEROS;
        *(int *) DMSDI = ZEROS;
}


MCBSP0_Reset()
{
        *(int *) MCBSP0_SPSA = MCBSP_SPCR1_SUB_ADDR;
        *(int *) MCBSP0_SPSD = ZEROS;
        *(int *) MCBSP0_SPSA = MCBSP_SPCR2_SUB_ADDR;
        *(int *) MCBSP0_SPSD = ZEROS;
        *(int *) MCBSP0_SPSA = MCBSP_SRGR1_SUB_ADDR;
        *(int *) MCBSP0_SPSD = SRGR1_INIT;
        *(int *) MCBSP0_SPSA = MCBSP_SRGR2_SUB_ADDR;
        *(int *) MCBSP0_SPSD = ZEROS;
        *(int *) MCBSP0_SPSA = MCBSP_MCR1_SUB_ADDR;
        *(int *) MCBSP0_SPSD = ZEROS;
        *(int *) MCBSP0_SPSA = MCBSP_MCR2_SUB_ADDR;
        *(int *) MCBSP0_SPSD = ZEROS;
}


MCBSP1_Reset()
{
        *(int *) MCBSP1_SPSA = MCBSP_SPCR1_SUB_ADDR;
        *(int *) MCBSP1_SPSD = ZEROS;
        *(int *) MCBSP1_SPSA = MCBSP_SPCR2_SUB_ADDR;
        *(int *) MCBSP1_SPSD = ZEROS;
        *(int *) MCBSP1_SPSA = MCBSP_SRGR1_SUB_ADDR;
        *(int *) MCBSP1_SPSD = SRGR1_INIT;
        *(int *) MCBSP1_SPSA = MCBSP_SRGR2_SUB_ADDR;
        *(int *) MCBSP1_SPSD = ZEROS;
        *(int *) MCBSP1_SPSA = MCBSP_MCR1_SUB_ADDR;
        *(int *) MCBSP1_SPSD = ZEROS;
        *(int *) MCBSP1_SPSA = MCBSP_MCR2_SUB_ADDR;
        *(int *) MCBSP1_SPSD = ZEROS;
}


MCBSP2_Reset()
{
        *(int *) MCBSP2_SPSA = MCBSP_SPCR1_SUB_ADDR;
        *(int *) MCBSP2_SPSD = ZEROS;
        *(int *) MCBSP2_SPSA = MCBSP_SPCR2_SUB_ADDR;
        *(int *) MCBSP2_SPSD = ZEROS;
        *(int *) MCBSP2_SPSA = MCBSP_SRGR1_SUB_ADDR;
        *(int *) MCBSP2_SPSD = SRGR1_INIT;
        *(int *) MCBSP2_SPSA = MCBSP_SRGR2_SUB_ADDR;
        *(int *) MCBSP2_SPSD = ZEROS;
        *(int *) MCBSP2_SPSA = MCBSP_MCR1_SUB_ADDR;
        *(int *) MCBSP2_SPSD = ZEROS;
        *(int *) MCBSP2_SPSA = MCBSP_MCR2_SUB_ADDR;
        *(int *) MCBSP2_SPSD = ZEROS;
}
```

```
TIMER0_Reset()
{
    *(int *)TCR0 = TIMER_STOP;
    *(int *)PRD0 = PRD_DEFAULT;
    *(int *)TCR0 = TIMER_RESET;
}
GPIO_Reset()
{
    *(int *)GPIOCR = ZEROS;
}
```

2.7　小结

对于一个器件的使用而言，完善的开发环境是至关重要的。CCS 作为目前使用最为广泛的 DSP 开发环境之一，有许多优越之处。因此，本章对 CCS 开发环境做了详尽的介绍。本章首先对 CCS 开发环境作了简要的说明，并介绍了 CCS 的安装及配置。之后，介绍了 CCS 的基本操作，包括 CCS 的窗口和工具栏、文件的编辑、反汇编窗口、存储器窗口、寄存器窗口、观察窗口以及其他相关的基本操作。然后，介绍了 CCS 工程的建立和调试。在工程的建立中，讲述了工程的管理、建立及构建等内容，而在工程的调试中，介绍了程序的运行控制、断点和探针点的设置、图形工具的使用、数据输入与输出以及性能分析等。最后，通过具体实例阐述了通用扩展语言的使用方法。

通过对本章内容的学习，读者应该能够了解并熟练使用 CCS 开发环境。

实验一：CCS 基本操作

【实验目的】

1）掌握 CCS 环境的配置方法。

2）掌握使用 CCS 构建和维护工程的方法。

3）掌握使用 CCS 调试程序的方法。

4）掌握使用 Memory、Register、Graph 等工具查看程序运行状态的方法。

5）掌握使用探针进行数据输入和输出的方法。

6）了解 Profiler 工具的基本用途。

【实验内容】

本实验将 40 个数据存放到程序存储空间的 1000H～1027H 存储单元，将汇编程序存放到程序存储空间的 1028H～1034H 存储单元。然后，将前 20 个数据传输到数据存储空间的 0100H～0113H 存储单元，将剩余 20 个数据分别传输到数据存储空间的 0114H～0127H 和 0128H～013BH 存储单元。

【实验步骤】

1）配置 CCS 环境。

① 配置 Simulator。

② 配置 Emulator。

2）工程的新建与维护。

① 新建工程，工程名自定。

② 利用 CCS 开发环境提供的编辑工具进行汇编源程序和链接命令文件的编写，并将其保存到工程目录下。

③ 将源程序和链接命令文件添加到工程中。

④ 利用两种方法关闭工程，然后再打开本工程。

⑤ 将汇编程序从工程中删除，然后再将其添加到工程中。

3）工程的构建和运行。

① 对工程进行编译、链接，确定没有错误。

② 加载可执行文件。

③ 使用程序运行、自由运行、暂停运行和动画运行 4 种方法运行程序。

④ 在程序的有效位置添加/删除断点，并查看运行效果。

4）运行状态查看。

① 尝试单步运行程序，查看内存变化。

- 程序空间。起始地址（Address）：1000H，在数据类型（Format）处选择 Hex-TI Style，在存储空间（Page）中选择 Program。
- 数据空间。起始地址（Address）：0100H，在数据类型（Format）处选择 Hex-TI Style，在存储空间（Page）中选择 Data。

② 尝试单步运行程序，在 CPU 寄存器窗口中查看 PC、AR1、AR2 和 AR3 的变化。

③ 利用 Graph 工具查看变量 a（20 个变量）、x（20 个变量）及 a 和 x 连续 40 个变量的时域波形。

5）数据的输入和输出。

① 在程序的有效位置设置探针点，利用探针将内存中的 a、x 以及 a 和 x 相连接的连续 40 个数值分别输出至不同的外部文件。

② 在程序的有效位置设置探针点，利用探针将①中生成的三个外部数据文件分别输入至起始地址为 1000H、1100H 和 1200H 的数据空间。

6）Profiler。

利用 Profiler 中的 Clock 查看运行单条语句及整段代码所花销的时间。

【参考程序】

1）汇编源程序：

```
*************************
*  ex1.asm   实现数据传递      *
*************************
.title "ex1.asm"
.mmregs
.def  _c_int00
.data
TBL:          .word 0,1,2,3,4,5,6,7,8,9
              .word 10,11,12,13,14,15,16,17,18,19
              .word 19,18,17,16,15,14,13,12,11,10
              .word 9,8,7,6,5,4,3,2,1,0
              .bss   a, 20
              .bss   x, 20
              .bss   y, 20
              .text
_c_int00:     STM    #a,AR1
              RPT    #39
              MVPD   TBL, * AR1 +
              STM    #x,AR2
              STM    #y,AR3
              RPT    #19
              MVDD   * AR2 +, * AR3 +
stop:         B      stop
              .end
```

2）链接命令文件：

```
-o ex1.out
-m ex1.map
MEMORY
{
    PAGE 0:      RAM:       org=1000H , len=800H
    PAGE 1:      DARAM1:    org=0100H , len=100H
}
SECTIONS
{
    .data:       >RAM       PAGE 0
    .text:       >RAM       PAGE 0
    .bss:        >DARAM1    PAGE 1
}
```

思考题

1. 简述 CCS 开发环境的基本功能。
2. 简述 CCS 开发环境的安装步骤。
3. 简述 CCS 开发环境的配置步骤。
4. 简述 CCS 开发环境的菜单和工具栏的主要功能。
5. CCS 开发环境提供了哪些图形显示功能？如何使用？
6. 简述 CCS 数据文件的格式。
7. 简述数据载入/导出的方法。
8. 若有 10 个十六进制数：0000H、0001H、0002H、0003H、0004H、0005H、0006H、0007H、0008H、0009H，来源于起始地址为 0100H 的程序存储器单元，请写出相应的 CCS 数据文件。
9. 简述开销估计的概念及使用方法。
10. 简述通用扩展语言的功能。
11. 在 CCS 开发环境下运行例 2-2 提供的代码，验证其功能。

第 3 章　TMS320C54x 软件开发基础

📖 内容提要

本章首先介绍 TMS320C54x 的软件开发过程，然后对汇编伪指令和汇编宏指令进行说明，最后重点介绍公共目标文件格式的相关概念及 C 语言程序设计、混合语言程序设计的相关概念和方法。

通过本章的学习，读者可以对 DSP 的软件开发有一个较为详细的了解，为 DSP 系统的软件开发奠定基础。

📖 重点难点

- 段的定义和用法
- 链接命令文件
- C 语言程序设计
- 混合语言程序设计

3.1　TMS320C54x 软件开发过程

图 3-1 给出了 C54x 软件开发的流程图，其中阴影部分是最常用的软件开发路径，其余部分是任选的。下面详细介绍流程图 3-1 中主要组成部分的功能。

- **C 编译器**（C Compiler）：将 C 语言源程序自动地编译为 TMS320C54x 的汇编语言源程序，即由 .c 文件生成 .asm 文件。
- **汇编器**（Assembler）：将汇编语言源文件汇编成基于公共目标文件格式的机器语言目标文件，即由 .asm 文件生成 .obj 文件。
- **链接器**（Linker）：将汇编生成的、可重新定位的 COFF 目标模块组合成一个可执行的 COFF 目标模块。当链接器生成可执行模块时，它要调整对符号的引用，并解决外部引用的问题。它也可以接受来自文档管理器中的目标文件，以及链接以前运行时所生成的输出模块。即链接器输入目标文件（.obj 文件）和链接命令文件（.cmd 文件），输出可执行文件（.out 文件）。
- **文档管理器**（Archiver）：将一组文件（源文件或目标文件）集中为一个文档文件库。例如，把若干个宏文件集中为一个宏文件库，汇编时可以搜索宏文件库，并通过源文件中的宏命令来调用。利用文档管理器，可以方便地替换、添加、删除和提取库文件。
- **助记符 – 代数指令翻译器**（Mnemonic-to-Algbraic Translator Utility）：将助记符格式的汇编语言源文件转换成代数指令格式的汇编语言源文件。

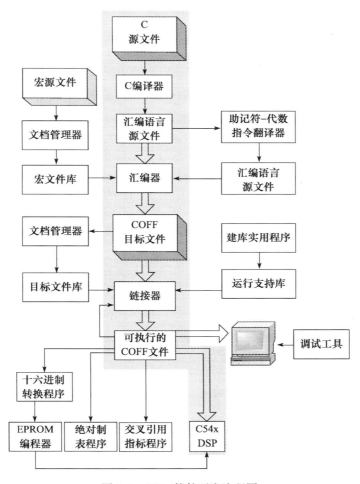

图 3-1　C54x 软件开发流程图

- **建库实用程序**（Library-Build Utility）：建立 C 语言编写的、用户自己使用的支持运行的库函数。当链接时，用 rts.src 中的源文件代码和 rts. lib 中的目标代码提供标准的、支持运行的库函数。

- **运行支持库**（Runtime-Support Library）：建立用户的 C 语言运行支持库。标准运行支持库在 rts.src 里提供源代码，在 rts. lib 里提供目标代码。运行支持库包含 ANSI 标准 C 运行支持函数、编译器公用程序函数、浮点运行函数和 C54x 编译器支持的 C 输入/输出函数。

- **十六进制转换程序**（Hex Conversion Utility）：可以很方便地将 COFF 目标文件转换成 TI、Intel、Motorola 或 Tektronix 公司的目标文件格式。转换后生成的文件可以下载到 EPROM 编程器，以便对用户的 EPROM 进行编程。

- **绝对制表程序**（Absolute Lister）：将链接后的目标文件作为输入，生成 .abs 输出文件，对 .abs 文件汇编产生包含绝对地址（而不是相对地址）的清单。如果没有绝对制表程序，所生成清单可能是冗长的，并要求进行许多人工操作。

- **交叉引用制表程序**（Cross-Reference Lister）：利用目标文件生成一个交叉引用清单，列出所链接源文件中的符号及其定义和引用情况。

经过图 3-1 所示的开发过程，可以产生一个由 C54x 目标系统执行的可执行文件。下面以汇编语言源程序为例，简要介绍从编辑源程序到最后完成程序调试和固化的一般过程。

1）编辑汇编语言源程序。可利用各种文本编辑器，如笔记本、Word、EDIT 和 TC 等，按照 4.1 节介绍的格式和方法编写并保存汇编语言源程序。

2）汇编汇编语言源程序。利用 C54x 的汇编器 ASM500 对已经编辑好的一个或多个源文件分别进行汇编，生成目标文件和列表文件。假设汇编语言源程序的名字为 example. asm，经汇编后生成目标文件 example.obj 和列表文件 example. lst。

3）链接目标文件。根据链接命令文件，利用 C54x 的链接器 LNK500，对已汇编过的一个或多个目标文件进行链接，生成可执行文件和储器映像文件（.map 文件）。存储器映像文件包含存储器的配置情况，代码段、数据段、堆栈段和向量段在存储器中的定位表以及全局符号在存储器中的位置等内容。可执行文件作为链接器的输出，可直接将其加载至仿真系统或实际应用系统中运行。图 3-2 给出了汇编语言程序的编辑、汇编和链接过程。

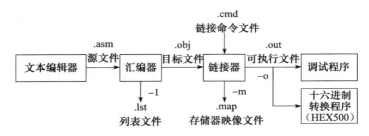

图 3-2　汇编语言程序的编辑、汇编和链接过程

4）调试可执行文件以修正或改进程序。对可执行文件的调试有多种方法，下面介绍几种常见的调试方法。

- 利用软件仿真器进行调试。软件仿真器（Simulator）是一种很方便的软件调试工具，它不需要目标硬件，只要在 PC 上运行就可以了。它可以仿真 C54x 芯片包括中断以及输入/输出在内的各种功能，从而可在非实时条件下完成对用户程序的调试。
- 利用硬件仿真器（Emulator，XDS）进行调试。XDS（eXtended Development System）是 TMS320 可扩展的开发系统，目前常用的型号有 XDS510 和 XDS560。XDS 是一块不带 DSP 芯片的、插在 PC 与用户目标系统之间的 ISA 卡，利用与之相配套的仿真调试软件 Emulator，可对带 C54x 芯片的系统级目标板进行调试。

    TI 公司早期产品的硬件仿真器，是将仿真器的电缆插头插入用户目标板中 DSP 芯片的相应位置。其缺点是电缆引脚必须与 DSP 芯片引脚一一对应，从而限制了它的应用。C54x（包括 C3x、C4x、C5x、C2xx、C62x 和 C67x 等）芯片上有仿真引脚，它的硬件仿真器称为扫描仿真器。C54x 的硬件扫描仿真器采用 JTAG IEEE 1149.1 标准，仿真插头共有 14 个引脚，扫描仿真器通过仿真头将 PC 中的用户程序代码下载到目标系统的存储器中，并在目标系统内实时运行，这给程序调试带来了很大的方便。

- 利用初学者开发套件进行调试。初学者开发套件（Developing Starter Kit，DSK）是 TI 公司为 DSP 初学者准备的一种硬件开发环境。TMS320VC5416 DSK 主要包括一块 VC5416 DSK 目标板和一个运行于 PC 上的 CCS 集成开发环境。VC5416 DSK 目标板主要包括电源接口、JTAG 接口、扩展接口、音频编解码芯片以及片外存储器，用户可将经编译、链接生成的可执行文件通过 USB 接口从主机下载到 VC5416 DSK 目标板中进行代码的调试和修改。
- 利用评价模块进行调试。C54x 评价模块（EValuation Module，EVM）是一种带有 DSP 芯片的 PC 机 ISA 插卡。卡上配置有一定数量的硬件资源：128K 字的 SARAM 程序/数据存储器、模拟接口、IEEE 1149.1 仿真口、主机接口、串口以及 I/O 扩展接口等，以便进行系统扩展。用户编写的软件代码可以在 EVM 板上运行，以评价 DSP 芯片的性能并确定 DSP 芯片是否满足应用要求。

5）固化用户程序。调试完成后，利用十六进制转换程序（HEX500）对可执行文件进行格式转换，并将转换后的文件下载到用户的应用系统中。

3.2　汇编伪指令

汇编语言源程序中的指令主要包括汇编语言指令、汇编伪指令和宏指令。汇编语言指令将在第 4 章中专门介绍。本节主要介绍汇编伪指令，宏指令将在下一节中介绍。

汇编伪指令是汇编语言程序的一个重要组成部分，一个汇编语言程序可能包含多种汇编伪指令，其作用是为程序提供数据，并且控制汇编的过程。根据功能不同，可将汇编伪指令分为 8 种：段定义伪指令、常数初始化伪指令、段程序计数器（SPC）定位伪指令、输出列表格式伪指令、引用其他文件和符号的伪指令、条件汇编伪指令、汇编时符号定义伪指令以及其他汇编伪指令。

1. 段定义伪指令

段定义伪指令的作用是划分汇编程序的不同部分到合适的段中，这类伪指令共有 5 条。

1）.bss：为未初始化变量在 .bss 段内保留空间，可在 RAM 中分配变量，其语法格式为：

```
.bss  symbol,size in words [,blocking flag][,alignment flag]
```

- symbol：必需参数。定义了指向伪指令所保留的第一个单元地址的符号，符号名对应于所要保留空间的变量。
- size in words：必需参数。定义了为未初始化变量保留的存储单元的字数，汇编器在 .bss 段为未初始化变量分配 size 个字。
- blocking flag：可选参数。如果该参数大于 0，汇编器分配连续的 size 个字。也就是说，除非 size 大于一页，否则分配的空间不会跨越页边界。
- alignment flag：可选参数。如果该参数大于 0，段与长字边界对齐。

例如，.bss buffer ,10;为未初始化变量 buffer 在 .bss 段保留 10 个存储单元。

2）.usect：为未初始化变量在未初始化的自定义段中保留空间，其语法格式为：

```
symbol  usect  "section name",  size in words  [,blocking flag][,alignment flag]
```

- symbol：必需参数。定义了指向伪指令所保留的第一个单元地址的符号，符号名对应于所要保留空间的变量。
- section name：必需参数。定义了未初始化自定义段的段名，注意，段名必须包含在双引号内。
- size in words：必需参数。定义了为未初始化变量保留的存储单元的字数，汇编器在该段为未初始化变量分配 size 个字。
- blocking flag：可选参数。如果该参数大于 0，汇编器分配连续的 size 个字。也就是说，除非 size 大于一页，否则分配的空间不会跨越页边界。
- alignment flag：可选参数。如果该参数大于 0，段与长字边界对齐。

例如，var　.usect　"new", 7;创建段名为 new 的未初始化自定义段，并为未初始化变量 var 在该段保留 7 个存储单元。

3）.data：通常包含初始化数据，如数据表或预先初始化的变量。该伪指令使汇编器开始把源代码中的初始化数据汇编到 .data 段内，且 .data 变为当前段。

4）.sect：定义包含代码或数据的初始化自定义段，并且将紧随其后的代码或数据存入该段，其语法格式为：

.sect　"section name"

其中，section name 为必需参数。定义了初始化自定义段的段名，注意，段名必须包含在双引号内。

例如，.sect　"abc"

　　　　.word　0011H, 0022H;定义初始化自定义段"abc"，该段包含两个初始化数据：0011H 和 0022H。

5）.text：包含可执行的代码。如果还没有代码汇编到 .text 段中，那么段程序计数器（SPC）设置为 0；否则，段程序计数器恢复到它原先在段内的值。.text 是默认段，除非规定了另外的伪指令，否则，在汇编开始时，汇编器将把代码汇编到 .text 段。

2. 常数初始化伪指令

常数初始化伪指令用于在当前段内放入常数值，这类伪指令共有 24 条，这里仅介绍常用的 6 组（条）常数初始化伪指令。

1）.bes　　　　size in bits

　　.space　　　size in bits

在当前段中保留 size 个位，汇编器对这些保留的位填 0，可用位数乘以 16 来实现保留字。注意，.bes 指向包含保留位的最后一个字，而 .space 指向包含保留位的第一个字。

2）.byte　　　value1 [,...,valuen]：在当前段内初始化一个或多个连续的 8 位字。

　　.field　　　value [,size in bits]：将单个值放进当前字的指定位域。此指令可将数值放入当前字中规定的位域，并从最高有效位开始。在填满字前，汇编器不增加段程序计数器的值。

3）.float　　　value1 [,...,valuen]：计算以 IEEE 格式表示的单精度（32 位）浮点数，并将它存储在当前段的两个连续的字中，先存储高位字。

4）.int   value1 [,...,valuen]
　.word   value1 [,...,valuen]

这两个指令功能相同，都是将一个或多个值放在当前段的连续的 16 位域中，即定义若干个 16 位的字。

5）.long   value1 [,...,valuen]：将 32 位的值存储在当前段的两个连续的字中，先存储高位字。

6）.string   "string1"[,...,"stringn"]
　.pstring   "string1"[,...,"stringn"]

将一个或多个字符串中的 8 位字符放进当前段。

二者的区别在于：.string 将 8 位字符放入当前段的连续字中，.pstring 将两个 8 位的字符打包成一个字，然后放入当前段的连续字中，如果字符串没有占满最后一个字，剩余位填 0。

3. 段程序计数器定位伪指令

段程序计数器定位伪指令用于使段程序计数器（SPC）指向预定的位置，其语法格式为：

.align[size]

根据 size 的值将段程序计数器（SPC）与 1～128 字（16 位）的边界对齐，这保证了在该伪指令后面的代码开始于某个字或页面的边界上。不同的操作数代表不同的含义：

1）操作数为 1，对准 SPC 到字（16 位）的边界；

2）操作数为 2，对准 SPC 到长字（32 位）/偶地址的边界；

3）操作数为 128，对准 SPC 到页面的边界；

4）当没有操作数时，默认对准 SPC 到页面边界，即该指令的默认值为 128。

4. 输出列表格式伪指令

输出列表格式伪指令用于控制列表文件的格式，主要介绍如下 10 组（条）指令。

1）.drnolist：在列表文件中禁止打印下述伪指令。

　.drlist：在列表文件中允许打印下述伪指令，此为汇编器的默认工作方式。

其中，伪指令包括 .asg、.fcnolist、.ssnolist、.break、.mlist、.var、.emsg、.wmsg、.mmsg、.eval、.mnolist、.fclist 和 .sslist。

2）.fcnolist：禁止按源代码在列表文件中列出条件为假的代码块。

　.fclist：允许按源代码在列表文件中列出条件为假的代码块，此为汇编器的默认工作方式。

3）.nolist：关闭列表文件的输出，可禁止汇编器列出列表文件中选定的语句。

　.list：打开列表文件的输出，此为汇编器的默认工作方式。

4）.mnolist：禁止宏扩展和循环块在列表文件中出现。

　.mlist：允许宏扩展和循环块在列表文件中出现，此为汇编器的默认工作方式。

5）.ssnolist：禁止替代符号扩展的输出，此为汇编器的默认工作方式。

　.sslist：允许替代符号扩展的输出。

6）.page：在列表文件中产生新的一页。

7）.tab size：定义制表符的大小。

8）.title "string"：提供汇编器在每页列表文件顶部打印的标题。

9）.length page length：控制文件列表的页面长度。

10）.width page width：控制列表文件页面的宽度，以适合于不同的输出设备。

5. 引用其他文件和符号的伪指令

引用其他文件和符号的伪指令用于提供或者获取文件和符号的信息，主要介绍如下 6 条指令。

1）.include ["]filename["]：告诉汇编器开始从其他文件读取源代码语句，当汇编器读完后，继续从当前的文件中读取源语句。从其他文件中读取的源语句不出现在列表文件中，其内容可以是程序、数据和符号定义等。

2）.copy ["]filename["]：告诉汇编器开始从其他文件读取源代码语句，当汇编器读完后，继续从当前的文件中读取源语句。从其他文件中读取的源语句出现在列表文件中，其内容可以是程序、数据和符号定义等。

3）.def symbol 1[,...,symbol n]：在当前文件中定义一个或多个符号，该符号可以被其他文件使用。

4）.ref symbol 1[,...,symbol n]：在其他文件中定义一个或多个符号，该符号可以在本文件中使用。

5）.global symbol 1[,...,symbol n]：定义全局符号，在链接时可被其他文件使用，其作用相当于 .def 和 .ref 效果之和。

6）.mlib：向汇编器提供一个包含宏定义的宏库名称。当汇编器遇到一个在当前库中没有定义的宏，就在 .mlib 提供的宏库中查找。

6. 条件汇编伪指令

条件汇编伪指令用于使汇编器根据表达式求值结果的真或假来汇编代码中的某些段，主要介绍如下两组指令。

1）.if/.elseif/.else/.endif：告诉汇编器以表达式的值为条件汇编一段代码。.if 表示一个条件块的开始，如果条件为真就汇编紧随其后的代码；.elseif 表示如果 .if 的条件为假，而 .elseif 的条件为真，则汇编紧随其后的代码；.else 表示如果 .if 和 .elseif 的条件均为假，则汇编紧随其后的代码；.endif 用于结束该条件块。

2）.loop/.break/.endloop：告诉汇编器以表达式的值为条件循环汇编一段代码。.loop 表示一个循环代码块的开始；.break 告诉汇编器当表达式为假时，继续循环汇编，当表达式为真时，立刻跳出循环代码块，并转到 .endloop 后面的代码去执行；.endloop 表示一个循环代码块的结束。

7. 汇编时符号定义伪指令

该类伪指令的作用是使有意义的符号名与常数或字符串相等同，主要介绍如下 6 条指令。

1）.asg ["] character string ["] substitution symbol：把字符串赋给替代符号。

2）.equ/.set：把常数赋给符号，该符号存放在符号表中，且不能够清除。

如，IMR .set 0000H;将 0000H 赋值给符号 IMR。

3）.eval：计算一个表达式的值并把结果传送到一个与替代符号等同的字符串中，该指令在处理计数器时非常有用。

4）.label：定义一个特殊的符号，表示段内装载时的地址。

5）.struct/.endstruct：定义一个类 C 语言结构体。

6）.tag：给类 C 语言结构体分配一个标号。

8．其他汇编伪指令

该类伪指令是一类具有其他功能和特性的伪指令，主要介绍如下 5 条指令。

1）.algebraic：告诉汇编器输入文件是代数指令格式的源代码。

2）.end：结束汇编，这是一个汇编程序的最后一条源语句。

3）.mmregs：定义存储器映像寄存器的替代符号，这样就可以在汇编语言源程序中用 AR0、PMST 等助记符替换实际的存储器地址。

4）.version：确定所用指令系统的 DSP 型号。

5）.emsg：把用户定义的错误信息发送到标准输出设备中，并增加错误计数，阻止汇编器产生目标文件。

6）.wmsg：把警告信息发送到标准输出设备中，增加警告计数。

7）.mmsg：把汇编信息发送到标准输出设备中，不设置错误计数或警告计数。

常用的汇编伪指令如表 3-1 所示。

表 3-1　常用汇编伪指令

汇编伪指令	作用
.title	提供汇编器在每页列表文件顶部打印的标题
.end	结束汇编
.data	通常包含初始化数据，如数据表或预先初始化的变量。该伪指令使汇编器开始把源代码中的初始化数据汇编到 .data 段内，且 .data 变为当前段
.text	包含可执行代码。若还没有代码汇编到 .text 段中，则段程序计数器设置为 0；否则，段程序计数器恢复为它原先在段内的值。.text 是默认段，除非规定了另外的伪指令，否则，在汇编开始时，汇编器将把代码汇编到 .text 段
.bss	为未初始化变量在 .bss 段内保留空间，可在 RAM 中分配变量
.int .word	这两条指令功能相同，都是将一个或多个值放在当前段连续的 16 位域中，即定义若干个 16 位的字
.sect	定义包含代码或数据的初始化自定义段，并且将紧随其后的代码或数据存入该段
.usect	为未初始化变量在未初始化的自定义段中保留空间
.mmregs	定义存储器映像寄存器的替代符号

3.3　汇编宏指令

宏指令是汇编功能的另一种扩充。在程序设计中经常要执行一些多次使用的重复程序段，此时可将该程序段定义为一个宏，并把变化的参数定义为形参。当汇编时，汇编程序将填入相应的实参，把它们逐条汇编并生成到相应的程序中，这样可以简化和缩短源程序。

编译器支持宏语言，允许用户利用宏来创建自己的指令。宏语言的主要功能包括：

1）定义自己的宏以及重新定义已存在的宏。

2）简化较长的或较复杂的汇编代码。

3）访问归档器创建的宏库。

4）处理一个宏中的字符串。

5）控制宏扩展列表。

一个宏指令是汇编语句的一个代码段，其中可以包含形参。每个宏指令都有一个名字，在程序中可以通过引用宏名并给定所需要的参数使用宏。使用一个宏分三个步骤：宏定义、宏调用和宏扩展。其中，宏定义和宏调用需要用户编写相关代码，而宏扩展是由系统自动完成的。

1. 宏定义

在使用宏之前必须对它进行定义，有两种方法定义宏：

1）在源文件的开始，或者在 .include/.copy 文件中定义宏，其语法格式为：

```
宏名    .macro［形参 1，形参 2，形参 3，...］
        汇编语句或宏指令
        .endm
```

格式说明：

宏名　定义的宏名如果与某条指令或已有的宏定义相同，则替代它们。

汇编语句　每次调用宏时执行的汇编语言指令或伪指令。

宏指令　用来控制宏扩展。

.endm　结束宏定义。

2）在宏库中定义宏

用户可通过建立宏文件并将其归入宏库而定义宏。宏库是由文档管理器建立的，采用归档格式的文件集合。宏库中每一个文件都包含一个与文件名相对应的宏定义，宏名与文件名必须相同，宏库中的文件必须是未汇编过的源文件，其扩展名为 .asm。可通过使用 .mlib 伪指令来访宏库，其语法格式为：

```
.mlib  ［"］宏库文件名［"］
```

2. 宏调用

对宏定义的调用称为宏调用，由一条宏指令实现：

```
宏名  ［实参表］
```

实参表中的每一项均为实际参数，相互之间用逗号隔开。

3. 宏扩展

当源程序被汇编时，汇编器自动对宏调用作宏扩展。宏扩展就是用宏定义体取代源程序中的宏指令，并用实参取代宏定义中的形参。取代时实参和形参应一一对应，即第一个实参取代第一个形参，第二个实参取代第二个形参，依次类推。在默认情况下，宏扩展将出现在列表文件中，可通过 .mnolist 伪指令来关闭宏扩展清单。

【例 3-1】 宏定义、宏调用和宏扩展的一个例子。

```
        * * * * * * * * * * * * * * * * * * * *
        *             add3                      *
        *             ADDRP = P1 + P2 + P3    宏功能说明    *
        * * * * * * * * * * * * * * * * * * * *
add3    .macro    p1,p2,p3,ADDRP      ;宏定义

        LD        p1,A               ;将参数 p1 存入累加器 A 中
        ADD       p2,A               ;将参数 p2 加到累加器 A 中
        ADD       p3,A               ;将参数 p3 加到累加器 A 中
        STL       A,ADDRP            ;将累加器 A 的低位字存入参数 ADDRP 所指向的
                                     ;存储单元
        .endm                        ;结束宏定义


        .global   abc,def,ghi,adr    ;定义全局符号

        add3      abc,def,ghi,adr    ;宏调用
        LD        abc,A              ;宏扩展
        ADD       def,A
        ADD       ghi,A
        STL       A,adr
```

下面给出的三个例子都实现乘累加运算。例 3-2 直接编写一个完整的汇编源程序，例 3-3 采用子程序的方式编写汇编源程序，而例 3-4 采用宏指令的方式编写汇编源程序。由此可以看出，采用子程序或者宏指令方式编写汇编语言源程序，可使程序的可读性和可移植性更好。如果在例 3-4 中采用第二种宏定义的方式（在宏库中定义宏）定义宏，则汇编源程序看起来会更加整齐和简洁。

【例 3-2】 编写计算 $y = a1*x1 + a2*x2 + a3*x3 + a4*x4$ 的汇编源程序，其中，$a1 = 1$、$a2 = 2$、$a3 = 3$、$a4 = 4$，$x1 = 8$、$x2 = 6$、$x3 = 4$、$x4 = 2$。

```
        * * * * * * * * * * * * * * * * * * * * *
        *        y = a1*x1 + a2*x2 + a3*x3 + a4*x4    函数功能说明    *
        * * * * * * * * * * * * * * * * * * * * *
        .title    "ex3_2.asm"        ;为汇编源程序取名
        .mmregs                      ;定义存储器映像寄存器的替代符号
        .def      _c_int00           ;定义标号 _c_int00

        .bss      a,4                ;在 .bss 段为变量 a 分配 4 个存储单元
        .bss      x,4                ;在 .bss 段为变量 x 分配 4 个存储单元
        .bss      y,1                ;在 .bss 段为变量 y 分配 1 个存储单元

        .data                        ;定义初始化数据段
table:  .word     1,2,3,4            ;在初始化数据段定义 8 个常数,其标号为 table
        .word     8,6,4,2

        .text                        ;定义代码段
_c_int00:
        STM       #a,AR1             ;AR1 指向变量 a 的存储单元首地址
        RPT       #7                 ;下条指令重复执行 8 次
```

```
        MVPD     table,*AR1 +          ;从程序存储器向数据存储器重复传送 8 个数据,
                                       ;即为变量 a 和变量 x 赋值

        STM      #a,AR2                ;AR2 指向变量 a 的存储单元首地址
        STM      #x,AR3                ;AR3 指向变量 x 的存储单元首地址
        STM      #y,AR4                ;AR4 指向变量 y 的存储单元地址
        RPTZ     A,#3                  ;将 A 清 0,并重复执行下一条指令 4 次
        MAC      *AR2 +,*AR3 +,A       ;执行乘法并累加操作,结果存放在累加器 A 中
        STL      A,*AR4                ;将累加器 A 的低位字送至结果单元 y
stop:   B        stop                  ;循环等待,保持程序计数器停留在此位置
        .end                           ;结束全部程序
```

【例3-3】 采用子程序的方式编写计算 $y = a1*x1 + a2*x2 + a3*x3 + a4*x4$ 的汇编源程序, 其中, $a1 = 1$、$a2 = 2$、$a3 = 3$、$a4 = 4$, $x1 = 8$、$x2 = 6$、$x3 = 4$、$x4 = 2$。

```
        * * * * * * * * * * * * * * * * * * * * * * * * * *
        *        y = a1*x1 + a2*x2 + a3*x3 + a4*x4   函数功能说明      *
        * * * * * * * * * * * * * * * * * * * * * * * * * *
        .title   "ex3_3.asm"           ;为汇编源程序取名
        .mmregs                         ;定义存储器映像寄存器的替代符号
        .def     _c_int00               ;定义标号 _c_int00

        .bss     a,4                    ;在.bss 段为变量 a 分配 4 个存储单元
        .bss     x,4                    ;在.bss 段为变量 x 分配 4 个存储单元
        .bss     y,1                    ;在.bss 段为变量 y 分配 1 个存储单元

        .data                           ;定义初始化数据段
table:  .word    1,2,3,4                ;在初始化数据段定义 8 个常数,其标号为 table
        .word    8,6,4,2

        .text                           ;定义代码段
_c_int00:
        STM      #a,AR1                 ;AR1 指向变量 a 的存储单元首地址
        RPT      #7                     ;下条指令重复执行 8 次
        MVPD     table,*AR1 +           ;从程序存储器向数据存储器重复传送 8 个数据,
                                        ;即为变量 a 和变量 x 赋值
        CALL     mul_add                ;调用 mul_add 子程序以实现乘法并累加的操作
stop:   B        stop                   ;循环等待,保持程序计数器停留在此位置

mul_add: STM     #a,AR2                 ;AR2 指向变量 a 的存储单元首地址
        STM      #x,AR3                 ;AR3 指向变量 x 的存储单元首地址
        STM      #y,AR4                 ;AR4 指向变量 y 的存储单元地址
        RPTZ     A,#3                   ;将 A 清 0,并重复执行下条指令 4 次
        MAC      *AR2 +,*AR3 +,A        ;执行乘法并累加操作,结果存放在累加器 A 中
        STL      A,*AR4                 ;将累加器 A 的低位字送至结果单元 y
        RET                             ;结束子程序并返回
        .end                            ;结束全部程序
```

【例3-4】 采用宏指令的方式编写计算 $y = a1*x1 + a2*x2 + a3*x3 + a4*x4$ 的汇编源程序, 其中, $a1 = 1$、$a2 = 2$、$a3 = 3$、$a4 = 4$, $x1 = 8$、$x2 = 6$、$x3 = 4$、$x4 = 2$。

```
        * * * * * * * * * * * * * * * * * * * * * * * * * *
        *        y = a1*x1 + a2*x2 + a3*x3 + a4*x4   函数功能说明      *
        * * * * * * * * * * * * * * * * * * * * * * * * * *
```

```
        .title   "ex3_4.asm"              ;为汇编源程序取名
        .mmregs                            ;定义存储器映像寄存器的替代符号
        .def     _c_int00                  ;定义标号_c_int00

        .bss     a,4                       ;在.bss 段为变量 a 分配 4 个存储单元
        .bss     x,4                       ;在.bss 段为变量 x 分配 4 个存储单元
        .bss     y,1                       ;在.bss 段为变量 y 分配 1 个存储单元

        .data                              ;定义初始化数据段
table:  .word    1,2,3,4                   ;在初始化数据段定义 8 个常数,其标号为 table
        .word    8,6,4,2

ex3_4   .macro   b1,b2,b3                  ;宏定义,宏名:ex3_4,形参:b1、b2 和 b3
        STM      #b1,AR2                   ;AR2 指向形参 b1 的存储单元首地址
        STM      #b2,AR3                   ;AR3 指向形参 b2 的存储单元首地址
        STM      #b3,AR4                   ;AR4 指向形参 b3 的存储单元地址
        RPTZ     A,#3                      ;将 A 清 0,并重复执行下一条指令 4 次
        MAC      *AR2 +, *AR3 +,A          ;执行乘法并累加操作,结果存放在累加器 A 中
        STL      A, *AR4                   ;将累加器 A 的低位字送至形参 b3 指向的存储单元
        .endm                              ;结束宏定义

        .text                              ;定义代码段
_c_int00:
        STM      #a,AR1                    ;AR1 指向变量 a 的存储单元首地址
        RPT      #7                        ;下条指令重复执行 8 次
        MVPD     table, *AR1 +             ;从程序存储器向数据存储器重复传送 8 个数据,
                                           ;即为变量 a 和变量 x 赋值
        ex3_4    a,x,y                     ;宏调用
stop:   B        stop                      ;循环等待,保持程序计数器停留在此位置
        .end                               ;结束全部程序
```

3.4　COFF 目标文件

TI 公司的汇编器和链接器都会生成公共目标文件格式（Common Object File Format，COFF）的目标文件。由于 COFF 目标文件支持模块化编程、能够提供灵活有效的代码管理和目标系统存储空间的使用方法而广泛应用。

3.4.1　COFF 文件中的段

COFF 会使模块化编程和代码管理变得更加方便，因为当编写一个汇编语言程序时，它可以按照段（如代码段、数据段等）来考虑问题。汇编器和链接器都有一些命令用于建立与管理各种各样的段。

段（Section）是 COFF 目标文件最重要的概念，也是目标文件的最小单位，每个目标文件都分成若干个段。所谓段，是指连续占有存储空间的一个数据或代码块。汇编语言源程序按段组织，每行汇编语句都从属于一个段，并由段汇编伪指令表明该段的属性。一个目标文件中的每一个段都是分开的和各不相同的，所有 COFF 目标文件都至少包含以下三种形式的默认段：

.text 段　通常包含可执行代码；

.data 段　通常包含初始化数据；

.bss 段　　通常为未初始化变量保留存储空间。

除了上述三种默认段以外，汇编器和链接器还可以利用段定义伪指令 .usect 与 .sect 建立、命名和链接自定义段。这种自定义段是程序员自己定义的段，使用起来与 .data、.text 以及 .bss 段类似。它的好处是在目标文件中与 .data 段、.text 段以及 .bss 段分开汇编，链接时作为一个单独的部分分配到存储空间中。

COFF 目标文件中的段包括初始化段和未初始化段两种基本类型。

初始化段中包含可执行代码或初始化数据，.text 段和 .data 段都是初始化段，用段定义伪指令 .sect 建立的自定义段也是初始化段。这些段中的内容都存放在目标文件中，当加载程序时再放到 C54x 的存储器中。每一个初始化段都可以重新定位，并且可以引用其他段中所定义的符号，链接器在链接时会自动地处理段间的相互引用。

未初始化段的作用是为未初始化变量保留存储空间，通常将它们定位到 RAM 区。.bss 段是未初始化段，用段定义伪指令 .usect 建立的自定义段也是未初始化段。在目标文件中，这些段没有确切的内容。在程序运行时，可以利用这些段存放变量。

汇编器在汇编过程中建立各种段，从而生成如图 3-3 左侧所示的目标文件。链接器的一个任务就是分配存储单元，即把各个段重新定位到目标存储器中，该功能称为定位或分配，其定位过程如图 3-3 所示。由于大多数系统都有多种形式的存储器，因此，通过对各个段的重新定位，可以使目标存储器得到更为有效的利用。

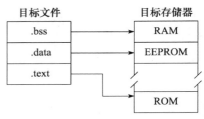

图 3-3　目标文件中的段与目标存储器之间的关系

3.4.2　汇编器对段的处理

汇编器的任务是在汇编过程中，根据汇编命令用适当的段将各部分程序代码和数据连在一起，构成目标文件。汇编器对段的处理功能主要是根据段名，确定汇编语言程序中的各部分属于哪个特定的段，最终形成几个相对独立的段。也就是说，汇编器将相同段名的段放在一个连续的存储空间中，同时，使不同段名的段各自独立。

汇编器依靠如下 5 条段定义伪指令识别汇编语言程序的各个段。

.bss　　未初始化段；

.usect　未初始化自定义段；

.text　　初始化代码段；

.data　　初始化数据段；

.sect　　初始化自定义段。

汇编器建立的是相对地址的 COFF 文件，即 .obj 文件。如果汇编语言程序未使用任何段定义伪指令，那么汇编器将把程序中的内容都汇编到 .text 段。

除了上述 5 条段以外，在目标文件中还可能涉及子段（Subsection）的概念。所谓子段就是大段中的小段，子段也可以同段一样由汇编器进行处理。采用子段结构，可以使存储空间更加紧密。子段可以通过 .sect 和 .usect 伪指令产生。子段命名的语法格式为：

基段名：子段名

汇编器在基段名后面发现冒号，则紧跟其后的段名就是子段名。子段的定位方法和段相同，既可以单独为其分配存储单元，也可以在相同的基段名下与其他段组合在一起。例如，若要在 .data 段内建立一个称为 subdata 的子段，可以使用如下命令：

```
.sect  ".data: subdata"
```

子段也有两种类型：用 .sect 命令建立的初始化段和用 .usect 命令建立的未初始化段。

段通过迭代过程建立，也就是说，段的构成要经过一个反复的过程。例如，当汇编器第一次遇到 .data 伪指令时，这个 .data 段是空的。接着将紧跟其后的语句汇编到 .data 段，直到汇编器遇到一条 .text 或 .sect 命令。如果汇编器再遇到一条 .data 命令，它就将紧跟这条命令的语句汇编后加到已经存在的 .data 段中。这样就建立了单一的 .data 段，段内数据都连续地排列到存储空间中。

为了能够生成段，汇编器为每个段都安排了一个单独的程序计数器——段程序计数器（Section Program Counters，SPC），它表示一个程序代码段或数据段内当前的地址。开始时，汇编器将每个 SPC 初始化为 0。当汇编器将程序代码或数据加到一个段内时，增加相应的 SPC 值。如果再继续对某个段汇编，则相应的 SPC 就在先前的数值上继续增加。从而保证汇编器将相同段名的段存放在连续的存储空间中，而段名不同的段相互独立。需要说明的是，由于汇编器采用相对地址定位段，因此链接器在链接时要对每个段进行重新定位。

对于初始化段而言，当汇编器遇到 .text、.data 或 .sect 命令时，将停止对当前段的汇编（相当于一条结束当前段汇编的命令），然后将紧接着的程序代码或数据汇编到指定的段中，直到再遇到另一条 .text、.data 或 .sect 命令为止。

对于未初始化段而言，每调用一次 .bss 或 .usect 命令时，汇编器在相应的段中保留更多的空间。当汇编器遇到 .bss 或 .usect 命令时，并不结束当前段的汇编，只是暂时从当前段脱离出来开始对新的段进行汇编。例如，汇编器正在汇编 .data 段，当遇见 .bsss 段时，汇编器从 .data 段中脱离出来，开始对 .bss 段进行汇编，汇编完成后，汇编器再回到 .data 段继续汇编 .data 段。.bss 和 .usect 命令可以出现在一个初始化段的任何位置，而不会对初始化段的内容产生影响。

对于由 .sect 和 .usect 段定义伪指令建立的自定义段，它们除了分开汇编外，其他方面和默认段相同。注意，不要把两个伪指令当做段名。另外，不能用不同的伪指令处理段名相同的段，也就是说，不能用 .sect 创建一个自定义段，然后用 .usect 命令再创建一个名字相同的段。

例 3-5 说明了汇编器利用段定义伪指令在不同的段之间来回变换，经过不断反复后建立起 COFF 段的过程。

【例 3-5】　汇编器对段的处理应用举例。

```
        .title "ex3_5.asm"
* * * * * * * * * * * * * * * * * * *
*       将初始化数据汇编到 .data 段        *
* * * * * * * * * * * * * * * * * * *
        .data                               ;初始化数据段
coeff   .word  011H,022H,033H               ;把 3 个数据放入 .data 段(见图 3-4a)
* * * * * * * * * * * * * * * * * * *
*   在 .bss 段中为变量 buffer 保留空间       *
* * * * * * * * * * * * * * * * * * *
        .bss  buffer,10                     ;在 .bss 段为变量 buffer 保留 10 个存储单元(见
```

```
* * * * * * * * * * * * * * * * *        ;图 3-4b)
*      汇编依然在 .data 段继续进行      *   ;当汇编器遇到 .bss 或 .usect 命令时,并不结束
* * * * * * * * * * * * * * * * *        ;当前段的汇编,只是暂时从当前段脱离出来,
ptr    .word    044H                     ;开始对新的段进行汇编
                                         ;044H 放入 .data 段(见图 3-4c)
* * * * * * * * * * * * * * * *
*        将代码汇编到 .text 段         *
* * * * * * * * * * * * * * * *          ;初始化代码段
       .text                             ;单字指令(见图 3-4d)
add:   LD     #0,DP                       ;单字指令
       LD     #2,A                        ;单字指令
       ADD    60H, A

* * * * * * * * * * * * * * * * *
*   将另一个初始化数据汇编到 .data 段   *
* * * * * * * * * * * * * * * * *
       .data                             ;继续汇编数据段
ivals  .word    0AAH,0BBH,0CCH           ;把 3 个数据放入 .data 段(见图 3-4e)

* * * * * * * * * * * * * * * * *
*定义未初始化自定义段并为变量保留存储空间*
* * * * * * * * * * * * * * * * *
var2   .usect    "newvars",1            ;创建 newvars 未初始化自定义段,并为变量
                                         ;var2 在该段保留 1 个存储单元(见图 3-4f)
inbuf  .usect    "newvars",7            ;在 newvars 段为变量 inbuf 保留 7 个存储单元
                                         ;(见图 3-4g)

* * * * * * * * * * * * * * * * *
*        定义初始化自定义段           *
* * * * * * * * * * * * * * * * *
       .sect    "vectors"               ;创建初始化自定义段 vectors
       .word    011H,033H               ;把两个数据放入 vectors 自定义段(见图 3-4h)
```

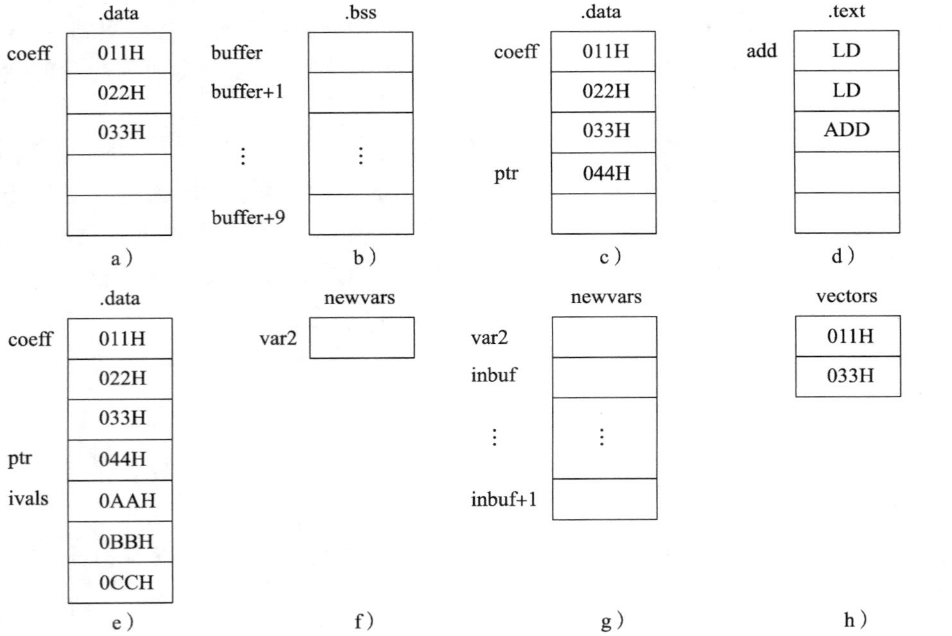

图 3-4   汇编器对段的处理

在本例中，汇编语言源程序经过汇编后，共建立了 5 个段。

① .text 段。初始化代码段，段内有 3 个存储单元的程序代码。

② .data 段。初始化数据段，段内有 7 个字的数据。

③ vectors 段。用 .sect 命令生成的初始化自定义段，段内有两个字的数据。

④ .bss 段。未初始化段，在该段为变量 buffer 保留了 10 个存储单元。

⑤ newvars 段。用 .usect 命令建立的未初始化自定义段，在该段为变量 var2 和 inbuf 共保留了 8 个存储单元。

3.4.3　链接器对段的处理

TMS320C54x 的链接器是 LNK500.exe，其主要功能是根据链接命令或链接命令文件，将一个或多个 COFF 目标文件链接起来，生成存储器映像文件和具有绝对地址的可执行文件，处理过程如图 3-5 所示。

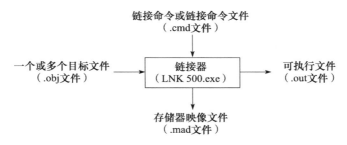

图 3-5　链接器的主要功能

在处理段时，链接器有两个主要任务。一是把一个或多个 COFF 目标文件中的各种段作为链接器的输入段，经链接后在一个可执行的输出文件中建立各个输出段。二是在程序载入时，对其进行重新定位，为每个输出段选定存储空间地址。

为完成如上任务，链接器提供了两条命令。一条是 MEMORY 命令。此条命令用来定义目标系统的存储空间配置，包括对存储空间各部分的命名，以及规定它们的起始地址和长度。另一条是 SECTIONS 命令。链接器根据此命令将输入段组合成输出段，并指定各个输出段在存储空间中的存放位置。上述两条命令是链接命令文件的主要内容。

当然，也可以不使用上述两条命令，此时，链接器将使用目标处理器默认的存储空间分配方法将各输出段存入存储空间。

如果采用默认存储空间分配方法，那么链接器将对多个 COFF 目标文件中的各个输入段（.text 段、.data 段、.bss 段和自定义段）进行组合，形成各自对应的输出段，并将各个段配置到所指定的存储区间中，形成可执行的输出文件。

在默认方式下，链接器将从存储空间的 0080H 开始，对组合后的各输出段进行存储空间配置，默认存储空间分配过程如图 3-6 所示。

① 将所有 .text 段组合在一起，形成一个 .text 段，分配到程序存储空间；

② 将所有 .data 段组合在一起，形成一个 .data 段，分配到紧接着 .text 段的程序存储空间；

③ 将所有 .bss 段组合在一起，形成一个 .bss 段，分配到数据存储空间；

④ 组合自定义段。初始化的自定义段按顺序分配到紧随 .data 段的程序存储空间，而未

初始化自定义段将配置到紧随 .bss 段的数据存储空间。

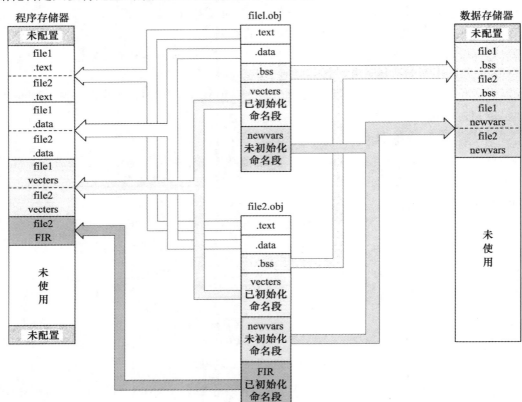

图 3-6   默认存储空间分配过程

若希望采用其他的结合方式，如不希望链接器将所有的 .text 段结合在一起形成单个 .text 段，或者希望将自定义段放在 .data 之前，就不能采用默认存储空间分配方式。

由于 DSP 硬件系统中可能配置有多种类型的存储器，若要把某一段分配到特定类型的存储器中，或为输出段配置特定的地址，则通常需要建立一个链接命令文件。在链接命令文件中用 MEMORY 和 SECTIONS 命令定义存储器类型并配置段地址。

3.4.4   链接命令文件

链接命令文件（.cmd 文件）也叫工程脚本文件。下面通过一个例子，给出链接命令文件的语法格式。

【例 3-6】   链接命令文件举例。

```
                    /*输入输出定义*/
a.obj  b.obj                              /*输入文件名*/
-o prog.out                              /*链接器选项*/
-m prog.map                              /*链接器选项*/
                /*描述系统存储空间资源*/
MEMORY                                    /*MEMORY 命令*/
```

```
{
PAGE0:  ROM:  origin = 1000H,  length = 0100H
PAGE1:  RAM:  origin = 0100H,  length = 0100H
}
                    /*描述段如何定位*/
SECTIONS                                              /*SECTIONS 命令*/
{
.text:  >ROM  PAGE0
.data:  >ROM  PAGE0
.bss:  >RAM  PAGE1
}
```

由上例可见，链接命令文件主要包含输入文件名、链接器选项、MEMORY 命令和 SEC-TIONS 命令四项内容。

1）输入文件名。就是要链接的目标文件和文档库文件，或者其他命令文件。如果要调用另一个命令文件作为输入文件，此句一定要放在本命令文件的最后，因为链接器不能从新调用的命令文件返回。本例中输入文件有两个，分别是 a.obj 和 b.obj。

2）链接器选项。当链接器进行链接时，一般通过链接器选项（如本例的-o 和-m 选项）控制链接操作。链接器选项前必须加一条短划线"-"。除-l（小写 l）和-i 外，其他选项的先后顺序并不重要，选项之间可以用空格分开。表 3-2 列出了 C54x 链接器 LNK500.exe 常用的选项。

表 3-2　链接器 LNK500 常用选项

选项	含义
-a	生成一个绝对地址的、可执行的输出模块。所建立的绝对地址输出文件不包含重新定位信息。如果既不用-a 选项，也不用-r 选项，链接器就像规定-a 选项那样处理
-ar	生成一个可重新定位、可执行的目标模块。这里采用了-a 和-r 两个选项（可以分开写成-a -r，也可以连在一起写作-ar），与-a 选项相比，-ar 选项还在输出文件中保留重新定位信息
-e global_symbol	定义一个全局符号，这个符号所对应的程序存储器地址，就是使用开发工具调试可执行文件时程序开始执行的地址（称为入口地址）。当一个程序加载到目标存储器时，把程序计数器（PC）初始化到入口地址，然后从这个地址开始执行程序
-f fill_value	对输出模块各段之间的空单元设置一个 16 位数值（fill_value），如果不使用-f 选项，则这些空单元都置 0
-i dir	更改搜索文档库算法，先到 dir（目录）中搜索。此选项必须出现在-l 选项之前
-l filename	命名一个文档库文件作为链接器的输入文件，filename 为文档库的某个文件名。此选项必须出现在-i 选项之后
-m filename	生成一个.map 映像文件，filename 是映像文件的文件名。.map 文件说明存储器配置，输入、输出段布局以及外部符号重定位之后的地址等
-o filename	对可执行输出模块命名。如果默认，则此文件名为"工程名.out"
-r	生成一个可重新定位的输出模块。当利用-r 选项但不用-a 选项时，链接器生成一个不可执行的文件

3）MEMORY 命令。它是链接命令文件的重要组成部分，用来描述目标系统的存储空间的类型和大小（即目标系统的存储空间资源）。本例中目标系统的存储资源包括程序空间（PAGE0）和数据空间（PAGE1），其地址范围分别为 1000H～10FFH 和 0100H～01FFH。

4）SECTIONS 命令。它是链接命令文件的重要组成部分，用来描述输出段如何定位。本例中 .text 段存入以 1000H 为首地址、以 ROM 为存储区间名字的程序存储空间，.data 段紧随 .text 段存放，.bss 段存入以 0100H 为首地址、以 RAM 为存储区间名字的数据存储空间。

注意：

1）链接命令文件的文件名区分大小写。

2）在链接命令文件中，不能采用如下符号作为段名或符号名：align、DSECT、len、o（小写 o）、run、ALIGN、f、length、org、RUN、attr、fill、LENGTH、origin、SECTIONS、ATTR、FILL、load、ORIGIN、spare、block、group、LOAD、page、type、BLOCK、GROUP、MEMORY、PAGE、TYPE、COPY、l（小写 l）、NOLOAD、range 和 UNION。

在对目标文件进行链接时，链接器应当确定各输出段存放在存储空间的什么位置。要达到这个目的，首先应有一个目标存储空间的模型。MEMORY 命令就是用来规定目标存储空间模型的。通过这条命令来定义目标系统中实际存在且可在程序中使用的存储空间，包括对存储空间各部分命名以及规定它们的起始地址和长度。需要注意的是，"MEMORY" 必须大写，其一般的语法格式如下。

```
MEMORY
{
PAGE 0:   name 1 [(attr)]:   origin = constant, length = constant
   ⋮
PAGE n:   name n [(attr)]:   origin = constant, length = constant
}
```

1）PAGE：对一个存储空间加以标记。

每一个 PAGE 代表一个完全独立的存储空间。页号 n 最多可规定为 255，取决于目标存储空间的配置。通常 PAGE0 定为程序存储空间，PAGE1 定为数据存储空间。如果没有规定 PAGE，则链接器就把目标存储空间配置在 PAGE0。

2）name：对一个存储区间命名。

① 名字可以包含 A ~ Z、a ~ z、$、. 和 _，长度为 1 ~ 8 个字符；

② 名字并没有特殊的含义，只是用来标记存储区间而已；

③ 不同 PAGE 上的存储区间可以取相同的名字，但在同一 PAGE 内的名字不能相同，且在地址上禁止重叠配置。

3）[(attr)]：任选项，为存储区间规定 1 ~ 4 个属性。

如果有选项，应写在小括号内。当输出段定位到存储器时，可利用属性加以限制。属性选项一共有 4 项。

① R：规定可以对存储区间执行读操作；

② W：规定可以对存储区间执行写操作；

③ X：规定存储区间可以载入可执行的程序代码；

④ I：规定可以对存储区间进行初始化。

任何一个没有规定属性的存储区间都默认有全部 4 项属性，所以，如果一项属性都没有选，就可以将输出段不受限制地定位到任何一个存储区间中。

4）origin：规定一个存储区的起始地址。

输入 origin、org 或 o（小写英文字母 o）都可以。这个值是一个 16 位二进制常数，可以用十进制数、八进制数或十六进制数表示。

5）length：规定一个存储区间的长度。

输入 length、len 或 l（小写英文字母 l）都可以。这个值是一个 16 位二进制常数，可以用十进制数、八进制数或十六进制数表示。

【例 3-7】　用 MEMORY 命令编写链接命令文件。要求：

程序存储器：4K 字 ROM，起始地址为 C00H，取名为 ROM。

数据存储器：32 字 RAM，起始地址为 60H，取名为 SCR；512 字 RAM，起始地址为 80H，取名为 CHIP。

解：

```
MEMORY
{
  PAGE 0:  ROM:   org=0C00H,  len=1000H
  PAGE 1:  SCR:   org=0060H,  len=0020H
           CHIP:  org=0080H,  len=0200H
}
```

程序存储空间和数据存储空间配置如图 3-7 所示。

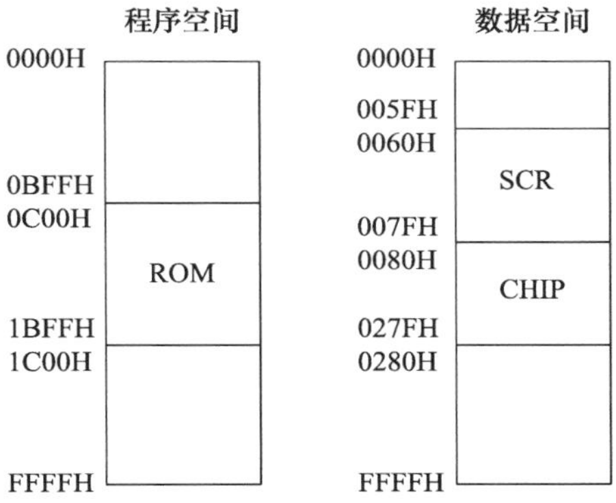

图 3-7　存储空间配置

SECTIONS 命令告诉链接器如何将输入段组合成输出段，并在可执行文件中定义输出段。同时，它还规定了输出段在存储空间中的存放位置，并允许重命名输出段。在链接命令文件中，紧随 SECTIONS 命令之后并用花括号括起来的是关于输出段的详细说明。每一个输出段的说明都从段名开始，段名后面是一行用于说明段的内容以及如何给段分配存储区间的性能参数。需要注意的是，"SECTIONS" 必须大写，其一般的语法格式如下。

```
SECTIONS
{
  name1:[property1,property2,property3,...]
  name2:[property1,property2,property3,...]
  name3:[property1,property2,property3,...]
    ⋮
}
```

1）name：输出段段名，如 .text、.bss 等。

2）property：输出段性能参数，各参数之间可以用逗号或空格隔开，该参数种类很多。需要说明的是，在实际编写链接命令文件时，许多参数是不一定要用的，因而可以大大简化编写过程。

这里仅介绍常用的 5 种 property 参数。

1）load allocation：定义将输出段加载到存储器中的什么位置。语法格式为：

```
    load=allocation
或者 >allocation
或者allocation
```

其中，allocation 是关于输出段地址的说明，即给输出段分配的存储单元的首地址。有多种书写形式，如：

① .text: load = 1000H　　　　　将 .text 输出段定位到以 1000H 为首地址的存储区间。

② .text: > ROM　　　　　　　将 .text 输出段定位到名为 ROM 的存储区间。

③ .bss: > (RW)　　　　　　　将 .bss 输出段定位到属性为 R、W 的存储区间。

④ .text: PAGE 0　　　　　　　将 .text 输出段定位到 PAGE 0。

如果要用到多个参数，可以将它们排成一行，例如：

⑤ .text: > ROM　PAGE 0　　　将 .text 输出段定位到程序空间的 ROM 存储区间。

或者为方便阅读，可用圆括号括起来：

⑥ .text: > (ROM　PAGE 0)　将 .text 输出段定位到程序空间的 ROM 存储区间。

2）run allocation：用来定义输出段在存储空间的什么位置上开始运行。语法格式为：

```
    run = allocation
或者 run > allocation
```

链接器为每个输出段在目标存储器中分配两个地址：一个是加载的地址，另一个是执行程序的地址。这两个地址通常是相同的，因此，可以认为每个输出段只有一个地址。但有时需要把程序的加载和运行区分开，此时，只要用 SECTIONS 命令让链接器对这个段定位两次就可以了：一次是设置加载地址，另一次是设置运行地址。

例如，首先将程序加载到 ROM 中，然后在 RAM 中以较快的速度运行，则可以写为：

.text: load = ROM, run = RAM

3）input sections：用来定义输出段由哪些输入段组成。语法格式为：

```
{input_sections}
```

大多数情况下，在 SECTIONS 命令中是不列出每个输入文件的输入段的段名的，如：

```
SECTIONS
{
  .text:
  .data:
  .bss:
}
```

这样，在链接时，链接器就将所有输入文件的 .text 段链接成 .text 输出段，其他段也一样。当然，也可以用文件名和段名来明确地规定输入段，其格式如下：

```
SECTIONS
{
  .text:                      /*建立.text 输出段*/
  {
  f1.obj(.text)               /*链接源于 f1.obj 的.text 段*/
  f2.obj(sec1)                /*链接源于 f2.obj 的 sec1 段*/
  f3.obj                      /*链接源于 f3.obj 的所有段*/
  f4.obj(.text,sec2)          /*链接源于 f4.obj 的.text 段和 sec2 段*/
  }
}
```

4）段的类型，用于为输出段定义特殊形式的标记。语法格式为：

```
    type = COPY
或者 type = DSECT
或者 type = NOLOAD
```

5）填充值，用于对未初始化存储单元定义一个数值。语法格式为：

```
    fill = value
或者 name:...{...} = value
```

【例 3-8】　SECTIONS 命令的使用（接例 3-7）。

```
SECTIONS
{
.data:  > ROM     PAGE 0
 .text: > ROM     PAGE 0
.bss:   > SCR     PAGE 1
vec:    > CHIP    PAGE 1
con:    > CHIP    PAGE 1
}
```

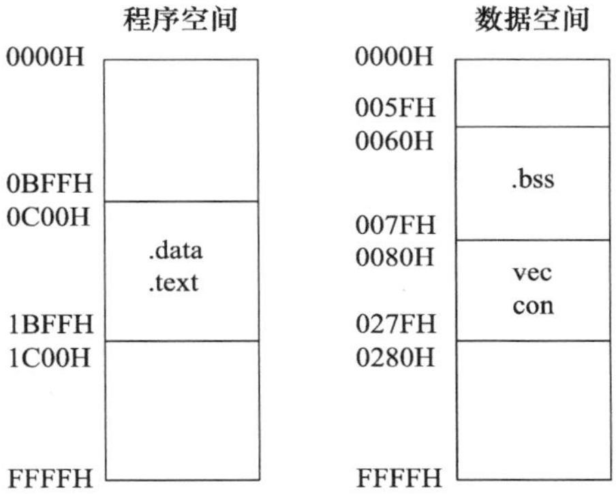

本例共有 5 个输出段，.data 段和 .text 段定位在 PAGE0（程序空间），其中，.data 段的起始地址为 0C00H，.text 段紧随 .data 段之后存放。.bss 段、vec 段和 con 段定位在 PAGE1（数据空间），其中，.bss 段的起始地址为 0060H，vec 段的起始地址为 0080H，con 段紧随 vec 段之后存放。各输出段的定位如图 3-8 所示。

图 3-8　输出段定位示意图

【例 3-9】　链接命令文件的使用。

1）源程序：

```
        .title "ex3_9.asm"
        .data                       ;初始化数据段
coeff   .word    011H,022H,033H     ;3 组数据放入 .data 段（见图 3-9a）
        .bss     buffer,10          ;在 .bss 段为变量 buffer 保留 10 个存储单元（见
                                    ;图 3-9b）
ptr     .word    044H               ;044H 放入 .data 段（见图 3-9a）
        .text                       ;初始化代码段
add:    LD  #0,DP                   ;代码放入 .text 段（见图 3-9d）
        LD  #2,A
        ADD 60H,A
        .data
ivals   .word    0AAH,0BBH,0CCH     ;3 个数据放入 .data 段（见图 3-9a）
var2    .usect   "newvars",1        ;创建 newvars 自定义段，并为 var2 在该段保
                                    ;留 1 个存储单元（见图 3-9c）
inbuf   .usect   "newvars",7        ;在 newvars 段保留 7 个单元（见图 3-9c）
        .sect    "vectors"          ;创建 vectors 自定义段
        .word    011H,033H          ;把两个数据放入 vectors 自定义段（见图 3-9e）
```

2）链接命令文件：

```
/ * ex3_9.cmd * /
```

```
- o ex3_9.out
- m ex3_9.map
MEMORY
{
PAGE 0 :
    EPROM:        org = 0E000H,    len = 100H
    VECS:         org = 0FF80H,    len = 04H
PAGE 1 :
    SPRAM:        org = 0060H,     len = 20H
    DARAM:        org = 0080H,     en = 100H
}
SECTIONS
{
    .text:        > EPROM         PAGE 0
    .data:        > EPROM         PAGE 0
    vectors:      > VECS          PAGE 0
    .bss:         > SPRAM         PAGE 1
    newvars:      > DARAM         PAGE 1
}
```

汇编语言源程序经过汇编建立的 5 个段如图 3-9 所示。根据链接命令文件进行链接后，由链接器建立的 5 个输出段在存储空间中所处的位置如图 3-10 所示。

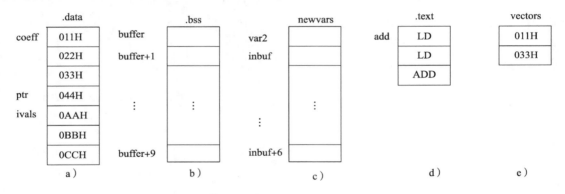

图 3-9   汇编器对段的处理

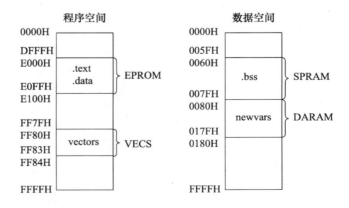

图 3-10   链接器对段的处理

3.5　C 语言程序设计

由于汇编指令系统依据特定芯片的内部硬件结构而设计，因此，采用汇编语言进行软件开发不仅可以提高代码的效率，还可以更好地利用运算和存储资源。但是，具有汇编编程经历的人都有体会，汇编程序不仅不容易编写，而且程序的可读性和可移植性都比较差。因此，TI 公司在集成开发工具中提供了支持 C 语言和汇编语言接口的 C 语言编译器，这样，在保证程序运行速度的同时，可以部分或全部采用 C 语言进行 DSP 的软件开发，从而极大地提高了程序的可读性和可移植性，并缩短了应用程序的开发周期。

为了方便用户使用 C 语言开发 DSP 程序，TI 公司提供了运行支持库文件 rts.lib，其源代码保存在 rts.src 文件中。这个文件包含 ISO 定义的标准运行支持函数、编译工具函数、浮点代数运算函数和 C 语言 I/O 函数等。所以，要在程序中使用 C 语言，必须在程序链接时通过-l（小写 l）参数指定这个库或类似作用的库。也就是说，如果程序中有 C 语言代码，则在编写链接命令文件的链接器选项时必须包含如下语句：

```
-l rts.lib
```

为保证程序运行结果的可靠性，CCS 的 C 语言程序运行环境对 DSP 芯片状态寄存器的各位域进行了预设，如表 3-3 所示。

表 3-3　C 语言环境下 C54x 芯片状态位取值

状态位	名称	预设值	是否可在 C 中修改
ARP	辅助寄存器指针	0	是
ASM	累加器移位模式	—	是
BRAF	块重复操作标志位	—	否
C	进位标志位	—	是
C16	双 16 位模式	0	否
CMPT	兼容模式位	0	否
CPL	直接寻址编辑方式标志位	1	否
FRCT	小数方式控制位	0	否
OVA	累加器 A 溢出标志位	—	是
OVB	累加器 B 溢出标志位	—	是
OVM	溢出方式控制位	0	指令有效
SXM	符号位扩展方式控制位	—	是
SMUL	饱和/乘法控制位	—	指令有效
SST	饱和/存储控制位	0	否
TC	测试/控制标志位	—	是

3.5.1　数据类型

C 语言中的基本数据类型在使用 C 语言进行 DSP 程序开发时都可以使用，表 3-4 列出了 TMS320C54x 编译器中各种数据的类型、位数、表示方式和取值范围。

表 3-4　TMS320C54x C 语言的数据类型

数据类型	字长/位	表示形式	最小值	最大值
signed char	16	ASCII	− 32 768	32 767
char，unsigned char	16	ASCII	0	65 535
short，signed short	16	二进制补码	− 32 768	32 767
unsigned short	16	二进制	0	65 535
int，signed int	16	二进制补码	− 32 768	32 767
unsigned int	16	二进制	0	65 535
long，signed long	32	二进制补码	− 2 147 483 648	2 147 483 647
unsigned long	32	二进制	0	4 294 967 295
enum	16	二进制补码	− 32 768	32 767
float	32	IEEE 32 位	1.175 494e − 38	3.402 823 46e + 38
double	32	IEEE 32 位	1.175 494e − 38	3.402 823 46e + 38
long double	32	IEEE 32 位	1.175 494e − 38	3.402 823 46e + 38
pointers	16	二进制	0	0FFFFH

　　为了使用 C 语言进行程序开发，在了解了 C54x 支持的基本数据类型后，还需要掌握 C 语言中常量和变量的定义与使用方法。

　　常量是程序中不需改变的常数，可以使用 C 语言中 const 关键字或采用宏定义的方法定义常量。常量名的命名规则需要符合 C 语言的要求，不能使用 C 语言的关键字作为常量名，常量名以字母或下划线开头，最多可以有 100 个字符。如下述两条语句：

```
const int a = 6;
#define a 6;
```

　　第一条语句使用 const 关键字进行常量定义，第二条语句采用宏定义的方法进行定义。两条语句的含义相同，都定义符号常量 a，其值为 6。

　　除了符号常量外，程序中出现的数据（如 666 等）也是常量。需要注意八进制、十六进制、字符常量、字符串常量的表示方法，下面通过例子加以阐述。

```
const int a = 016;              // 八进制以数字零(0)开头
const int d = 16H;              // 十六进制以 0x 开头或以 H 结尾
const char f = 'y';             // 字符常量用单引号括起来，单引号内只有一个字符
const char *h = "DSP GOOD";     // 字符串要用双引号括起来，需要注意定义的字符串常
                                // 量是指针常量，本例中指针是 *h
```

　　变量的定义和 C 语言中的要求相同，变量名应符合 C 语言关于变量名的定义要求，注意，不能使用 C 语言的关键字作为变量名，应以字母或下划线开头，变量名最长可以有 100 个字符。下面通过例子加以阐述。

```
char a;             // 定义一个字符变量 a
short b;            // 定义一个短整型变量 b
long c;             // 定义一个长整型变量 c
float d;            // 定义一个浮点型变量 d
short x[5];         // 定义一个短整型数组 x，该数组共有 5 个元素
```

　　C54x 的存储空间可分为三类：64K 字的程序空间、64K 字的数据空间和 64K 字的 I/O

空间。如果要在 C 语言程序中访问 DSP 的 I/O 空间，则需要借助端口类型变量。关键字 ioport 用于端口类型变量的定义，其在 C54x 中的定义格式为：

```
ioport  type  porthex_num
```

- ioport：定义端口变量的关键字。
- type：用于定义端口变量的类型，该字段可以是 char、short、int、unsigned 等字长为 16 位的各种变量类型。
- porthex_num：用于定义端口变量的变量名。该字段的前半部分（即 port）需要保留；后半部分（即 hex_num）是一个十六进制数，在定义端口变量时，需根据端口的序号确定该十六进制数。例如，要访问 I/O 空间的 20H，则变量名必须为 port20。

在使用端口变量时，需要注意如下几点：

1）端口变量必须进行文件级声明，因此，不能在函数中使用关键字 ioport。

2）端口变量可用于程序中的赋值、计算等语句，使用方法和其他变量没有本质区别。如：

```
y = port20 - x;        // 将端口 20H 上的数减去 x 后赋值给 y
port20 = y - x;        // 将 y 减去 x 后的值赋给端口 20H
```

3）在调用函数时，端口变量采用传递数值的方式而不是传递地址的方式，即传送的是数值，而不是地址。如：

```
sub_prm(port20);       // 将端口 20H 上的数传递给函数 sub_prm
```

另外，在编写 C 语言程序时，如果存在一些依赖于存储区访问的代码，则需要使用关键字 volatile 来确定这些访问，这样就可以使这些代码不参与代码优化，从而保证了程序按照最基本的功能执行。

3.5.2　变量的作用域和生存期

前面介绍了各种变量的定义方法，那么，这些变量的作用范围是在函数内有效还是从变量定义到文件结束都有效？这就是本节所要介绍的主要内容。

1. 局部变量和全局变量

局部变量即在函数（包括 main 函数）内部定义的变量，其作用范围是该函数内。

全局变量即在函数之外定义的变量，其有效范围是从定义变量的位置开始到文件结束。

局部变量和全局变量各有优缺点，需要根据具体情况选择使用。使用局部变量可以增强程序的可读性，保证程序的可靠性和通用性。但由于局部变量只在函数内有效，因此不便于变量的传递和修改。使用全局变量便于变量的修改和传递、减少内存空间的使用以及传递数据时的时间消耗，但由于全局变量始终占据存储单元，因此如果使用过多的全局变量，将导致这些变量的存储空间得不到释放，同时使得函数的通用性和程序的清晰性降低，程序的可靠性和通用性将下降。

2. 动态存储变量和静态存储变量

区分局部变量和全局变量的原则是变量的作用域。如果从变量的生命周期上分析，可以分为静态存储变量和动态存储变量。在 C 语言中，除了变量之外，函数也有存储类别这个属性。

一般而言，DSP 的数据存储空间可以分为静态存储区和动态存储区。保存在静态存储区中的变量，执行程序时分配空间，程序执行完毕释放空间，全局变量保存在静态存储区中。保存在动态存储区的变量，在调用函数时分配空间，在函数结束时释放空间，未加 static 说明的局部变量、形参变量、返回地址等保存在动态存储区。

数据和函数的存储类别可具体划分为 4 类：自动的（auto）、静态的（static）、寄存器的（register）和外部的（extern）。

（1）自动的

任何一个文件中定义的数据和函数，默认类型都是 auto。

（2）静态的

在不加说明（即默认）时，局部变量都是动态分配存储空间的。这样，每次调用函数时，局部变量都要重新赋值。而在有些情况下，局部变量在函数运行之后还要保存，以便下次调用时使用。这时，可以利用关键字 static 对变量进行声明。C54x 的 C 编译器对静态变量的处理采用和全局变量相同的方法，在整个程序执行期间该变量都有效。定义形式如下：

```
static  type  varid;
```

如：static int x;

（3）寄存器的

C54x 的编译器可以使用寄存器变量。这种类型的数据利用寄存器保存，指令处理起来比较快捷，可以减少对内存的访问。定义形式如下：

```
register  type  regid
```

如：register int *AR1

C54x 的编译器在一个函数里最多使用两个寄存器变量。编译器通常利用 AR1 与 AR6 标识第一个寄存器变量和第二个寄存器变量，因此，regid 可以是 AR1 和 AR6。这两个寄存器是普通的保存入口（save-on-entry）寄存器，其类型不能是浮点型或长整型。

寄存器变量通常在变量列表处或者函数的第一块中声明。嵌套块中的寄存器声明将按照普通变量对待。变量的地址存放在寄存器中，可以简化访问过程。因此，位宽为 16 位的各种类型的数据都可以作为寄存器变量使用。

（4）外部的

如果数据或函数在另外的文件中定义，则在本文件中使用该数据或函数时应声明其存储类别是 extern。

3.5.3　C 语言程序中的段

C 语言源程序经编译后生成目标文件，然后通过链接器进行链接。因此，它也会像汇编语言程序一样有"段"的概念，链接命令文件用于对这些"段"在存储空间中的定位。需要注意的是，如果程序中有 C 语言，则在链接命令文件的链接器选项部分应该加上："-c"。

C 语言程序中常用的初始化段主要包括 .text 段、.switch 段、.cinit 段和 .const 段。

- .text：用于存放可执行代码和浮点常数。存放在 ROM 和 RAM 中均可，一般属于 PAGE0。
- .switch：用于存放 C 程序中由 switch 语句产生的跳转地址表（switch case）。存放在

ROM 和 RAM 中均可，一般属于 PAGE0。

- .cinit：用于存放 C 程序中变量的初始值和常量。存放在 ROM 和 RAM 中均可，一般属于 PAGE0。
- .const：用于存放 C 程序中的字符常量和用 const 声明的常量。存放在 ROM 和 RAM 中均可，一般属于 PAGE1。

C 语言程序中常用的未初始化段主要包括 .bss 段、.stack 段和 .sysmem 段。

- .bss：用于存放全局和静态变量，一般存放于 RAM 中，属于 PAGE1。
- .stack：用于为 C 程序系统堆栈保留存储空间，以保存返回地址、传递参数、存储局部变量和保存中间结果等，一般存放于 RAM 中，属于 PAGE1。.stack 不同于 DSP 汇编指令定义的堆栈。DSP 汇编程序中要将堆栈指针 SP 指向一块 RAM，用于保存中断或子程序调用时的返回地址。.stack 定义的系统堆栈实现的功能是保存函数的返回地址、分配局部变量，在调用函数时用于传递参数、保存临时结果。.stack 定义的段大小可用链接器选项 – stack size 设定，链接器还产生一个全局符号_STACK_SIZE，并赋给它等于堆栈长度的值，以字为单位，默认值为 1K。
- .sysmem：用于 C 程序中 malloc、calloc 和 realloc 函数动态分配存储空间，一般存放于 RAM 中，属于 PAGE1。

3.6　混合语言程序设计

尽管使用 C 语言进行 DSP 软件开发可以有效地缩短开发周期并极大地增强程序的可读性和可移植性，并便于进行程序修改，但是在一般情况下，C 代码的效率还是无法与汇编代码的效率相比的。此外，用 C 语言编程，DSP 芯片的某些硬件控制也不如用汇编语言方便，有些甚至无法用 C 语言实现。因此，为了达到最优地利用 DSP 芯片软、硬件资源的目的，综合汇编代码和 C 代码的优点，DSP 应用程序往往需要用 C 语言和汇编语言混合编程的方法来实现。混合编程主要有以下 3 种方法。

1）独立编写 C 程序和汇编程序，分开编译或汇编形成各自的目标代码模块，然后用链接器将 C 模块和汇编模块链接起来。

2）在 C 语言程序中使用汇编程序的变量、常数及函数。

3）直接在 C 语言程序的相应位置嵌入汇编语句。

C 程序和汇编程序使用同一套寄存器、同一片存储空间和同一个堆栈，因此二者是可以交换运算结果的，同时数据衔接也是二者在嵌套的过程中需要注意的问题。为了可以游刃有余地控制二者的互相调用，程序员首先需要了解 C 语言函数调用的内部机制，然后研究如何用汇编指令实现这个机制。

3.6.1　C 语言函数结构和调用规则

C 编译器在函数调用的操作上有一套严格的规则。除了特殊的运行时支持的函数以外，任何调用和被调用函数都必须遵循这套规则，否则有可能破坏 C 的运行环境并最终造成程序运行失败。

图 3-11 展示了一个典型的函数调用过程。在这个例子中，有参数传递给函数，函数使用局部变量并调用另外一个函数。注意，传递的第一个参数是存储在累加器 A 中的。这个

例子同时显示了为被调用函数分配局部帧的过程。

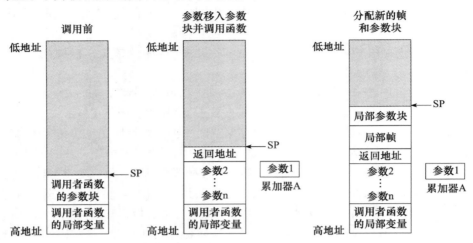

图 3-11　函数调用过程中堆栈的使用

参数块是局部帧的一部分，用来向其他函数传递参数。当传递参数时，系统并不是将参数压入堆栈，而是将它们移入参数块中，也就是说，这个过程不会伴随着 SP 指针的变化。没有局部变量并且不需要参数块的函数不会被分配局部帧。

1. 调用者函数调用其他函数

调用者函数在调用被调用函数时会执行以下操作。

（1）保护寄存器

调用者函数需要保护的寄存器有：AR0、AR2 ~ AR5、累加器 A、累加器 B、T、BRC 及 SP。需要说明的是，调用者函数在调用被调用函数时必须保护堆栈指针 SP，但是这种保护是通过堆栈自动完成的。换句话说，只要调用者函数在函数返回时弹出压入堆栈的对象，那实际上就是保护 SP。

另外，ARP 在调用和返回时必须为 0，即当前辅助寄存器为 AR0，当函数执行时，其值可变。在由汇编程序返回 C 程序时，OVM 必须设置为 0。其他寄存器和状态位可以自由使用，无需保护。

（2）参数传递

调用者函数将第一个（最左边的）参数放入累加器 A 中，将剩余的参数倒序移入参数块中，即越靠左边的参数，地址值越低。这样，在函数调用时，第二个参数会在堆栈的顶部。这样的操作可以支持参数个数未知的函数调用过程。例如，标准 C 中的 printf() 函数，它的原型为：

```
int _Cdecl printf ( const char *format ... );
```

根据 format 指向的字符串中的内容，它的参数个数是变化的。也可以手动编写这种类型的函数，只要在函数声明时使用省略号 "..."，系统就知道这个函数可以在调用时接受不定个数的参数。如果这类函数在定义时只有一个明确声明的参数，即一个固定的参数，调用规则要求把这个固定的参数传递到堆栈中而不再是累加器 A 中。这样，参数堆栈的地址可以作为访问其他没有明确声明的参数的参考点。

（3）调用被调用函数

在完成保护现场和返回地址的工作后，调用者函数调用被调用函数。

2. 被调用函数的响应

1）如果被调用函数会修改 AR1、AR6 或 AR7 的值，则其会将这些寄存器的值首先压入堆栈，即对这三个寄存器进行保护，调用完毕后再恢复。

2）为局部变量和参数块分配内存空间。

被调用函数会将 SP 值减去一个常量，以便为局部变量和参数块分配内存空间。这个常量用下面的公式计算：

$$局部变量大小 + max + padding$$

max 的值是每个函数调用（这里的函数调用指的是被调用函数内部的其他函数调用）放入参数块中的参数大小；

padding 的值会根据 SP 是否在偶边界对齐而可能存在，如果需要对齐，则这个值为 1；否则，为 0。

3）被调用函数执行其内部的代码。

4）返回值设置。

如果只返回一个值，被调用函数会将这个值放入累加器 A 中。如果函数返回一个结构体，被调用函数会将这个结构体的内容复制到累加器 A 指向的内存区域。如果调用者函数放弃返回值，则累加器 A 会设置为 0，从而告诉被调用函数不必复制返回的结构体了。在这样的规则下，调用者函数可以很智能地告诉被调用函数返回值的存放位置。例如，下面的语句：

```
s = f( )
```

这里的 s 是一个结构体，f 是返回同类型的结构体的函数。调用者函数只需把 s 的地址放入累加器 A 中而后调用 f，函数 f 会将返回的结构体直接复制到 s 中，自动完成语句中的赋值操作。返回结构体的函数必须在调用函数时正确声明，这样调用者函数才知道如何正确地设置累加器 A。在定义时也必须正确声明，否则被调用函数不知道是否要复制运算结果。

5）被调用函数将 SP 加上在第 2）步中计算的常量来释放局部帧和参数块。

6）被调用函数恢复保存的寄存器。

7）被调用函数执行返回操作。

例如：

```
Callee:                  ;函数入口
    PSHM    AR6          ;保存 AR6
    PSHM    AR7          ;保存 AR7
    FRAME   #-15         ;为局部帧和参数块分配空间
     ...                 ;函数体
    FRAME   #15          ;释放为局部帧和参数块分配的空间
    POPM    AR7          ;恢复 AR7
    POPM    AR6          ;恢复 AR6
    RET                  ;返回
```

3.6.2　独立的 C 模块和汇编模块接口

这是一种常用的 C 模块和汇编模块接口的方法，C 模块和汇编模块可以相互访问各自定义的函数或变量。编写独立的 TMS320C54x 汇编模块必须遵循定点 C 编译器所定义的函数调用规则和寄存器使用规则，遵循这些规则就可以保证所编写的汇编模块不破坏 C 模块的运行环境。在编写独立的程序模块时，必须注意以下几点。

1）不论是用 C 语言编写的函数，还是用汇编语言编写的函数，都必须遵循函数调用规则和寄存器使用规则。

2）中断程序必须保护所有用到的寄存器。

3）从汇编环境调用 C 函数时，把第一个参数（即最左边参数）放入累加器 A 中，其余参数以逆序方式将参数压入堆栈。

4）当调用 C 函数时，C 函数只保护几个特定的寄存器（AR1、AR6 和 AR7），而对于其他寄存器，C 函数是可以自由使用的。

5）长整型和浮点型数据在存储器中存放的顺序应该是低位字在高地址，高位字在低地址。

6）如果函数有返回值，则把返回值存放在累加器 A 中；若返回值为指针或结构体，则将其地址传递给累加器 A。

7）汇编模块不能改变由 C 产生的 .cinit 块，如果改变其内容则会引起不可预测的后果。

8）C 编译器在所有的标识符（函数名、变量名等）前加下划线。因此，在编写汇编语言程序时，必须在 C 程序可以访问的所有对象前加下划线。例如，在 C 程序中定义了变量 x，如果在汇编程序中使用，即为_x。如果仅在汇编程序中使用，则只要不加下划线，即使与 C 程序中定义的对象名相同，也不会造成冲突。

9）在汇编程序中定义的任何对象或函数，如果需要在 C 中访问或调用，则必须用汇编指令 .global 定义。同样，如果在 C 中定义的对象或函数需要在汇编中访问或调用，则需用 .global 声明。

10）因为 C 编译的代码在状态寄存器 ST1 的 CPL 位置 1（直接寻址编辑方式标志位）下运行，即利用 SP 进行直接寻址，所以若在汇编语言程序中将 CPL 设置为 0，则在汇编程序返回前必须将其重新设置为 1。

11）如果 C 代码需要调用汇编子程序，则汇编子程序的文件名必须在 C 代码文件名后面加"_a"。例如，若 C 代码文件名为 example.c，那么相应的汇编代码文件名应为 example_a.asm。

【例 3-10】　当 n < 16 时，计算下式。

$$F_{n-2} = \begin{cases} 15 & n = 15 \\ 14 & n = 14 \\ F_n - F_{n-1} & n > 1 \end{cases}$$

本例采用在 C 程序中调用汇编程序的混合编程方式。这是一种非常常见的混合编程方式。当一个 C 工程中的函数运算开销过大时，可以考虑采用将其改写为汇编语言函数的方法进行优化，而本例中对汇编子程序的调用就属于这类情况。

1）C 语言程序（文件名为 ex3_10.c）

```
int a[16];                      // 定义全局变量
void main()
```

```
{
    int i;                                  // 定义局部变量
    a[15]=15;                               // 为数组赋初值
    a[14]=14;
    for (i=15; i>=0; i--)                   // 减循环
    {
        a[i-2]=sub(a[i],a[i-1]);            // 减法运算采用汇编子程序方式实现
    }
}
```

2）汇编子程序

```
        .title  "ex3_10_a.asm"
        .mmregs

        .text
        .global  _sub              ;定义全局符号,声明_sub 子函数
_sub:
        SUB  @1,A                  ;最左边的参数在累加器 A 中,另一个参
                                   ;数在堆栈中,完成两参数相减的功能
        RET                        ;返回主程序
```

3）链接命令文件

```
-o ex3_10.out
-c
-lrts.ib
-stack 400H

MEMORY
{
  PAGE 0:  PRAM:  origin=1800H,  len=8000H
  PAGE 1:  DRAM:  origin=2000H,  len=8000H
}
SECTIONS
{
  .cinit:  >PRAM  PAGE 0          ;存放 C 程序中的变量初始值和常量
  .text:   >PRAM  PAGE 0          ;存放代码

  .stack:  >DRAM  PAGE 1          ;为 C 程序系统堆栈保留空间
  .data:   >DRAM  PAGE 1          ;汇编程序的数据段
  .bss:    >DRAM  PAGE 1          ;存放变量
}
```

3.6.3 在 C 语言程序中使用汇编程序中的变量和常数

在 C 程序中访问汇编程序中定义的变量或常数,可分为以下 3 种不同的情形:变量在 .bss 块中定义、变量不在 .bss 块中定义和常数。

1. 访问在 .bss 块中定义的变量

对于访问 .bss 命令定义的变量,可用如下方法实现。

1）采用 .bss 命令定义变量,变量名前加一条下划线。

2）用 .global 命令定义为外部变量。

3）在 C 程序中将变量表示成外部变量，但不要在它前面加下划线。

【例3-11】　从 C 程序访问汇编语言变量。

汇编程序：

```
.bss            _var,1                      ;定义变量
.global         _var                        ;声明全局变量
```

C 程序：

```
extern  int   var;                          /* 外部变量 */
var = 1;                                     /* 使用变量 */
```

2. 访问不在 .bss 块中定义的变量

访问不在 .bss 块中定义的变量要复杂一些，在汇编中定义的常数表是这种情形的一种常见例子。在这种情况下，首先必须定义一个指向该变量的指针，然后在 C 程序中间接地访问这个变量。在汇编中定义一个常数表时，可为这个表定义一个独立的块，也可以在现有的块中定义，然后说明一个指向该表起始地址的全局标号。如果定义为独立的块，则可以在链接时将它分配至任意可用的存储空间中。当 C 程序访问该表时，必须声明一个指向该表的指针。

【例3-12】　在 C 程序中访问汇编常数表。

汇编程序：

```
.global  _sine                              ;定义外部变量
.sect    "sine_tab"                         ;定义一个独立块
_sine:                                      ;常数表起始地址
         .word  0000H
         .word  0120H
         .word  0200H
```

C 程序：

```
extern  int  sine[];                        /* 定义外部变量 */
        int  *sine_pointer = sine;          /* 定义一个 C 指针 */
        f = sine_pointer[3];                /* 访问 sine_pointer */
```

3. 访问由 .set 或 .global 定义的全局常数

一般来说，在 C 程序或汇编程序中定义的变量，在符号表中实际上包含的是变量值的地址，而非变量值本身。然而，在汇编程序中定义的常数，在符号表中包含的则是常数的值。编译器不能区分符号表中哪些是变量值，哪些是变量地址，因此在 C 程序中访问汇编程序中的常数时不能直接用常数的符号名，而应该在常数名之前加一个地址操作符 "&"。如果在汇编程序中的常数名为_x，则在 C 程序中的值应为 &x。

3.6.4　直接在 C 语言程序的相应位置嵌入汇编语句

在 C 程序中嵌入汇编语句是 C 和汇编接口的最直接方法。采用这种方法，一方面可以在 C 程序中实现用 C 语言无法实现的一些硬件控制功能；另一方面，也可以用这种方法在 C 程序中的关键部分用汇编语句代替 C 语句以优化程序。

嵌入汇编语句的方法比较简单，只需要在汇编语句的左右加上双引号，用圆括号将汇编语句括住，在圆括号前加上 asm 标识符即可：

```
asm  ("汇编语句");
```

在 C 程序中直接嵌入汇编语句的一种典型应用就是控制 DSP 芯片的一些硬件资源。如在 C 程序中可用下列汇编语句实现一些硬件和软件控制：

```
asm  ("RSBX INTM");              / * 开中断 * /
asm  ("SSBX XF");                / * 置 XF 为高电平 * /
asm  ("NOP");                    / * 空指令 * /
asm  ("SSBX OVM");               / * 设置溢出方式控制位 * /
asm  ("SSBX SXM");               / * 设置符号扩展模式 * /
asm  ("SSBX CPL");               / * 设置编译模式 CPL = 1 * /
```

因为采用这种方法改变 C 变量的数值很容易改变 C 环境，所以程序员必须对 C 编译器及 C 环境有充分的理解，才能对 C 变量进行自由操作。采用这种方法时应该注意以下几点。

1）防止嵌入的 asm 语句破坏 C 环境。因为 C 编译器在编译嵌入了汇编语句的 C 程序时并不检查或分析所嵌入的汇编语句。

2）在 C 代码中插入跳转或标号可能会影响代码产生器的寄存器跟踪算法，产生不可预测的结果。

3）插入影响编译环境的伪指令也可能会造成麻烦。

4）不要改变 C 变量值，但可以读取它。

3.7　小结

本章首先系统介绍了 C54x 的软件开发过程，随后对汇编伪指令和宏指令以及段的概念做了系统说明，重点介绍了汇编语言、C 语言及混合语言程序设计的主要方法，并对 COFF 文件的相关概念做了详细说明。

通过本章的学习，读者应理解段的定义和用法及链接命令文件的编写与使用方法，同时，要能熟练运用汇编语言和 C 语言进行程序编写，并能进行初步的混合编程。

实验二：宏指令应用

【实验目的】

1）掌握汇编宏指令的使用方法。

2）进一步熟悉 CCS 调试程序的方法。

3）进一步熟悉查看内存、寄存器的方法。

【实验内容】

编制计算 $x = ab + c$ 的程序，要求使用汇编宏指令完成数值计算，式中，a、b 和 c 为整数，读者可以在程序中任意给出数值。

提示：

1）汇编指令可参考本教材第 4 章的相关内容。

2）链接命令文件可以使用实验一中所列链接命令文件。

3）汇编源程序框架如下，读者可在适当位置定义并调用宏来完成实验内容。

```
        .title    "ex2.asm"
        .mmregs
        .def      _c_int00
        .bss      a,1
        .bss      b,1
        .bss      c,1
        .bss      x,1
        .data
table:  .word     11,23,58
        .text
_c_int00:
        SSBX      CPL
        STM       #100H,SP
        STM       #a,AR2
        RPT       #2
        MVPD      table,*AR2 +
        LD        @x,A
stop:   B         stop
        .end
```

【实验步骤】

1）工程的创建。

① 创建一个新工程，工程名自定。

② 根据提示，完成汇编源程序的编写，将本汇编源程序及实验一中的链接命令文件保存到工程目录下。

③ 将源程序和链接命令文件添加到工程中。

2）工程的构建。

① 对工程进行编译、链接，确定没有错误。

② 加载可执行文件。

3）运行状态查看。

① 单步运行程序，查看数据空间的内存变化。

起始地址为 0100H，数据类型为 Hex-TI Style，存储空间为 Data。

② 单步运行程序，在 CPU 寄存器窗口中查看 PC、AR1、AR2、SP、T 和 A 的变化。

实验三：链接命令文件编写

【实验目的】

1）掌握各种段的定义和使用方法。

2）掌握链接命令文件的使用方法。

3）进一步熟悉 CCS 调试程序的方法。

【实验内容】

1）源程序要实现的功能是数据的传送（table1→x，table2→copy）及求和 $\left(\sum_{i=1}^{6} x_i \right)$，读者需把源程序填充完整。

2）按照要求编写链接命令文件。

【实验步骤】

1）源程序如下所示，请根据代码中的注释，在适当位置填充代码语句。

```
        .title "ex3.asm"
        .def _c_int00
        .mmregs
        _____;  为未初始化变量 x 在 .bss 段保留 6 个存储单元
        _____;  为未初始化变量 copy 在自定义段 unnamed 中保留 4 个存储单元
        _____;  为未初始化变量 sum 在自定义段 unnamed 中保留 1 个存储单元
        _____;  将 6 个初始化数据 1,2,3,4,5,6 以 table1 为标号放入 .data 段
        _____;  定义标号为 table2、含 4 个数据(7,8,9,10)的初始化自定义段 named
        .text
_c_int00:
        STM        #x,AR1
        RPT        #5
        MVPD       table1,*AR1 +

        STM        #copy,AR2
        RPT        #3
        MVPD       table2,*AR2 +

        LD         #0,A
        STM        #x,AR1
        RPT        #5
        ADD        *AR1 +,A
        STM        #sum,AR3
        STL        A, *AR3
stop:   B          stop
        .end
```

2）为该汇编源程序编写链接命令文件，要求：

① 输出可执行文件的文件名为"ex3.out"；

② 把 .text 段分配到首地址为 1000H、长度为 1000H 的程序存储空间；

③ .data 段紧接着 .text 段存放；

④ 将初始化自定义段 named 分配到程序存储空间中的 2000H ~ 2FFFH；

⑤ 把 .bss 段分配到数据存储空间中的 0080H ~ 00FFH；

⑥ 将未初始化自定义段 unnamed 分配到数据存储空间中的 0200H ~ 027FH。

3）运行结果查看

① 查看程序空间和数据空间，验证链接命令文件的正确性。

② 单步运行程序，查看数据空间的内存变化。

- 起始地址为 0080H，数据类型为 Hex-TI Style，存储空间为 Data。
- 起始地址为 0200H，数据类型为 Hex-TI Style，存储空间为 Data。

③ 单步运行程序，在 CPU 寄存器窗口中查看 PC、AR1、AR2、AR3、AR4、AR5、SP、T 和 A 的变化。

实验四：C 语言程序设计

【实验目的】

1）掌握在 CCS 环境下 C 语言的使用方法。

2）掌握 C 源程序中链接命令文件的编写。

3）进一步熟悉 CCS 调试程序的方法。

【实验内容】

1）按照要求编写 C 语言源程序。

2）按照要求编写链接命令文件。

【实验步骤】

1）编写 C 语言源程序，要求：

① 已知整型数组 table1[6] = {1，2，3，4，5，6}，table2[4] = {7，8，9，10}。

② 将 table1[6] 中数据传送给整型数组 x[6]，table2[4] 中数据传送给整型数组 copy[4]。

③ 求得数组 x[6] 中 6 个数据之和并将其赋值给整型变量 sum。

2）编写链接命令文件，要求：

① 输出可执行文件的文件名为"ex4.out"；

② 变量初始值和常量分配到首地址为 1800H、长度为 1000H 的程序空间；

③ 可执行代码段紧接着变量初始值和常量存放；

④ 全局变量分配到数据空间中的 2000H ~ 2FFFH。

3）通过内存和查看窗口查看运行结果。

实验五：混合语言程序设计

【实验目的】

1）掌握汇编语言和 C 语言混合编程的规则与技巧。

2）掌握在 C 语言程序中调用汇编语言子程序的方法。

3）掌握混合语言程序设计中链接命令文件的编写方法。

【实验内容】

编写计算下式的程序：

$$F_n = \begin{cases} 0 & n = 0 \\ 1 & n = 1 \\ F_{n-1} + F_{n-2} & 10 \geqslant n > 1 \end{cases}$$

【实验步骤】

1）使用 C 语言编写主函数，使用汇编语言编编写加法子函数。

2）编写相应的链接命令文件。

① 程序空间：起始地址为 1800H，长度为 8000H；

数据空间：起始地址为 2000H，长度为 8000H。

② 对编译器生成的各段按如下关系映射到存储空间：

- .cinit 段和 .text 段映射到程序空间；
- .stack 段、.data 段和 .bss 段映射到数据空间。

③ 设置堆栈大小为 0400H。

3）查看寄存器窗口，观察执行下列语句后 PC 指针的变化，并解释原因。

① Restart；

② Go main；

③ buffer[i] = add(buffer[i-1]，buffer[i-2])。

4）单步运行程序，查看变量观察窗口，观察数组中数值变化情况。

思考题

1. 简述 DSP 程序调试的三种常用方法。

2. 简述汇编伪指令的种类和作用。

3. 简述汇编宏指令的功能以及使用宏的过程。

4. 试简述 COFF 的概念。

5. 什么是段？段的作用是什么？

6. 在汇编程序中，系统默认段有哪些？各段的具体作用是什么？

7. 自定义段、子段的含义是什么？如何编写和定义？

8. 汇编器对段是如何处理的？

9. 链接器对段是如何处理的？

10. 链接命令文件的主要内容是什么？

11. 根据如下链接命令文件，试回答：

    1）输出可执行文件的文件名是什么？

    2）.text 段分配到哪个存储空间？起始地址是什么？

    3）.data 段和 .text 段的存放顺序是什么？

    4）数据空间的 0080H ~ 00FFH 单元存放的是哪个段的内容？

```
- o victory.out
MEMORY
{
PAGE 0:  PRAM0:   org =1000H,  len =1000H
PAGE 1:  SPRAM:   org =0080H,  len =0080H
}
SECTIONS
{
.text:   > PRAM0    PAGE 0
.data:   > PRAM0    PAGE 0
.bss:    > SPRAM    PAGE 1
}
```

12. 简述混合编程的三种主要方法。

第4章 TMS320C54x 汇编指令系统

📖 **内容提要**

本章主要介绍 TMS320C54x 的汇编语言源程序格式、操作码中的符号和缩写、指令系统中所用到的记号和运算符号以及汇编指令系统。在介绍汇编指令系统时，针对所有典型的指令，均给出了详细的例题，以便于读者理解和使用。

通过本章的学习，读者可以对 C54x 的汇编指令系统有一个全面的了解，从而为 DSP 软件开发（尤其是汇编程序的编写）奠定基础。

📖 **重点难点**

- 汇编语言源程序格式
- 汇编语言指令的语法格式和使用方法

4.1 汇编语言源程序格式

TMS320C54x 系列芯片内部采用了多种专用的硬件结构来提高 DSP 的运算速度和性能。为了使这些硬件充分发挥其性能，TI 公司提供了较为完善的汇编指令系统以配合硬件结构提高芯片的数据处理能力。

汇编语言是 DSP 应用软件的编写基础，汇编语言源程序由汇编伪指令、汇编语言指令、汇编宏指令和注释组成。因为汇编器每行最多只能读 200 个字符，所以每行源语句的字符数不能超过 200 个，否则，汇编器将自行截去行尾的多余字符并给出警告信息。汇编语句有两种格式，一种是助记符格式，另一种是代数指令格式，两种格式分别举例如下。

1）助记符格式：

[标号] [:] 操作码助记符 [操作数列表] [;注释]

例如：

start: LD #66H,AR0 ;将立即数 66H 传给辅助寄存器 AR0

2）代数指令格式：

[标号] [:] 代数指令 [;注释]

例如：

start: AR0 = #66H ;将立即数 66H 传给辅助寄存器 AR0

由于助记符格式较为常见，故本章主要介绍助记符格式汇编指令，以下所提及的汇编语句均为助记符格式。

由上可见，汇编语句一般包含 4 个部分：标号域、操作码助记符域、操作数域和注释域，且各域之间需用空格或 Tab 键加以分隔。上述汇编语句的 4 个部分并非都是必需的，方括号中的内容为可选择部分，视需要而定。

1. 标号域

标号表示其所指向语句的存储单元地址，可供本程序的其他部分或其他程序调用。对于 C54x 的所有汇编指令和大多数汇编伪指令来说，标号都是可选的。但是，由于伪指令 .set 和 .equ 的作用是将常数赋给一个符号，因此对于这两条伪指令来说，标号不能省略。有了标号，程序中的其他语句可以更加方便地访问该语句。因此，通常在子程序入口或转移指令的目标处才赋予标号。C54x 汇编语言源程序对于标号的使用规则如下。

1）如果使用标号，则标号必须从源语句的第一列开始；如果不用标号，则第一列上必须是空格、Tab 键、分号或星号。

2）标号最多允许有 32 个字符，可使用的字符有：A~Z、a~z、0~9、_和 $，但第一个字符不能是数字。

3）标号区分大小写，因此，当引用标号时，标号的大小写必须一致。如果在启动链接器时用到了 -c 选项，则标号不区分大小写。

4）标号后面可跟一个冒号，也可不跟。

5）标号值和它所指向语句的存储单元地址值是相同的。

2. 操作码助记符域

操作码助记符是表示指令功能的英文缩写，用于规定本语句要执行的操作，是汇编指令的核心部分，也是汇编指令中唯一不可或缺的部分。操作码助记符域一定不能从第一列开始，可在空格或 Tab 键后开始书写，推荐使用空格，因为不同系统对 Tab 键移位的宽度有不同的设置。若从第一列开始书写操作码助记符，则将认为该助记符是标号。操作码助记符一般用大写形式，汇编伪指令和宏指令以句点号".”开始，且通常用小写形式。操作码助记符主要包括汇编语言指令（如，LD、ST）、汇编伪指令（如，.sect、.fclist）和汇编宏指令（如，.macro、.endm）。

3. 操作数域

操作数用于为指令的操作提供数据或地址。在一条指令中，可能没有操作数，也可能包含若干个操作数。如果一条指令中有两个或多个操作数，则各操作数之间应以逗号分隔。操作数可以是常数、符号或常数与符号的混合表达式。

当操作数是立即数时，不同的格式可表示不同的数据类型。

1）二进制数。在最低位之后加 B（或 b），如，1010 0110B 或 1010 0110b。

2）八进制数。以零开头或在最低位之后加 Q（或 q），如，0246、246Q 或 246q。

3）十进制数。在最低位之后加 D（或 d），也可不加任何标记，如，166D、166d 或 166。

4）十六进制数。若最高位是数字，则以 0x 开头或在最低位之后加 H（或 h）；若最高位是字母，则以 0x 开头或以零开头并在最低位之后加 H（或 h）。如，0x66、66H、66h 及 0xA6、0A6H 或 0A6h。

5）单个字符。用单引号引起来，如，'A'。

6）字符串。用双引号引起来，如，"this is a string"。

汇编器允许在操作数前使用前缀以指定操作数是立即数还是地址，前缀使用规则如下。

1）前缀#。操作数为立即数。即使操作数是寄存器或地址，也当作立即数处理。

2）前缀 *。操作数为间接地址。汇编器将此操作数作为间接地址对待。

3）前缀@。表示其后的操作数是采用直接寻址或绝对地址寻址的地址。在代数指令中不能省略，但是在助记符指令中可以省略。也就是说，在助记符格式指令中出现的不带有前缀的数值都当作地址处理，而不是数值，这点与高级语言有很大不同。

4. 注释域

注释不属于语句的功能部分，它只是对语句的解释说明。注释可使程序的编制更加清晰，是为了方便阅读程序而添加的一种标注。注释可以放在汇编语句的后面，也可以放在单独的一行或数行。放在汇编语句后面的注释必须以分号开始，其长度不限，当一行不够时，可以另起一行，但换行时应注意在每行的开头都要使用分号。若注释的开始在第一列，则须以分号或星号开始。

4.2　指令系统中的符号、缩写、记号与运算符

为了更加方便地学习指令系统，首先需要对指令系统和操作码中用到的符号与缩写有所了解，指令系统中的符号和缩写如表 4-1 所示，操作码中的符号和缩写如表 4-2 所示。另外，对于指令系统中的记号和运算符，本节也一并给出，如表 4-3 和表 4-4 所示。

表 4-1　指令系统中的符号和缩写

符号	含义
A	累加器 A
ALU	算术逻辑单元
AR	泛指辅助寄存器
ARx	某一特定的辅助寄存器（$0 \leqslant x \leqslant 7$）
ARP	ST0 中的 3 位辅助寄存器指针，用 3 位表示当前辅助寄存器
ASM	ST1 中的 5 位累加器移位方式位（$-16 \leqslant ASM \leqslant 15$）
B	累加器 B
BRAF	ST1 中的块重复操作标志位
BRC	块重复操作寄存器
BITC	4 位，用于测试指令。它指定数据存储单元中的哪一位被测试（$0 \leqslant BITC \leqslant 15$）
C16	ST1 中的双精度/双 16 位算术运算方式控制位
C	ST0 中的进位标志位
CC	两位条件码（$0 \leqslant CC \leqslant 3$）
CMPT	ST1 中的 ARP 修正方式位
CPL	ST1 中的直接寻址编辑方式标志位
cond	表示一种条件的操作数，用于条件执行指令
[d]，[D]	延时选项
DAB	D 地址总线
DAR	DAB 地址寄存器
dmad	16 位立即数数据存储器地址（$0 \leqslant dmad \leqslant 65\,535$）
Dmem	数据存储器操作数
DP	ST0 中的 9 位数据存储器页指针（$0 \leqslant DP \leqslant 511$）

（续）

符号	含义
dst	目的累加器（A 或 B）
dst_	与当前 dst 相反的目的累加器。若 dst = A，则 dst_ = B；反之亦反
EAB	E 地址总线
EAR	EAB 地址寄存器
extpmad	23 位立即数表示的程序存储器地址
FRCT	ST1 中的小数方式控制位
hi（A）	累加器的高位字（AH 或 BH，第 31 ~ 16 位）
HM	ST1 中的保持方式位
IFR	中断标志寄存器
INTM	ST1 中的中断方式控制位
K	少于 9 位的短立即数
K3	3 位立即数（0≤K3≤7）
K5	5 位立即数（ – 16≤K5≤15）
K9	9 位立即数（0≤K9≤511）
lk（小写 l）	16 位长立即数
Lmem	利用长字寻址的 32 位单数据存储器操作数
Mmr/MMR	存储器映像寄存器
MMRx/MMRy	存储器映像寄存器，AR0 ~ AR7 或 SP
n	XC 指令后面的字数，n 取 1 或 2
N	指定 RSBX/SSBX/XC 指令中修改的状态寄存器，N = 0 为 ST0，N = 1 为 ST1
OVA	ST0 中的累加器 A 溢出标志
OVB	ST0 中的累加器 B 溢出标志
OVdst	指定目的累加器（A 或 B）的溢出标志
OVdst_	指定与 OVdst 相反的目的累加器的溢出标志
OVsrc	指定源累加器（A 或 B）的溢出标志
OVM	ST1 中的溢出方式控制位
PA	16 位立即数端口地址（0≤PA≤65 535）
PAR	程序存储器地址寄存器
PC	程序计数器
pmad	16 位立即数表示的程序存储器地址（0≤pmad≤65 535）
Pmem	程序存储器操作数
PMST	处理器工作模式状态寄存器
prog	程序存储器操作数
[R]	舍入选项
rnd	舍入
RC	重复计数器
RTN	在 RETF[D] 指令中使用的快速返回寄存器
REA	块重复结束地址寄存器
RSA	块重复起始地址寄存器
SBIT	4 位，表示在 RSBX/SSBX/XC 指令中修改的状态寄存器位数（0≤SBIT≤15）

（续）

符号	含义
SHFT	4 位移位数 （0≤SHFT≤15）
SHIFT	5 位移位数 （-16≤SHIFT≤15）
Sind	间接寻址的单数据存储器操作数
Smem	16 位单数据存储器操作数
SP	堆栈指针寄存器
src	源累加器 （A 或 B）
ST0，ST1	状态寄存器 0，状态寄存器 1
SXM	ST1 中的符号位扩展方式控制位
T	暂存器
TC	ST0 中的测试/控制标志位
TOS	堆栈顶部
TRN	状态转移寄存器
TS	由 T 寄存器的 5~0 位所规定的移位数 （-16≤TS≤31）
uns	无符号数
XF	ST1 中的外部标志状态位
XPC	程序计数器扩展寄存器
Xmem	在双操作数和部分单操作数指令中使用的 16 位双访问数据存储器操作数
Ymem	在双操作数指令中使用的 16 位双访问数据存储器操作数

表 4-2   操作码中的符号和缩写

符号	含义
A	数据存储器的地址位
ARx	指定辅助寄存器的 3 位数区
BITC	4 位码区
CC	2 位条件码区
CCCC CCCC	8 位条件码区
COND	4 位条件码区
D	目的累加器位。D=0 为累加器 A，D=1 为累加器 B
I	寻址方式位。I=0 直接寻址，I=1 间接寻址
K	少于 9 位的短立即数区
MMRx	指定存储器映像寄存器中某一个的 4 位数 （0≤MMRx≤8）
MMRy	指定存储器映像寄存器中某一个的 4 位数 （0≤MMRy≤8）
N	单独一位数
NN	决定中断形式的 2 位数
R	舍入选项位。R=0：不带舍入执行指令，R=1：对结果进行舍入处理
S	源累加器位。S=0：为累加器 A，S=1：为累加器 B
SBIT	状态寄存器的 4 位位号数
SHFT	4 位移位数区 （0≤SHFT≤15）
SHIFT	5 位移位数区 （-16≤SHIFT≤15）
X	数据存储器位
Y	数据存储器位
Z	延迟指令位。Z=0：无延迟操作，Z=1：带延迟操作

表 4-3　指令系统中所用的记号

记号	含义
黑体字符	表示指令中的操作码
斜体字符	表示指令中的操作数
[X]	表示方括号内的操作数在指令中为任选项
#	在立即寻址指令中所用到的常数前缀
(abc)	圆括号表示一个寄存器或存储单元的内容
$x{\rightarrow}y$	x 值被传送到 y(寄存器或存储单元) 中
r(n − m)	表示寄存器或存储器 r 的第 $n \sim m$ 位
<<nn	移位 nn 位, 当 nn 为正时左移, 为负时右移
‖	表示两指令并行操作
\\	循环左移
//	循环右移
$\overline{X}$	X 取反
$\mid X \mid$	X 取绝对值
AAH	AA 代表一个十六进制数

表 4-4　指令系统中的运算符

符号	运算功能	求值顺序
+ − ~ !	取正、取负、按位求补、逻辑负	从右至左
* / %	乘法、除法、求模	从左至右
^	指数	从左到右
+ −	加法、减法	从左至右
<< >>	左移、右移	从左至右
< ≤	小于、小于等于	从左至右
> ≥	大于、大于等于	从左至右
≠ !=	不等于	从左至右
&	按位"与"运算	从左至右
∧	按位"异或"运算	从左至右
∣	按位"或"运算	从左至右

4.3　汇编指令系统

　　C54x 的汇编指令系统共有 129 条基本指令, 根据操作数的寻址方式不同, 可以派生多至 205 条指令。按照功能, 汇编指令可分成算术运算指令、逻辑运算指令、程序控制指令以及数据传送指令 4 大类, 每一大类又可以分为若干小类。本节首先给出每类指令的指令表, 然后对典型指令举例加以说明。

4.3.1　算术运算指令

　　算术运算指令是实现数学计算的指令集合, 具有运算功能强、指令丰富等特点。算术运算指令可以再次细分为 6 类: 加法指令(ADD)、减法指令(SUB)、乘法指令(MPY)、乘法 − 累加/减指令(MAC/MAS)、双字/双精度运算指令(DADD)以及专用指令。

1. 加法指令

C54x 共有 13 条加法指令，可完成两个操作数的加法运算、移位后的加法运算、带进位的加法运算和符号位不扩展的加法运算。加法指令的功能如表 4-5 所示，指令的语法格式如下。

指令格式：操作码　源操作数　[,移位数], 目的操作数

操作码：ADD、ADDC、ADDM、ADDS

源操作数：Smem、Xmem、Ymem、#lk、src

移位数：TS、16、SHIFT、SHFT、ASM

目的操作数：src、dst、Smem

表 4-5　加法指令的功能

序号	指令	功能	说明	字数/指令周期数
1	ADD Smem, src	src = src + Smem	操作数加至累加器	1/1
2	ADD Smem, TS, src	src = src + Smem << TS	操作数移位后加至累加器	1/1
3	ADD Smem, 16, src[, dst]	dst = src + Smem << 16	操作数左移 16 位加至累加器	1/1
4	ADD Smem [,SHIFT], src[, dst]	dst = src + Smem << SHIFT	操作数移位后加至累加器	2/2
5	ADD Xmem, SHFT, src	src = src + Xmem << SHFT	操作数移位后加至累加器	1/1
6	ADD Xmem, Ymem, dst	dst = Xmem << 16 + Ymem << 16	两操作数分别左移 16 位后相加送至累加器	1/1
7	ADD #lk [,SHFT], src[,dst]	dst = src + #lk << SHFT	长立即数移位后加至累加器	2/2
8	ADD #lk, 16, src [,dst]	dst = src + #lk << 16	长立即数左移 16 位加至累加器	2/2
9	ADD src [,SHIFT] [,dst]	dst = dst + src << SHIFT	累加器移位后相加	1/1
10	ADD src, ASM [,dst]	dst = dst + src << ASM	累加器按 ASM 移位后相加	1/1
11	ADDC Smem, src	src = src + Smem + C	操作数带进位加至累加器	1/1
12	ADDM #lk, Smem	Smem = Smem + #lk	长立即数加至存储器	2/2
13	ADDS Smem, src	src = src + uns (Smem)	操作数符号位不扩展加至累加器	1/1

【例 4-1】　ADD #4568H, 8, A, B

指令执行前　　　　　　　　　　　　指令执行后

累加器 A：00 0000 1200　　　　　　累加器 A：00 0000 1200

累加器 B：00 0000 1800　　　　　　累加器 B：00 0045 7A00

【例 4-2】　ADD A, -8, B

指令执行前　　　　　　　　　　　　指令执行后

累加器 A：00 0000 1200　　　　　　累加器 A：00 0000 1200

累加器 B：00 0000 1800　　　　　　累加器 B：00 0000 1812

【例4-3】　ADDC *+AR2(5), A

指令执行前　　　　　　　　　　　　　　　　　指令执行后

累加器 A: 00 0000 0013　　　　　　　　　　累加器 A: 00 0000 0018

C: 1　　　　　　　　　　　　　　　　　　　C: 0

AR2: 0100　　　　　　　　　　　　　　　　AR2: 0105

数据存储器:　　　　　　　　　　　　　　　数据存储器:

　　0105H: 0004　　　　　　　　　　　　　　0105H: 0004

【例4-4】　ADDM #123BH, *AR4 +

指令执行前　　　　　　　　　　　　　　　　　指令执行后

AR4: 0100　　　　　　　　　　　　　　　　AR4: 0101

数据存储器:　　　　　　　　　　　　　　　数据存储器:

　　0100H: 0004　　　　　　　　　　　　　　0100H: 123F

【例4-5】　ADDS *AR2 -, B

指令执行前　　　　　　　　　　　　　　　　　指令执行后

累加器 B: 00 0000 0003　　　　　　　　　　累加器 B: 00 0000 F009

C: ×　　　　　　　　　　　　　　　　　　　C: 0

AR2: 0100　　　　　　　　　　　　　　　　AR2: 00FF

数据存储器:　　　　　　　　　　　　　　　数据存储器:

　　0100H: F006　　　　　　　　　　　　　　0100H: F006

2. 减法指令

C54x 共有 13 条减法指令，可完成两个操作数的减法运算、移位后的减法运算、带借位的减法运算、条件减法运算和不带符号位扩展的减法运算。减法指令的功能如表 4-6 所示，指令的语法格式如下。

指令格式：操作码　源操作数　[,移位数], 目的操作数

操作码：SUB、SUBB、SUBC、SUBS

源操作数：Smem、Xmem、Ymem、#lk、src

移位数：TS、16、SHIFT、SHFT、ASM

目的操作数：src、dst

表 4-6　减法指令的功能

序号	指令	功能	说明	字数/指令周期数
1	SUB Smem, src	src = src − Smem	从累加器中减去操作数	1/1
2	SUB Smem, TS, src	src = src − Smem << TS	从累加器中减去移位后的操作数	1/1
3	SUB Smem, 16, src[,dst]	dst = src − Smem << 16	累加器减去左移 16 位的操作数	1/1
4	SUB Smem [,SHIFT],src[,dst]	dst = src − Smem << SHIFT	操作数移位后与累加器相减	2/2
5	SUB Xmem, SHFT, src	src = src − Xmem << SHFT	操作数移位后与累加器相减	1/1

（续）

序号	指令	功能	说明	字数/指令周期数
6	SUB Xmem, Ymem, dst	dst = Xmem << 16 − Ymem << 16	两操作数分别左移 16 位后相减送至累加器	1/1
7	SUB #lk [,SHFT], src[,dst]	dst = src − #lk << SHFT	长立即数移位后与累加器相减	2/2
8	SUB #lk, 16, src[, dst]	dst = src − #lk << 16	长立即数左移 16 位与累加器相减	2/2
9	SUB src[, SHIFT][, dst]	dst = dst − src << SHIFT	目标累加器减去移位后的源累加器	1/1
10	SUB src, ASM[, dst]	dst = dst − src << ASM	源累加器按 ASM 移位后与目标累加器相减	1/1
11	SUBB Smem, src	src = src − Smem − $\overline{C}$	累加器与操作数带借位减操作	1/1

12	SUBC Smem, src	If (src − Smem << 15) ⩾ 0, src = (src − Smem << 15) << 1 + 1
		Else
		src = src << 1
			条件减法操作	1/1

13	SUBS Smem, src	src = src − uns(Smem)	累加器与符号位不扩展的操作数减操作	1/1

【例 4-6】 SUB *AR1 +, 14, A

指令执行前
累加器 A: 00 0000 1200
AR1: 0100
数据存储器:
  0100H: 1500

指令执行后
累加器 A: FF FAC0 1200
AR1: 0101
数据存储器:
  0100H: 1500

【例 4-7】 SUB A, −8, B

指令执行前
累加器 A: 00 0000 1200
累加器 B: 00 0000 1800

指令执行后
累加器 A: 00 0000 1200
累加器 B: 00 0000 17EE

【例 4-8】 SUBB *AR1 +, B

指令执行前
累加器 B: FF 8000 0006
C: 1
AR1: 0405
数据存储器:
  0405H: 0006

指令执行后
累加器 B: FF 8000 0000
C: 1
AR1: 0406
数据存储器:
  0405H: 0006

3. 乘法指令

C54x 共有 10 条乘法运算指令，其运算结果都是 32 位的，存放在累加器 A 或累加器 B

中。参与运算的乘数可以是 T 寄存器、立即数、存储单元或累加器 A 的高位字。乘法指令的功能如表4-7所示，指令的语法格式如下。

指令格式：操作码　源操作数 1　[,源操作数 2]，　目的操作数

操作码：MPY、MPYR、MPYA、MPYU、SQUR

源操作数 1：T、Smem、Xmem、A(32 − 16)

源操作数 2：Smem、Ymem、#lk、A(32 − 16)

目的操作数：dst

表 4-7　乘法指令的功能

序号	指令	功能	说明	字数/指令周期数
1	MPY Smem, dst	dst = T*Smem	T 寄存器值与操作数相乘	1/1
2	MPYR Smem, dst	dst = rnd(T*Smem)	T 寄存器值与操作数带舍入相乘	1/1
3	MPY Xmem,Ymem, dst	dst = Xmem*Ymem,T = Xmem	两操作数相乘	1/1
4	MPY Smem, #lk, dst	dst = Smem*#lk,T = Smem	长立即数与操作数相乘	2/2
5	MPY #lk, dst	dst = T*#lk	长立即数与 T 寄存器值相乘	2/2
6	MPYA dst	dst = T*A(32 − 16)	T 寄存器值与累加器 A 高位相乘	1/1
7	MPYA Smem	B = Smem*A(32 − 16),T = Smem	操作数与累加器 A 高位相乘	1/1
8	MPYU Smem, dst	dst = uns(T)*uns(Smem)	无符号数相乘	1/1
9	SQUR Smem, dst	dst = Smem*Smem,T = Smem	操作数的平方	1/1
10	SQUR A, dst	dst = A(32 − 16)*A(32 − 16)	累加器 A 高位字的平方	1/1

【例 4-9】　MPY *AR2 −, *AR4 + 0%, B

指令执行前　　　　　　　　　　指令执行后

累加器 B：FF FFFF FFE0　　　　累加器 B：00 0000 0020

FRCT：0　　　　　　　　　　　FRCT：0

T：0000　　　　　　　　　　　T：0010

AR0：0001　　　　　　　　　　AR0：0001

AR2：01FF　　　　　　　　　　AR2：01FE

AR4：0300　　　　　　　　　　AR1：0301

数据存储器：　　　　　　　　　数据存储器：

　　01FFH：0010　　　　　　　　01FFH：0010

　　0300H：0002　　　　　　　　0300H：0002

【例 4-10】　MPYU *AR0 −, A

指令执行前　　　　　　　　　　指令执行后

累加器 A：FF 8000 0000　　　　累加器 A：00 3F80 0000

T：4000　　　　　　　　　　　T：4000

FRCT：0　　　　　　　　　　　FRCT：0

AR0：1000　　　　　　　　　　AR0：0FFF

数据存储器：　　　　　　　　　数据存储器：

1000H：FE00   1000H：FE00

4. 乘法－累加和乘法－累减指令

C54x 共有 22 条此类指令，除了完成乘法运算外，还具有加法或减法运算。因此，在一些复杂的算法中，可以大大提高运算速度。参与运算的乘数可以是 T 寄存器、立即数、存储单元或累加器 A 的高位字。乘法运算结束后，再将乘积与目的操作数进行加法或减法运算。乘法－累加和乘法－累减指令的功能如表 4-8 所示，指令的语法格式如下。

指令格式：操作码　源操作数 1　[，源操作数 2]，　目的操作数

操作码：MAC、MACR、MACA、MACAR、MACD、MACP、MACSU、MAS、MASR MASA、MASAR、SQURA、SQURS

源操作数 1：Smem、Xmem、#lk、T

源操作数 2：Ymem、#lk、pmad

目的操作数：src、dst、B

表 4-8　乘法－累加和乘法－累减指令的功能

序号	指令	功能	说明	字数/指令周期数
1	MAC Smem, src	src = src + T*Smem	操作数与 T 寄存器值相乘之后加到累加器	1/1
2	MAC Xmem, Ymem, src [,dst]	dst = src + Xmem*Ymem,T = Xmem	操作数相乘之后加到累加器	1/1
3	MAC #lk, src [,dst]	dst = src + T*#lk	长立即数与 T 寄存器值相乘之后加到累加器	2/2
4	MAC Smem, #lk, src [,dst]	dst = src + Smem*#lk,T = Smem	长立即数与操作数相乘之后加到累加器	2/2
5	MACR Smem, src	src = rnd(src + T*Smem)	操作数与 T 寄存器值相乘之后加到累加器（带舍入）	1/1
6	MACR Xmem, Ymem, src [,dst]	dst = rnd(src + Xmem*Ymem),T = Xmem	两操作数相乘之后加到累加器（带舍入）	1/1
7	MACA Smem [,B]	B = B + Smem*A(32 - 16)T = Smem	操作数与累加器 A 高位字相乘之后加到累加器 B	1/1
8	MACA T, src [,dst]	dst = src + T*A(32 - 16)	T 寄存器值与 A 的高位字相乘之后加到累加器	1/1
9	MACAR Smem [,B]	B = rnd(B + Smem*A(32 - 16)),T = Smem	操作数与累加器 A 高位字相乘之后加到累加器 B（带舍入）	1/1
10	MACAR T, src [,dst]	dst = rnd(src + T*A(32 - 16))	T 寄存器值与 A 高位字相乘之后加到累加器（带舍入）	1/1
11	MACD Smem, pmad, src	src = src + Smem*pmad,T = Smem, (Smem + 1) = Smem	操作数与程序存储器内容相乘之后加到累加器并延迟	2/3
12	MACP Smem, pmad, src	src = src + Smem*pmad,T = Smem	操作数与程序存储器内容相乘之后加到累加器	2/3
13	MACSU Xmem, Ymem, src	src = src + uns(Xmem)*Ymem,T = Xmem	无符号操作数与有符号操作数相乘之后加到累加器	1/1

（续）

序号	指令	功能	说明	字数/指令周期数
14	MAS Smem, src	src = src - T*Smem	累加器减去 T 寄存器值与操作数的乘积	1/1
15	MAS Xmem, Ymem, src [,dst]	dst = src - Xmem*Ymem, T = Xmem	源累加器减去两操作数的乘积	1/1
16	MASR Xmem, Ymem, src [,dst]	dst = rnd (src - Xmem * Ymem), T = Xmem	累加器减去两操作数的乘积（带舍入）	1/1
17	MASR Smem, src	src = rnd(src - T*Smem)	累加器减去 T 寄存器值与操作数的乘积（带舍入）	1/1
18	MASA Smem [,B]	B = B - Smem * A (32 - 16), T = Smem	累加器 B 减去操作数与累加器 A 高位字的乘积	1/1
19	MASA T, src [,dst]	dst = src - T*A(32 - 16)	源累加器减去 T 寄存器值与 A 高位字的乘积	1/1
20	MASAR T, src [,dst]	dst = rnd (src - T*A(32 - 16))	源累加器减去 T 寄存器值与 A 高位字乘积（带舍入）	1/1
21	SQURA Smem, src	src = src + Smem*Smem, T = Smem	操作数的平方与累加器相加	1/1
22	SQURS Smem, src	src = src - Smem*Smem, T = Smem	操作数的平方与累加器相减	1/1

【例 4-11】　MAC *AR5 +, A

指令执行前　　　　　　　　　　　指令执行后

累加器 A: 00 0000 1000　　　　　　累加器 A: 00 0048 E000

T: 0400　　　　　　　　　　　　　T: 0400

FRCT: 0　　　　　　　　　　　　　FRCT: 0

AR5: 0100　　　　　　　　　　　　AR5: 0101

数据存储器:　　　　　　　　　　　数据存储器:

0100H: 1234　　　　　　　　　　0100H: 1234

【例 4-12】　MAC *AR5 +, #1234H, A

指令执行前　　　　　　　　　　　指令执行后

累加器 A: 00 0000 1000　　　　　　累加器 A: 00 0626 1060

T: 0000　　　　　　　　　　　　　T: 5678

FRCT: 0　　　　　　　　　　　　　FRCT: 0

AR5: 0100　　　　　　　　　　　　AR5: 0101

数据存储器:　　　　　　　　　　　数据存储器:

0100H: 5678　　　　　　　　　　0100H: 5678

【例 4-13】　MACA *AR5 +

指令执行前　　　　　　　　　　　指令执行后

累加器 A: 00 1234 0000　　　　　　累加器 A: 00 1234 0000

累加器 B：00 0000 0000   累加器 B：00 0626 0060
T：0400   T：5678
FRCT：0   FRCT：0
AR5：0100   AR5：0101
数据存储器：   数据存储器：
    0100H：5678   0100H：5678

【例 4-14】　MACAR *AR5 + , B
        指令执行前   指令执行后
累加器 A：00 1234 0000   累加器 A：00 1234 0000
累加器 B：00 0000 0000   累加器 B：00 0626 0000
T：0400   T：5678
FRCT：0   FRCT：0
AR5：0100   AR5：0101
数据存储器：   数据存储器：
    0100H：5678   0100H：5678

【例 4-15】　MACSU *AR4 + , *AR5 + , A
        指令执行前   指令执行后
累加器 A：00 0000 1000   累加器 A：00 09A0 AA84
T：0008   T：8765
FRCT：0   FRCT：0
AR4：0100   AR4：0101
AR5：0200   AR5：0201
数据存储器：   数据存储器：
    0100H：8765   0100H：8765
    0200H：1234   0200H：1234

【例 4-16】　MAS *AR5 + , A
        指令执行前   指令执行后
累加器 A：00 0000 1000   累加器 A：FF FFB7 4000
T：0400   T：0400
FRCT：0   FRCT：0
AR5：0100   AR5：0101
数据存储器：   数据存储器：
    0100H：1234   0100H：1234

【例 4-17】　MASR *AR5 + , A
        指令执行前   指令执行后
累加器 A：00 0000 1000   累加器 A：FF FFB7 0000
T：0400   T：0400
FRCT：0   FRCT：0

AR5：0100　　　　　　　　　　　　　AR5：0101

数据存储器：　　　　　　　　　　　　数据存储器：

　0100H：1234　　　　　　　　　　　0100H：1234

5. 双字/双精度算术运算指令

C54x 共有 6 条双字/双精度算术运算指令，可完成双 16 位数或双精度（32 位）数的加减运算。双字/双精度算术运算指令的功能如表4-9 所示。

表 4-9　双字/双精度算术运算指令的功能

序号	指令	功能	说明	字数/指令周期数
1	DADD Lmem, src [,dst]	若 C16 = 0，则完成双精度加法： dst = Lmem + src； 若 C16 = 1，则完成双 16 位数加法： dst(39 − 16) = Lmem(31 − 16) + src(31 − 16) dst(15 − 0) = Lmem(15 − 0) + src(15 − 0)	双精度/双 16位数加到累加器	1/1
2	DADST Lmem, dst	若 C16 = 0，则完成双精度加法： dst = Lmem + (T << 16 + T)； 若 C16 = 1，则双 16 位数加/减法： dst(39 − 16) = Lmem(31 − 16) + T dst(15 − 0) = Lmem(15 − 0) − T	双精度/双 16位数与 T 寄存器值相加/减	1/1
3	DRSUB Lmem, src	若 C16 = 0，则完成双精度减法： src = Lmem − src； 若 C16 = 1，则完成双 16 位数减法： src(39 − 16) = Lmem(31 − 16) − src(31 − 16) src(15 − 0) = Lmem(15 − 0) − src(15 − 0)	双精度/双 16位数减去累加器值	1/1
4	DSADT Lmem, dst	若 C16 = 0，则完成双精度减法： dst = Lmem − (T << 16 + T)； 若 C16 = 1，则完成双 16 位数加/减法： dst(39 − 16) = Lmem(31 − 16) − T dst(15 − 0) = Lmem(15 − 0) + T	长操作数与 T寄存器值相加/减	1/1
5	DSUB Lmem, src	若 C16 = 0，则双精度方式，累加器减去 32 位数： src = src − Lmem； 若 C16 = 1，则双 16 位方式，完成双 16 位数减法： src(39 − 16) = src(31 − 16) − Lmem(31 − 16) src(15 − 0) = src(15 − 0) − Lmem(15 − 0)	从累加器中减去双精度/双 16位数	1/1
6	DSUBT Lmem, dst	若 C16 = 0，则双精度操作数减去 T 寄存器值： dst = Lmem − (T << 16 + T)； 若 C16 = 1，则双 16 位操作数减去 T 寄存器值： dst(39 − 16) = Lmem(31 − 16) − T dst(15 − 0) = Lmem(15 − 0) − T	从双精度/双 16位数中减去 T 寄存器值	1/1

【例 4-18】　DADD *AR3 +, A, B

　指令执行前　　　　　　　　　　　　指令执行后

累加器 A：00 5678 8933　　　　　　　累加器 A：00 5678 8933

累加器 B：00 0000 0000　　　　　　　累加器 B：00 6BAC BD89

C16：0　　　　　　　　　　　　　　C16：0

AR3：0100　　　　　　　　　　　　AR3：0102

数据存储器：

    0100H：1534

    0101H：3456

数据存储器：

    0100H：1534

    0101H：3456

【例 4-19】 DADD *AR3 +, A, B

    指令执行前

累加器 A：00 5678 8933

累加器 B：00 0000 0000

C16：1

AR3：0100

数据存储器：

    0100H：1534

    0101H：3456

    指令执行后

累加器 A：00 5678 8933

累加器 B：00 6BAC BD89

C16：1

AR3：0102

数据存储器：

    0100H：1534

    0101H：3456

【例 4-20】 DADST *AR3 +, A

    指令执行前

累加器 A：00 0000 0000

T：2345

C16：0

AR3：0100

数据存储器：

    0100H：1534

    0101H：3456

    指令执行后

累加器 A：00 3879 579B

T：2345

C16：0

AR3：0102

数据存储器：

    0100H：1534

    0101H：3456

【例 4-21】 DADST *AR3 +, A

    指令执行前

累加器 A：00 0000 0000

T：2345

C16：1

AR3：0100

数据存储器：

    0100H：1534

    0101H：3456

    指令执行后

累加器 A：00 3879 1111

T：2345

C16：1

AR3：0102

数据存储器：

    0100H：1534

    0101H：3456

【例 4-22】 DRSUB *AR3 +, A

    指令执行前

累加器 A：00 5678 8933

C16：0

AR3：0100

数据存储器：

    0100H：1534

    0101H：3456

    指令执行后

累加器 A：FF BEBB AB23

C16：0

AR3：0102

数据存储器：

    0100H：1534

    0101H：3456

【例 4-23】　DRSUB *AR3 +, A

指令执行前　　　　　　　　　　　　　　　指令执行后

累加器 A：00 5678 8933　　　　　　　　　累加器 A：FF BEBC AB23

C16：1　　　　　　　　　　　　　　　　　C16：1

AR3：0100　　　　　　　　　　　　　　　AR3：0102

数据存储器：　　　　　　　　　　　　　　数据存储器：

　　0100H：1534　　　　　　　　　　　　　0100H：1534

　　0101H：3456　　　　　　　　　　　　　0101H：3456

6. 专用指令

为了满足数字信号处理的需要，在 C54x 的汇编指令系统中，设计了一些完成特殊运算功能的指令，这类指令叫专用指令，共 15 条，指令的功能如表 4-10 所示。

表 4-10　专用指令的功能

序号	指令	功能	说明	字数/指令周期数
1	ABDST Xmem, Ymem	$B = B + |A(32 - 16)|$, $A = (Xmem - Ymem) << 16$	向量绝对距离	1/1
2	ABS src [,dst]	$dst = |src|$	累加器求绝对值	1/1
3	CMPL src [,dst]	$dst = \overline{src}$	累加器求反	1/1
4	DELAY Smem	$(Smem + 1) = Smem$	存储单元延迟	1/1
5	EXP src	$T = src$ 的冗余符号位数 $- 8$	求累加器的指数	1/1
6	FIRS Xmem, Ymem, pmad	$B = B + A(32 - 16)*pmad$, $A = (Xmem + Ymem) << 16$	对称 FIR 滤波	2/3
7	LMS Xmem, Ymem	$B = B + Xmem*Ymem$, $A = (A + Xmem << 16) + 2^{15}$	求最小均方值	1/1
8	MAX dst	$dst = max(A, B)$	求 A 和 B 的最大值	1/1
9	MIN dst	$dst = min(A, B)$	求 A 和 B 的最小值	1/1
10	NEG src [,dst]	$dst = - src$	累加器变负	1/1
11	NORM src [,dst]	$dst = src << T$	归一化处理	1/1
12	POLY Smem	$B = Smem << 16$, $A = rnd(A(32 \sim 16)*T + B)$	求多项式的值	1/1
13	RND src [,dst]	$dst = src + 2^{15}$	累加器舍入运算	1/1
14	SAT src	$src = Saturate(src)$	累加器饱和运算	1/1
15	SQDST Xmem, Ymem	$B = B + A(32 - 16)*A(32 - 16)$, $A = (Xmem - Ymem) << 16$	求距离的平方	1/1

4.3.2　逻辑运算指令

C54x 的指令系统具有丰富的逻辑运算指令，包括与运算指令（AND）、或运算指令（OR）异或运算指令（XOR）、移位操作指令（SHIFT）和测试操作指令（TEST）。

1. 与运算指令

C54x 共有 5 条与运算指令，指令的功能如表 4-11 所示，指令的语法格式如下。

指令格式：操作码　源操作数　[,移位数]，　目的操作数

操作码：AND、ANDM

源操作数：Smem、#lk、src

移位数：16、SHIFT、SHFT

目的操作数：src、dst、Smem

表 4-11　与运算指令的功能

序号	指令	功能	说明	字数/指令周期数
1	AND Smem, src	src = src & Smem	源操作数与累加器与运算	1/1
2	AND #lk [,SHFT], src [,dst]	dst = src & #lk << SHFT	长立即数移位后与累加器与运算	2/2
3	AND #lk, 16, src [,dst]	dst = src & #lk << 16	长立即数左移 16 位与累加器与运算	2/2
4	AND src [,SHIFT] [,dst]	dst = dst & src << SHIFT	源累加器移位后与目的累加器与运算	1/1
5	ANDM #lk, Smem	Smem = Smem & #lk	目的操作数与长立即数与运算	2/2

【例 4-24】　AND *AR3 +, A

指令执行前　　　　　　　　　　　　　指令执行后

累加器 A：00 00FF 1200　　　　　　　累加器 A：00 0000 1000

AR3：0100　　　　　　　　　　　　　AR3：0101

数据存储器：　　　　　　　　　　　　数据存储器：

　0100H：1500　　　　　　　　　　　　0100H：1500

【例 4-25】　AND A, 3, B

指令执行前　　　　　　　　　　　　　指令执行后

累加器 A：00 0000 1200　　　　　　　累加器 A：00 0000 1200

累加器 B：00 0000 1800　　　　　　　累加器 B：00 0000 1000

【例 4-26】　ANDM #00FFH, *AR4 +

指令执行前　　　　　　　　　　　　　指令执行后

AR4：0100　　　　　　　　　　　　　AR4：0101

数据存储器：　　　　　　　　　　　　数据存储器：

　0100H：0444　　　　　　　　　　　　0100H：0044

2. 或运算指令

C54x 共有 5 条或运算指令，指令的功能如表 4-12 所示，指令的语法格式如下。

指令格式：操作码　源操作数　[,移位数]，　目的操作数

操作码：**OR、ORM**

源操作数：Smem、#lk、src

移位数：16、SHIFT、SHFT

目的操作数：src、dst、Smem

表 4-12　或运算指令的功能

序号	指令	功能	说明	字数/指令周期数
1	OR Smem, src	src = src | Smem	源操作数与累加器或运算	1/1
2	OR #lk [,SHFT], src [,dst]	dst = src | #lk << SHFT	长立即数移位后与累加器或运算	2/2
3	OR #lk, 16, src [,dst]	dst = src | #lk << 16	长立即数左移 16 位后与累加器或运算	2/2
4	OR src [,SHIFT] [,dst]	dst = dst | src << SHIFT	源累加器移位后与目的累加器或运算	1/1
5	ORM #lk, Smem	Smem = Smem | #lk	目标操作数与长立即数或运算	2/2

【例 4-27】　OR *AR3 +, A

指令执行前	指令执行后
累加器 A: 00 00FF 1200	累加器 A: 00 00FF 1700
AR3: 0100	AR3: 0101
数据存储器:	数据存储器:
0100H: 1500	0100H: 1500

【例 4-28】　OR A, +3, B

指令执行前	指令执行后
累加器 A: 00 0000 1200	累加器 A: 00 0000 1200
累加器 B: 00 0000 1800	累加器 B: 00 0000 9800

【例 4-29】　ORM　#0404H, *AR4 +

指令执行前	指令执行后
AR4: 0100	AR4: 0101
数据存储器:	数据存储器:
0100H: 4444	0100H: 4444

3. 异或运算指令

C54x 共有 5 条异或运算指令, 指令的功能如表 4-13 所示, 指令的语法格式如下。

指令格式: 操作码　源操作数　[, 移位数]，　目的操作数

操作码: XOR、XORM

源操作数: Smem、#lk、src

移位数: 16、SHIFT、SHFT

目的操作数: src、dst、Smem

表 4-13　异或运算指令的功能

序号	指令	功能	说明	字数/指令周期数
1	XOR Smem, src	src = src ∧ Smem	源操作数与累加器相异或	1/1
2	XOR #lk [, SHFT], src [, dst]	dst = src ∧ #lk << SHFT	长立即数移位后与累加器相异或	2/2
3	XOR #lk, 16, src [, dst]	dst = src ∧ #lk << 16	长立即数左移 16 位与累加器异或运算	2/2
4	XOR src [, SHIFT] [, dst]	dst = dst ∧ src << SHIFT	源累加器移位后与目标累加器异或运算	1/1
5	XORM #lk, Smem	Smem = Smem ∧ #lk	目标操作数与长立即数异或运算	2/2

【例 4-30】　XOR *AR3 +, A

指令执行前	指令执行后
累加器 A: 00 00FF 1200	累加器 A: 00 00FF 0700
AR3: 0100	AR3: 0101
数据存储器:	数据存储器:
0100H: 1500	0100H: 1500

【例4-31】 XOR A, +3, B

指令执行前   指令执行后

累加器 A：00 0000 1200   累加器 A：00 0000 1200

累加器 B：00 0000 1800   累加器 B：00 0000 8800

【例4-32】 XORM #0404H, *AR4 −

指令执行前   指令执行后

AR4：0100   AR4：00FF

数据存储器：   数据存储器：

    0100H：4444   0100H：4040

4. 移位操作指令

C54x 共有 6 条移位指令，可实现带进位标志位 C 循环移位、带 TC 位循环左移、算术移位、条件移位和逻辑移位等操作，指令的功能如表 4-14 所示，指令的语法格式如下。

指令格式：操作码　源操作数　[,移位数]　[,目的操作数]

操作码：ROL、ROLTC、ROR、SFTA、SFTC、SFTL

源操作数：src

移位数：SHIFT

目的操作数：dst

表 4-14　移位指令的功能

序号	指令	功能	说明	字数/指令周期数
1	ROL src	src(0) = C, src(31 ~ 1) = src(30 ~ 0) C = src(31), src(39 ~ 32) = 0	累加器与进位标志位 C 循环左移一位	1/1
2	ROLTC src	src(0) = TC, src(31 ~ 1) = src(30 ~ 0) C = src(31), src(39 ~ 32) = 0	累加器与测试位 TC 循环左移一位	1/1
3	ROR src	src(31) = C, src(30 ~ 0) = src(31 ~ 1) C = src(0), src(39 ~ 32) = 0	累加器与进位标志位 C 循环右移一位	1/1

4	SFTA src, SHIFT [,dst]	If SHIFT < 0
		 C = src((−SHIFT) −1)
		 src/dst = src(39 ~ 0) << SHIFT
		    If SXM = 1
		    src/dst(39 ~ (39 + SHIFT + 1)) = src(39)
		    Else
		    src/dst(39 ~ (39 + SHIFT + 1)) = 0
		 Else
		 C = src(39 − SHIFT)
		 src/dst = (src) > > SHIFT
		 src/dst((SHIFT − 1) ~ 0) = 0
			根据 SHIFT，src 的内容算术移位	1/1

5	SFTC src	If src = 0　then　TC = 1
		 Else
		    If src(31) = src(30)
		    src = src << 1, TC = 0
		    Else　TC = 1
			累加器条件移位	1/1

（续）

序号	指令	功能	说明	字数/指令周期数
6	SFTL src,SHIFT [,dst]	If SHIFT < 0 C = src((-SHIFT)-1) src/dst = src(31~0) << SHIFT src/dst(39~(31+SHIFT+1)) = 0 If SHIFT = 0 Then C = 0 Else C = src(31-(SHIFT-10)) src/dst = src((31-SHIFT)~0) << SHIFT src/dst((SHIFT-1)~0) = 0 dst(39~32) = 0	累加器逻辑移位	1/1

【例 4-33】 ROL A

指令执行前　　　　　　　　　　　指令执行后

累加器 A：5F B000 1234　　　　累加器 A：00 6000 2468

C：0　　　　　　　　　　　　　　C：1

【例 4-34】 ROR A

指令执行前　　　　　　　　　　　指令执行后

累加器 A：7F B000 1235　　　　累加器 A：00 5800 091A

C：0　　　　　　　　　　　　　　C：1

【例 4-35】 SFTA A，-5，B

指令执行前　　　　　　　　　　　指令执行后

累加器 A：FF 8765 0055　　　　累加器 A：FF 8765 0055

累加器 B：00 4321 1234　　　　累加器 B：FF FC3B 2802

C：×　　　　　　　　　　　　　　C：1

SXM：1　　　　　　　　　　　　SXM：1

【例 4-36】 SFTC A

指令执行前　　　　　　　　　　　指令执行后

累加器 A：FF FFFF F001　　　　累加器 A：FF FFFF E002

TC：×　　　　　　　　　　　　　TC：0

【例 4-37】 SFTL A，-5，B

指令执行前　　　　　　　　　　　指令执行后

累加器 A：FF 8765 0055　　　　累加器 A：FF 8765 0055

累加器 B：00 8000 0000　　　　累加器 B：00 043B 2802

C：0　　　　　　　　　　　　　　C：1

5. 测试操作指令

C54x 共有 5 条测试操作指令，指令的功能如表 4-15 所示。

表 4-15   测试操作指令的功能

序号	指令	功能	说明	字数/指令周期数
1	BIT Xmem, BITC	TC = Xmem(15 − BITC)	测试指定位	1/1
2	BITF Smem, #lk	TC = (Smem & #lk)	测试由立即数指定的位域	2/2
3	BITT Smem	TC = Smem(15 − T(3 ~ 0))	测试由 T 寄存器指定的位	1/1
4	CMPM Smem, #lk	TC = (Smem = #lk)	比较 Smem 中的操作数与长立即数 1k 是否相等	2/2
5	CMPR CC, ARx	Compare ARx with AR0	根据条件代码 CC, 将指定的 ARx 与 AR0 比较	1/1

（1）BIT

指令格式：BIT Xmem, BITC

操作数：Xmem——双数据存储操作数

  BITC——测试位的位代码，取值范围：0 ~ 15

指令功能：(Xmem(15 − BITC))→TC

功能说明：将 Xmem 的指定位复制到 TC 位。表 4-16 列出了对应于 Xmem 每一位的位代码。从表 4-16 中可以知道，位代码对应于 BITC，而位地址对应于（15 − BITC）。结果影响状态标志位 TC。

表 4-16   BIT 指令的位代码

位地址 (Bit Address)	位代码 (Bit Code)	位地址 (Bit Address)	位代码 (Bit Code)
(LSB) 0	1111	8	0111
1	1110	9	0110
2	1101	10	0101
3	1100	11	0100
4	1011	12	0011
5	1010	13	0010
6	1001	14	0001
7	1000	(MSB) 15	0000

【例 4-38】   BIT *AR5 +, 3

  指令执行前   指令执行后

AR5：0100   AR5：0101

TC：0   TC：1

数据存储器：   数据存储器：

  0100H：7688   0100H：7688

（2）BITF

指令格式：BITF Smem, #lk

操作数：Smem——单数据存储操作数

  #lk——16 位长立即数

指令功能：If ((Smem) AND lk) = 0   Then 0→TC

  Else   1→TC

功能说明：测试 Smem 中由 1k 指定的某些位。若指定的测试位为 0，则 TC = 0；否则，TC = 1。lk 在测试指定位中起屏蔽作用。

【例 4-39】 `BITF @5, #00FFH`

指令执行前   指令执行后

TC：×   TC：0
DP：004   DP：004
数据存储器：   数据存储器：
    0205H：5400   0205H：5400

（3）BITT

指令格式：`BITT Smem`

操作数：Smem——单数据存储操作数

指令功能：`(Smem(15 - T(3 ~ 0)))→TC`

功能说明：将 Smem 的指定位复制到 TC 中。所用位代码和位地址表格见表 4-16。T 寄存器的低 4 位 T(3 ~ 0) 用于确定测试位的位代码，15 - T(3 ~ 0) 对应于位地址。

【例 4-40】 `BITT *AR7 + 0`

指令执行前   指令执行后

T：C   T：C
TC：0   TC：1
AR0：0008   AR0：0008
AR7：0100   AR7：0108
数据存储器：   数据存储器：
    0100H：0008   0100H：0008

（4）CMPM

指令格式：`CMPM Smem,#lk`

操作数：Smem——单数据存储操作数

　　　　　　#lk——16 位长立即数

指令功能：`If  (Smem) = #lk   Then 1→TC`

　　　　　　　`Else  0→TC`

功能说明：比较 Smem 中的操作数与常数 1k 是否相等。若（Smem）= 1k，则 TC = 1；否则，TC = 0。

【例 4-41】 `CMPM *AR4 +, #0404H`

指令执行前   指令执行后

TC：1   TC：0
AR4：0100   AR4：0101
数据存储器：   数据存储器：
    0100H：4444   0100H：4444

（5）CMPR

指令格式：`CMPR CC, ARx`

操作数： CC——条件代码，取值范围：0 ~ 3

ARx——辅助寄存器 AR0 ~ AR7

指令功能： If (cond)   Then 1→TC

Else   0→TC

功能说明： 根据条件代码 CC，将指定的 ARx 与 AR0 比较。若满足条件，则 TC = 1；否则，TC = 0。表 4-17 列出了 CMPR 指令的测试条件和测试代码，其中所有的条件都以无符号操作数的形式参与运算。

表 4-17　CMPR 指令的测试条件与代码

条件（Condition）	条件代码（Condition Code，CC）	说明（Description）
EQ	00	Test if(ARX) = (AR0)
LT	01	Test if(ARX) < (AR0)
GT	10	Test if(ARX) > (AR0)
NEQ	11	Test if(ARX) ≠ (AR0)

【例 4-42】　CMPR 2，AR4

指令执行前　　　　　　　　　　　　指令执行后

TC：1　　　　　　　　　TC：0

AR0：EFFF　　　　　　　AR0：EFFF

AR4：7FFF　　　　　　　AR4：7FFF

4.3.3　程序控制指令

C54x 的程序控制指令共有 31 条，可分为 7 类：分支转移指令、子程序调用指令、中断指令、返回指令、重复操作指令、堆栈操作指令以及其他程序控制指令。

1. 分支转移指令

C54x 共有 6 条分支转移指令，可实现无条件转移、有条件转移和长转移等，指令的功能如表 4-18 所示。

表 4-18　分支转移指令的功能

序号	指令	功能	说明	字数/指令周期数
1	B[D]pmad	PC = pmad(15 ~ 0)	无条件分支转移	2/4[2※]
2	BACC[D]src	PC = src(15 ~ 0)	根据累加器的值转移	1/6[4※]
3	BANZ[D]pmad, Sind	If((ARx)≠0) Then PC = pmad Else PC = (PC) + 2	若当前 ARx≠0，则 pmad 的值赋给 PC；否则，PC 值加 2	2/4#[2§/2※]
4	BC[D]pmad, cond [, cond[, cond]]	If(cond(s)) Then PC = pmad Else PC = (PC) + 2	若满足特定条件，则 pmad 的值赋给 PC；否则，PC 值加 2	2/5#[3§/3※]
5	FB[D]extpmad	PC = extpmad(15 ~ 0) XPC = extpmad(22 ~ 16)	将 extpmad 的第 22 ~ 16 位确定的程序页号赋给 XPC，extpmad 的第 15 ~ 0 位赋给 PC，从而实现长跳转	2/4 [2※]
6	FBACC[D]src	PC = src(15 ~ 0) XPC = src(22 ~ 16)	将 src 的第 22 ~ 16 位程序页号赋给 XPC，src 的 15 ~ 0 位赋给 PC，实现长跳转	1/6 [4※]

注：※—延迟指令；#—条件成立；§—条件不成立。

（1）B[D]

指令格式： B[D]pmad

操作数： pmad——立即数表示的程序存储器地址。取值范围：0~65 535

指令功能： pmad(15~0)→PC

功能说明： 将 pmad 指定的程序存储器地址赋给 PC，实现分支转移。

注意： 若指令带后缀 D，则表示延迟方式，紧随该指令的两条单字指令或一条双字指令先被取出执行，然后程序再转移。该指令不能循环执行。

【例 4-43】 B 2000H
　　　　　　　指令执行前　　　　　　　　　　　指令执行后

PC：1F45　　　　　　　　　　PC：2000

（2）BACC[D]

指令格式： BACC[D] src

操作数： src——累加器 A 或 B

指令功能： src（15~0）→PC

功能说明： 由 src 低 16 位所确定的地址赋给 PC。

注意： 若指令带后缀 D，则为延迟方式，紧随该指令的两条单字指令或一条双字指令先取出执行，然后程序再转移。该指令不能循环执行。

【例 4-44】 BACCD B
　　　　　　　ANDM #4444H, *AR1 +
　　　　　　　指令执行前　　　　　　　　　　　指令执行后

累加器 B：00 0000 2000　　　累加器 B：00 0000 2000

PC：1F45　　　　　　　　　　PC：2000

程序执行流程为：先执行第二条语句，然后程序再从 2000H 单元继续执行。

（3）BANZ[D]

指令格式： BANZ[D]pmad,Sind

操作数： Sind——单间接寻址操作数
　　　　　　pmad——程序存储器地址

指令功能： If ((ARx)≠0)　Then pmad→PC
　　　　　　Else　(PC) +2→PC

功能说明： 若当前 ARx≠0，则 pmad 的值赋给 PC；否则，PC 值加 2。

注意： 带后缀 D 表示延迟方式，紧随该指令的两条单字指令或一条双字指令先取出执行，然后程序再转移。该指令不能循环执行。

【例 4-45】 BANZ 2000H, *AR3 -
　　　　　　　指令执行前　　　　　　　　　　　指令执行后

PC：1000　　　　　　　　　　PC：2000

AR3：0005　　　　　　　　　AR3：0004

（4）BC[D]

指令格式： BC[D]　pmad,cond[,cond[,cond]]

操作数：pmad——程序存储器地址

指令功能：If (cond(s))　Then　pmad→PC

　　　　　　Else　(PC)+2→PC

功能说明：若满足特定条件，则 pmad 的值赋给 PC；否则，PC 值加2。

注意：带后缀 D 表示延迟方式，紧随该指令的两条单字指令或一条双字指令先取出执行，且不影响测试的条件，然后程序再转移。该指令不能循环执行。表4-19列出了指令可能对应的各种条件。其中，当测试条件为 OV 或 NOV 时，结果影响 OVA 和 OVB。

表4-19　指令对应的各种条件

条件	说明	条件代码	条件	说明	条件代码
BIO	BIO 引脚为低电平	0000 0011	NBIO	BIO 引脚为高电平	0000 0010
C	C = 1	0000 1100	NC	C = 0	0000 1000
TC	TC = 1	0011 0000	NTC	TC = 0	0010 0000
AEQ	(A) = 0	0100 0101	BEQ	(B) = 0	0100 1101
ANEQ	(A) ≠ 0	0100 0100	BNEQ	(B) ≠ 0	0100 1100
AGT	(A) > 0	0100 0110	BGT	(B) > 0	0100 1110
AGEQ	(A) ≥ 0	0100 0010	BGEQ	(B) ≥ 0	0100 1010
ALT	(A) < 0	0100 0011	BLT	(B) < 0	0100 1011
ALEQ	(A) ≤ 0	0100 0111	BLEQ	(B) ≤ 0	0100 1111
AOV	累加器 A 溢出	0111 0000	BOV	累加器 B 溢出	0111 1000
ANOV	累加器 A 未溢出	0110 0000	BNOV	累加器 B 未溢出	0110 1000
UNC	无条件执行	0000 0000			

指令可以同时对1个、2个或3个条件进行测试。在进行多条件（2个或3个）测试时，这些条件只能是表4-19所示的同组但不同类的条件。表4-19中各种条件的分组及分类情况如表4-20所示。例如，因为 TC、C 和 BIO 同组不同类，所以可以同时测试 TC、C 和 BIO，但不能同时测试 NTC、C 和 NC。

表4-20　测试条件的分组及分类

组1		组2		
A 类	B 类	A 类	B 类	C 类
EQ	OV	TC	C	BIO
NEQ	NOV	NTC	NC	NBIO
LT				
LEQ				
GT				
GEQ				

【例4-46】　BC 2000H，AGT

　　　　　　指令执行前　　　　　　　　　指令执行后

累加器 A：00 0000 0053　　　累加器 A：00 0000 0053

PC：1000　　　　　　　　　　PC：2000

(5) FB[D]

指令格式：FB[D]　extpmad

操作数：extpmad——23 位立即数表示的程序存储器地址，取值范围：0 ~ 7F FFFFH

指令功能：(extpmad(15 ~ 0))→PC,(extpmad(22 ~ 16))→XPC

功能说明：将 extpmad 的高 7 位确定的程序页号赋给 XPC，extpmad 的低 16 位赋给 PC，从而实现长跳转。

注意：带后缀 D 表示延迟方式，紧随该指令的两条单字指令或一条双字指令先取出执行，然后程序再转移。该指令不能循环执行。

【例 4-47】 FB 012000H

指令执行前	指令执行后
PC：1000	PC：2000
XPC：00	XPC：01

(6) FBACC[D]

指令格式：FBACC[D] src

操作数：src——累加器 A 或 B

指令功能：$(src(15 \sim 0)) \rightarrow PC,(src(22 \sim 16)) \rightarrow XPC$

功能说明：将 src 的高 7 位赋给 XPC，src 的低 16 位赋给 PC，从而实现长跳转。

注意：带后缀 D 表示延迟方式，紧随该指令的两条单字指令或一条双字指令先取出执行，然后程序再转移。该指令不能循环执行。

【例 4-48】 FBACC A

指令执行前	指令执行后
累加器 A：00 0001 2000	累加器 A：00 0001 2000
PC：1000	PC：2000
XPC：00	XPC：01

2. 子程序调用指令

C54x 共有 5 条子程序调用指令，可实现子程序的无条件调用、有条件调用和长调用等，并具有延时操作，指令的功能如表 4-21 所示。

表 4-21　子程序调用指令的功能

序号	指令	功能	说明	字数/指令周期数
1	CALA[D]src	PC = src(15~0)	按累加器规定的地址调用子程序	1/6[4※]
2	CALL[D]pmad	PC = pmad(15~0)	无条件调用子程序	2/4[2※]
3	CC[D]pmad,cond [,cond[,cond]]	If(cond(s)) SP = (SP) - 1 TOS = (PC) + 2 PC = pmad(15~0)	有条件调用子程序	2/5#[3§/3※]
4	FCALA[D]src	SP = (SP) - 1 PC = src(15~0) XPC = src(22~16)	按累加器规定的地址长调用子程序	1/6[4※]
5	FCALL[D]extpmad	SP = (SP) - 1 PC = extpmad(15~0) XPC = extpmad(22~16)	无条件长调用子程序	2/4 [2※]

注：※—延迟指令；#—条件成立；§—条件不成立。

(1) CALA[D]

指令格式：CALA[D] src

操作数：src——累加器 A 或 B

指令功能：若非延时，(SP) -1→SP，(PC) +1→TOS(堆栈顶部)，src(15~0)→PC

若延时，(SP) -1→SP，(PC) +3→TOS(堆栈顶部)，src(15~0)→PC

功能说明：首先将返回的地址压入栈顶保存，然后将 src 的低 16 位赋给 PC，实现子程序调用。

注意：带后缀 D 表示延迟方式，紧随该指令的两条单字指令或一条双字指令先取出执行，然后程序再转移。该指令不能循环执行。

【例 4-49】 CALA A

     指令执行前   指令执行后

累加器 A：00 0000 2000 累加器 A：00 0000 2000

PC：0025   PC：2000

SP：1111   SP：1110

数据存储器：   数据存储器：

 1110H：4567   1110H：0026

(2) CALL[D]

指令格式：CALL[D] pmad

操作数：pmad——程序存储器地址

指令功能：若非延时，(SP) -1→SP,(PC) +2→TOS(堆栈顶部),pmad→PC

若延时，(SP) -1→SP,(PC) +4→TOS(堆栈顶部),pmad→PC

功能说明：首先将返回的地址压入栈顶保存，然后将 pmad 的值赋给 PC，实现子程序调用。

注意：带后缀 D 表示延迟方式，紧随该指令的两条单字指令或一条双字指令先取出执行，然后程序再转移。该指令不能循环执行。

【例 4-50】 CALL 2000H

     指令执行前   指令执行后

PC：0025   PC：2000

SP：1111   SP：1110

数据存储器：   数据存储器：

 1110H：4567   1110H：0027

(3) CC[D]

指令格式：CC[D] pmad, cond[, cond[, cond]]

操作数：pmad——程序存储器地址

指令功能：若非延时，If (cond(s)) Then (SP) -1→SP,(PC) +2→TOS(堆栈顶部),

      pmad→PC Else (PC) +2→PC

若延时，If (cond(s)) Then (SP) -1→SP,(PC) +4→TOS(堆栈顶部),

      pmad→PC Else (PC) +2→PC

功能说明：若满足指定的条件，则将返回地址压入栈顶，将 pmad 的值赋给 PC，实现子程序调用。若不满足条件，则 PC 加 2。

注意： 带后缀 D 表示延迟方式，紧随该指令的两条单字指令或一条双字指令先取出执行，且不会影响测试的条件，然后程序再转移。该指令可以测试多个条件，条件代码及对应的条件见表 4-19，条件的分组及分类情况见表 4-20。当测试条件为 OV 或 NOV 时，指令执行结果影响 OVA 或 OVB。该指令不能循环执行。

【例 4-51】 CC 2000H, AGT

指令执行前   指令执行后

累加器 A：00 0000 3000 累加器 A：00 0000 3000

PC：0025   PC：2000

SP：1111   SP：1110

数据存储器：   数据存储器：

  1110H：4567   1110H：0027

（4）FCALA[D]

指令格式： FCALA[D] src

操作数： src——累加器 A 或 B

指令功能： 若非延时，(SP)-1→SP,(PC)+1→TOS(堆栈顶部),(SP)-1→SP
     (XPC)→TOS(堆栈顶部),(src(15~0))→PC,(src(22~16))→XPC

     若延时，(SP)-1→SP,(PC)+3→TOS(堆栈顶部),(SP)-1→SP
     (XPC)→TOS(堆栈顶部),(src(15~0))→PC,(src(22~16))→XPC

功能说明： 先将返回地址 PC、XPC 压入栈顶，然后将 src 的低 16 位值赋给 PC，高 7 位值赋给 XPC。

注意： 带后缀 D 表示延迟方式，紧随该指令的两条单字指令或一条双字指令先取出执行，然后程序再转移。该指令不能循环执行。

【例 4-52】 FCALA A

指令执行前   指令执行后

累加器 A：00 007F 2000 累加器 A：00 007F 2000

PC：0025   PC：2000

XPC：00   XPC：7F

SP：1111   SP：110F

数据存储器：   数据存储器：

  1110H：4567   1110H：0026

  110FH：4567   110FH：0000

（5）FCALL[D]

指令格式： FCALL[D] extpmad

操作数： extpmad——23 位立即数表示的程序存储器地址，取值范围 0~7FFFFFH

指令功能： 若非延时，(SP)-1→SP,(PC)+2→TOS(堆栈顶部),(SP)-1→SP(XPC)→
     TOS(堆栈顶部),(extpmad(15~0))→PC,(extpmad(22~16))→XPC

     若延时，(SP)-1→SP,(PC)+4→TOS(堆栈顶部),(SP)-1→SP(XPC)→
     TOS(堆栈顶部),(extpmad(15~0))→PC,(extpmad(22~16))→XPC

功能说明： 先将返回地址 PC、XPC 压入栈顶，然后将 extpmad 的低 16 位赋给 PC，高 7

位赋给 XPC，从而实现长调用。

注意：带后缀 D 表示延迟方式，紧随该指令的两条单字指令或一条双字指令先取出执行，然后程序再转移。该指令不能循环执行。

【例 4-53】 FCALL 012000H

指令执行前   指令执行后

PC：0025   PC：2000

XPC：00   XPC：01

SP：1111   SP：110F

数据存储器：   数据存储器：

    1110H：4567   1110H：0027

    110FH：4567   110FH：0000

3. 中断指令

C54x 共有两条中断指令，指令的功能如表 4-22 所示。

表 4-22　中断指令的功能

序号	指令	功能	说明	字数/指令周期数
1	INTR K	SP = SP − 1 PC = IPTR + K << 2 INTM = 1	不可屏蔽的软件中断 关闭其他可屏蔽中断	1/3
2	TRAP K	SP = SP − 1 PC = IPTR + K << 2	不可屏蔽的软件中断，不影响 INTM 位	1/3

（1）INTR

指令格式：INTR　K

操作数：K——小于 9 位的短立即数

指令功能：(SP) − 1→SP，(PC) + 1→TOS，由立即数 K 所指向的中断向量地址→PC，1→INTM

功能说明：首先将 PC 值压入栈顶，然后将 K 所确定的中断向量地址赋给 PC，执行该中断服务子程序。中断标志寄存器 IFR 对应位清 0 且状态寄存器 ST1 中的中断方式控制位置 1（INTM = 1）。该指令允许用户使用应用软件来执行任何中断服务子程序。

注意：中断屏蔽寄存器 IMR 不会影响 INTR 指令，并且不管 INTM 的取值如何，INTR 指令都能执行。该指令不能循环执行。

【例 4-54】 INTR 3

指令执行前   指令执行后

PC：0025   PC：FF8C

INTM：0   INTM：1

IPTR：01FF   IPTR：01FF

SP：1000   SP：0FFF

数据存储器：   数据存储器：

    0FFFH：9653   0FFFH：0026

说明：

- **IPTR：**中断向量指针，用来指示中断向量所驻留的 128 字程序存储空间的位置。位于处理器工作模式状态寄存器 PMST 的第 15～7 位，复位值：01FF。
- 在 C54x 中，中断向量地址由处理器工作模式状态寄存器 PMST 中的 IPTR（中断向量指针，9 位）和左移两位后的中断向量序号（中断向量序号为 0～31，即 5 位，左移两位后变成 7 位）组成。地址形成过程可参见本书 5.3 节的内容。

（2）TRAP

指令格式： TRAP　K

操作数： K——小于 9 位的短立即数

指令功能： (SP) −1→SP,(PC) +1→TOS，由立即数 K 所指向的中断向量地址→PC

功能说明： 首先将 PC 值压入栈顶，然后将 K 所确定的中断向量地址赋给 PC，执行中断服务子程序。该指令是非屏蔽的，不受状态寄存器 ST1 的中断方式控制位（INTM）影响也不影响 INTM。该指令不能重复执行。

【例 4-55】 TRAP 10H

指令执行前　　　　　　　　　指令执行后

PC：1233　　　　　　　　　PC：FFC0

IPTR：01FF　　　　　　　　IPTR：01FF

SP：03FF　　　　　　　　　SP：03FE

数据存储器：　　　　　　　　数据存储器：

　03FEH：9653　　　　　　　03FEH：1234

4. 返回指令

C54x 共有 6 条返回指令，可实现无条件返回、有条件返回和长返回等，并具有延时操作，指令的功能如表 4-23 所示。

表 4-23　返回指令的功能

序号	指令	功能	说明	字数/指令周期数
1	FRET[D]	XPC = (TOS), SP = (SP) +1 PC = (TOS), SP = (SP) +1	长返回	1/6[4※]
2	FRETE[D]	XPC = (TOS), SP = (SP) +1 PC = (TOS), SP = (SP) +1 INTM = 0	开中断长返回	1/6[4※]
3	RC[D]cond[, cond[, cond]]	If(cond(s)) Then　PC = (TOS) 　　　　SP = (SP) +1 Else　PC = (PC) +1	条件返回	1/5#[3§/3※]
4	RET[D]	PC = (TOS), SP = (SP) +1	返回	1/5[3※]
5	RETE[D]	PC = (TOS), SP = (SP) +1 INTM = 0	开中断返回	1/5[3※]
6	RETF[D]	PC = (RTN), SP = (SP) +1 INTM = 0	开中断快速返回	1/3[1※]

注：※—延迟指令；#—条件成立；§—条件不成立。

（1）FRET［D］

指令格式： FRET［D］

指令功能： (TOS)→XPC,(SP) +1→SP,(TOS)→PC,(SP) +1→SP

功能说明： 先将栈顶单元内数据的低 7 位赋给 XPC。再把堆栈的一个单元内数据的 16 位值赋给 PC，堆栈指针 SP 在每一个操作完成后自动加 1。

注意： 带后缀 D 表示延迟方式，紧随该指令的两条单字指令或一条双字指令先取出执行。该指令不能循环执行。

【例 4-56】 FRET

指令执行前   指令执行后

PC：2112   PC：1000

XPC：01   XPC：05

SP：0300   SP：0302

数据存储器：   数据存储器：

　　0300H：0005   　　0300H：0005

　　0301H：1000   　　0301H：1000

（2）FRETE［D］

指令格式： FRETE［D］

指令功能： (TOS)→XPC,(SP) +1→SP,(TOS)→PC,(SP) +1→SP,0→INTM

功能说明： 先将栈顶单元内数据的低 7 位赋给 XPC。再将堆栈下一个单元内数据的 16 位值赋给 PC，程序从中断前位置继续执行。该指令自动将状态寄存器 ST1 的中断方式控制位（INTM）清零，允许中断。

注意： 带后缀 D 表示延迟方式，紧随该指令的两条单字指令或一条双字指令先取出执行。该指令不能循环执行。

【例 4-57】 FRETE

指令执行前   指令执行后

PC：2112   PC：0110

XPC：05   XPC：6E

ST1：×C××   ST1：×4××

SP：0300   SP：0302

数据存储器：   数据存储器：

　　0300H：006E   　　0300H：006E

　　0301H：0110   　　0301H：0110

（3）RC［D］

指令格式： RC［D］cond［, cond［, cond］］

指令功能： If (cond(s)) Then (TOS)→PC,(SP) +1→SP

　　　　　　　Else (PC) +1→PC

功能说明： 若满足条件，存放在栈顶的数据弹出到 PC 中，堆栈指针 SP 加 1，从而实现返回。若不满足条件，只执行 PC 加 1。

注意：带后缀 D 表示延迟方式，紧随该指令的两条单字指令或一条双字指令先取出执行，且它们不会影响测试的条件。该指令可以对多个条件进行测试，表 4-19 和表 4-20 列出了各种条件及其分组情况。

【例 4-58】　RC AGEQ, ANOV

指令执行前	指令执行后
累加器 A：00 007F 3000	累加器 A：00 007F 3000
PC：0807	PC：2002
OVA：0	OVA：0
SP：0308	SP：0309
数据存储器：	数据存储器：
0308H：2002	0308H：2002

（4）RET［D］

指令格式： RET［D］

指令功能： (TOS)→PC，(SP) +1→SP

功能说明： 栈顶的 16 位数据弹出到 PC 中，程序从这个地址继续执行，堆栈指针 SP 加 1。

注意：带后缀 D 表示延迟方式，紧随该指令的两条单字指令或一条双字指令先取出执行。该指令不能循环执行。

【例 4-59】　RET

指令执行前	指令执行后
PC：2112	PC：1000
SP：0300	SP：0301
数据存储器：	数据存储器：
0300H：1000	0300H：1000

（5）RETE［D］

指令格式： RETE［D］

指令功能： (TOS)→PC，(SP) +1→SP，0→INTM

功能说明： 栈顶 16 位数据弹出到 PC 中，程序从这个地址继续执行，堆栈指针 SP 加 1。指令同时将状态寄存器 ST1 的中断方式控制位（INTM）自动清 0，允许产生中断。

注意：带后缀 D 表示延迟方式，紧随该指令的两条单字指令或一条双字指令先取出执行。该指令不能循环执行。

【例 4-60】　RETE

指令执行前	指令执行后
PC：01C3	PC：0110
SP：2001	SP：2002
ST1：×C××	ST1：×4××
数据存储器：	数据存储器：
2001H：0110	2001H：0110

（6）RETF[D]

指令格式：RETF[D]

指令功能：(RTN)→PC,(SP)+1→SP,0→INTM

功能说明：将快速返回寄存器 RTN 中的内容赋给 PC，然后 SP 加 1。RTN 中保存中断服务子程序的返回地址，因此，该指令的返回地址是在返回时得到的，而不是从堆栈顶部取出的，这样可以实现快速返回。同时，指令自动对状态寄存器 ST1 的中断方式控制位（INTM）清 0。

注意：带后缀 D 表示延迟方式，紧随该指令的两条单字指令或一条双字指令先取出执行。只有在该中断服务子程序执行期间没有调用且没有执行其他中断子程序时才能使用该指令。

【例 4-61】 RETF

指令执行前   指令执行后

PC：01C3   PC：0110

SP：2001   SP：2002

ST1：×C××   ST1：×4××

RTN：0110   RTN：0110

数据存储器：   数据存储器：

    2001H：0110   2001H：0110

5. 重复操作指令

重复操作指令可以使紧随其后的一条指令或一个程序块重复执行，分别称为单指令重复和程序块重复。C54x 共有 5 条重复操作指令，指令的功能如表 4-24 所示。

表 4-24　重复操作指令的功能

序号	指令	功能	说明	字数/指令周期数
1	RPT Smem	重复单次，RC = Smem	重复执行下一条指令（Smem）+1 次	1/1
2	RPT #K	重复单次，RC = #K	重复执行下一条指令 K + 1 次	1/1
3	RPT #lk	重复单次，RC = #lk	重复执行下一条指令 lk + 1 次	2/2
4	RPTB[D]pmad	块重复，RSA = PC + 2[4] REA = pmad，BRAF = 1	重复执行程序块的起始地址为 PC + 2[4]，结束地址为 pmad	2/4[2※]
5	RPTZ dst, #lk	重复单次，RC = #lk，dst = 0	累加器清零，然后重复执行下一条指令 lk + 1 次	2/2

注：※—延迟指令。

指令说明：

1）单指令重复（包括表 4-24 中第 1、2、3 条指令）。重复次数 n 由 Smem、常数 K 或 lk 确定，并放入重复计数器 RC 中，这样紧接着的下一条指令将重复执行 $n + 1$ 次。该指令不能循环执行，也就是说不能循环嵌套。

2）块重复指令（表中第 4 条指令）。重复次数由块重复计数器 BRC 确定，BRC 必须在指令执行前载入。当执行指令时，块重复起始地址寄存器 RSA 载入 PC + 2（当有 D 后缀时为 PC + 4），块重复尾地址寄存器 REA 中载入 pmad。也就是说，该指令执行前一定要有一个为 BRC 赋值的操作，这样，该重复块将重复执行 BRC - 1 次。

块重复在执行过程中可以中断，为了保证重复能够正确执行，中断时必须要保存 BRC、RSA 和 REA 寄存器且正确设置块重复操作标志位 BRAF。如果是延时方式，则紧跟着该指令的两条单字节指令或一条双字节指令先取出执行。注意，块重复可以通过将 BRAF 清零来终止，并且该指令不能循环执行。指令执行结果将影响 BRAF。

3）表中第 5 条指令。dst 清零且执行下一条指令 lk + 1 次，其中常数 lk 存放在重复计数器 RC 中。

单指令重复功能可以用于乘法 – 累加、块移动等指令，以增加指令的执行速度。在重复指令第一次重复之后，有些多周期指令就会有效地成为单周期指令。可以通过重复指令由多周期变为单周期的指令共有 11 条，如表 4-25 所示。

表 4-25　由重复指令变为单周期的指令

序号	指令	功能说明	周期
1	FIRS	对称 FIR 滤波	3
2	MACD	带延迟的乘法，并将乘积加到累加器	3
3	MACP	乘法，并将乘积加到累加器	3
4	MVDK	在数据存储器之间传送数据	2
5	MVDM	把数据存储器中的数据传送至 MMR	2
6	MVDP	把数据存储器中的数据传送至程序存储器	4
7	MVKD	在数据存储器之间传送数据	2
8	MVMD	把 MMR 中的数据传送至数据存储器	2
9	MVPD	把程序存储器中的数据传送至数据存储器	3
10	READA	以 A 的内容为地址读程序存储器，并传送至数据存储器	5
11	WRITA	将数据存储器中的数据传送到以 A 为地址的程序存储器中	5

利用长偏移（长转移、长调用、长返回等）寻址或绝对寻址都不能使用单指令重复的指令，统称为不可重复指令。C54x 共有 36 条不可重复指令，包括 4 种类型：算术运算指令（1 条）、逻辑运算指令（4 条）、程序控制指令（26 条）和数据传送指令（5 条），不可重复指令如表 4-26 所示。

表 4-26　不可重复执行的指令

指令	指令	指令	指令
ADDM	CMPR	LD ARP	RND
ANDM	DST	LD DP	RPT
B[D]	FB[D]	MVMM	RPTB[D]
BACC[D]	FBACC[D]	ORM	RPTZ
BANZ[D]	FCALA[D]	RC[D]	RSBX
BC[D]	FCALL[D]	RESET	SSBX
CALA[D]	FRETE[D]	RET[D]	TRAP
CALL[D]	IDEL	RETE[D]	XC
CC[D]	INTR	RETF[D]	XORM

6. 堆栈操作指令

C54x 共有 5 条堆栈操作指令，可对系统堆栈进行管理，实现数据的进栈和出栈，指令的功能如表 4-27 所示。

表 4-27　堆栈操作指令的功能

序号	指令	功能	说明	字数/指令周期数
1	FRAME K	SP = (SP) + K	堆栈指针偏移一个立即数	1/1
2	POPD Smem	Smem = (TOS) SP = (SP) +1	数据从栈顶弹出至数据存储器中，然后 SP 加 1	1/1
3	POPM MMR	MMR = (TOS),SP = (SP) +1	数据从栈顶弹出至 MMR 中，然后 SP 加 1	1/1
4	PSHD Smem	SP = (SP) −1,TOS = Smem	SP 减 1 后，将数据压入堆栈	1/1
5	PSHM MMR	SP = (SP) −1,TOS = MMR	SP 减 1 后，将 MMR 的内容压入堆栈	1/1

（1）FRAME

指令格式：FRAME　K

操作数：K——9 位短立即数，取值范围：−128 ~ 127

指令功能：(SP) + K→SP

操作数：Smem——单数据存储操作数

功能说明：将短立即数偏移量 K 加到 SP 中。

【例 4-62】　FRAME 10H

指令执行前　　　　　　　　　　指令执行后

SP：1000　　　　　　　　　　SP：1010

（2）POPD

指令格式：POPD　Smem

操作数：Smem——单数据存储操作数

指令功能：(TOS)→Smem,(SP) +1→SP

功能说明：把由 SP 寻址的数据存储器单元中的内容复制到由 Smem 确定的数据存储器单元中，然后 SP 加 1。

【例 4-63】　POPD @10

指令执行前　　　　　　　　　指令执行后

DP：008　　　　　　　　DP：008

SP：0300　　　　　　　SP：0301

数据存储器：　　　　　　数据存储器：

　　0300H：0092　　　　　　0300H：0092

　　040AH：0055　　　　　　040AH：0092

（3）POPM

指令格式：POPM　MMR

操作数：MMR——存储器映像寄存器

指令功能：(TOS)→MMR,(SP) +1→SP

功能说明：由 SP 寻址的数据存储器单元中的内容复制到 MMR 中，然后 SP 加 1。

【例 4-64】　POPM AR5

指令执行前　　　　　　　　　　指令执行后

AR5：0055　　　　　　　AR5：0060

SP：03F0　　　　　　　SP：03F1

数据存储器：　　　　　　　　　　数据存储器：

　　03F0H：0060　　　　　　　　　　03F0H：0060

（4）PSHD

指令格式： PSHD　Smem

操作数： Smem——单数据存储操作数

指令功能： (SP) −1→SP,Smem→TOS

功能说明： SP 减 1 操作后，将存储单元 Smem 的内容压入 SP 指向的数据存储单元。

【例 4-65】　PSHD *AR3 +

　　　　　　　指令执行前　　　　　　　　　　指令执行后

AR3：0200　　　　　　　　　　AR3：0201

SP：8000　　　　　　　　　　SP：7FFF

　数据存储器：　　　　　　　　　数据存储器：

　　0200H：07FF　　　　　　　　　　0200H：07FF

　　7FFFH：0092　　　　　　　　　　7FFFH：07FF

（5）PSHM

指令格式： PSHM　MMR

操作数： MMR——存储器映像寄存器

指令功能： (SP) −1→SP,MMR→TOS

功能说明： SP 减 1 操作后，将 MMR 的内容压入 SP 指向的数据存储单元。

【例 4-66】　PSHM BRC

　　　　　　　指令执行前　　　　　　　　　　指令执行后

BRC：1234　　　　　　　　　　BRC：1234

SP：2000　　　　　　　　　　SP：1FFF

　数据存储器：　　　　　　　　　数据存储器：

　　1FFFH：07FF　　　　　　　　　　1FFFH：1234

7. 其他程序控制指令

C54x 共有 7 条这类程序控制指令，指令的功能如表 4-28 所示。

表 4-28　其他程序控制指令的功能

序号	指令	功能	说明	字数/指令周期数
1	IDLE K	PC = (PC) +1，K =1，2，3	保持空闲状态至中断产生	1/4
2	MAR Smem	根据 CMPT 的不同取值及当前寄存器是否为 AR0 而采取不同的操作	修改由 Smem 所确定的辅助寄存器的内容	1/1
3	NOP	不进行操作	空操作	1/1
4	RESET	软复位	指令实现非屏蔽的 PMST、ST0 和 ST1 复位	1/3
5	RSBX N, SBIT	STN(SBIT) = 0	状态寄存器的特定位清 0	1/1
6	SSBX N, SBIT	STN(SBIT) = 1	状态寄存器的特定位置 1	1/1
7	XC n, cond [, cond[, cond]]	If(cond) 紧接着 n 条指令执行 Else 紧接着执行 n 条 NOP 指令	有条件执行	1/1

（1）IDLE

指令格式：IDLE　K

操作数：K——短立即数，取值：1，2，3

指令功能：(PC)+1→PC

功能说明：强迫程序执行等待操作直到产生非屏蔽中断或复位操作。PC 值加 1，芯片保持空闲状态（低功耗模式）直至中断产生。即使状态寄存器 ST1 的中断方式控制位 INTM =1，只要出现非屏蔽中断，DSP 也退出空闲状态。不管 INTM 的取值如何，中断都通过中断屏蔽寄存器（IMR）使能。此时，若 INTM =1，程序继续执行紧接着 IDLE 指令；若 INTM =0，程序跳转到相应的中断服务子程序。该指令不能循环执行。整数 K 的取值在 1 ~ 3 之间，K 的不同取值确定了能让系统从空闲状态中释放的中断类型。

- K =1，诸如定时器和串口等外围设备在空闲状态时仍然有效。外设中断、复位以及外部中断使 DSP 从空闲状态释放出来。
- K =2，诸如定时器和串口等外围设备在空闲状态时无效。复位以及外部中断使 DSP 从空闲状态释放出来。由于在通常的设备操作时，中断在空闲状态无法锁存，因此中断必须持续几个周期的低脉冲才响应。
- K =3，诸如定时器和串口等外围设备在空闲状态时无效，锁相环（PLL）停止。复位以及外部中断使 DSP 从空闲状态释放出来。由于在通常的设备操作时，中断在空闲状态无法锁存，因此中断必须持续几个周期的低脉冲才响应。

【例 4-67】　　IDLE 1;DSP 保持空闲状态直至复位或非屏蔽中断产生。

　　　　　　　　IDLE 2;DSP 保持空闲状态直至复位或外部非屏蔽中断产生。

　　　　　　　　IDLE 3;DSP 保持空闲状态直至复位或外部非屏蔽中断产生。

（2）MAR

指令格式：MAR　Smem

操作数：Smem——单数据存储操作数

功能说明：修改由 Smem 所确定的辅助寄存器的内容。

　　　　　　当 CMPT =0 时，只修改 ARx 的内容，不修改 ARP。

　　　　　　当 CMPT =1 时，若当前 ARx 为 AR0，则修改 ARx 的内容，但不修改 ARP。

　　　　　　　　　　　　若当前 ARx 非 AR0，则修改 ARx 的内容，然后 x→ARP。

【例 4-68】　　MAR *AR0 -

　　　　　　指令执行前　　　　　　　　　　指令执行后

CMPT：1　　　　　　　　　　　　CMPT：1

ARP：4　　　　　　　　　　　　ARP：4

AR4：0100　　　　　　　　　　　AR4：00FF

【例 4-69】　　MAR *AR3 -

　　　　　　指令执行前　　　　　　　　　　指令执行后

CMPT：1　　　　　　　　　　　　CMPT：1

ARP：0　　　　　　　　　　　　ARP：3

AR3：0100　　　　　　　　　　　AR3：00FF

（3）NOP

指令格式： NOP

功能说明： 除了执行 PC 加 1 外，该指令不执行任何操作。该指令在执行延迟和解决流水线冲突方面常采用。

（4）RESET

指令格式： RESET

功能说明： 实现非屏蔽的 PMST、ST0 和 ST1 复位，重新赋予默认值。这些寄存器中各个状态位的赋值情况为：（IPTR）$<<7\rightarrow$ PC、0→OVA、0→OVB、1→C、1→TC、0→ARP、0→DP、1→SXM、0→ASM、0→BRAF、0→HM、1→XF、0→C16、0→FRCT、0→CMPT、0→CPL、1→INTM、0→IFR、0→OVM。

该指令不受 INTM 指令的影响，但它对 INTM 置位以禁止中断。该指令不能循环执行。该指令所进行的复位和硬件复位（$\overline{\text{RS}}$）对 IPTR 与外设寄存器的设置是有区别的。

【例 4-70】 RESET

　　　　　　　指令执行前　　　　　　　　　　　指令执行后

PC：0025　　　　　　　　　　　PC：0080

INTM：0　　　　　　　　　　　INTM：1

IPTR：1　　　　　　　　　　　IPTR：1

（5）RSBX

指令格式： RSBX　N,SBIT

操作数： N——指明被修改的状态寄存器。当 N = 0 时为 ST0，当 N = 1 时为 ST1。

　　　　　SBIT——表示状态寄存器被修改的位数，即哪一位被修改。取值范围：0~15。

指令功能： 0→STN（SBIT）

功能说明： 对状态寄存器 ST0 和 ST1 的特定位清 0。还有一种方便的方法是直接用状态寄存器的域名作为操作数，此时就不需要 N 和 SBIT。该指令不能循环执行。

【例 4-71】 RSBX　1,8

　　　　　　　指令执行前　　　　　　　　　　　指令执行后

ST1：35CD　　　　　　　　　　ST1：34CD

【例 4-72】 RSBX　SXM

　　　　　　　指令执行前　　　　　　　　　　　指令执行后

ST1：35CD　　　　　　　　　　ST1：34CD

（6）SSBX

指令格式： SSBX　N,SBIT

操作数： N——指明被修改的状态寄存器。当 N = 0 时为 ST0，当 N = 1 时为 ST1。

　　　　　SBIT——表示状态寄存器被修改的位数，即哪一位被修改。取值范围：0~15。

指令功能： 1→STN（SBIT）

功能说明： 对状态寄存器 ST0 和 ST1 的特定位置 1。还有一种方便的方法是直接用状态寄存器的域名作为操作数，此时就不需要 N 和 SBIT。该指令不能循环执行。

【例 4-73】　SSBX　1,8

　　　　　　　　指令执行前　　　　　　　　　　　指令执行后

ST1：34CD　　　　　　　　　　ST1：35CD

【例 4-74】　SSBX　SXM

　　　　　　　　指令执行前　　　　　　　　　　　指令执行后

ST1：34CD　　　　　　　　　　ST1：35CD

（7）XC

指令格式： XC　n,cond[，cond[，cond]]

操作数： n：表示紧接着执行的指令条数，n = 1 或 2。

指令功能： If(cond)　Then 紧接着的 n 条指令执行。

　　　　　　　Else　紧接着执行 n 条 NOP 指令。

功能说明： 若 n = 1 且满足条件，则执行紧随其后的一条单字指令。

　　　　　　　若 n = 2 且满足条件，则执行紧随其后的一条双字指令或两条单字指令。

　　　　　　　若不满足条件，则执行 n 条 NOP 指令。

注意： 条件指表 4-19 和表 4-20 中所列条件及分组。当该指令和紧接着的两个指令字执行时是不能中断的。由于被测试条件是在指令执行之前的两个周期采样，因此，即使该指令前的两条单字指令或一条双字指令修改了条件也不会影响指令的执行。

【例 4-75】　XC 1, ALEQ

　　　　　　　MAR　*AR1 +

　　　　　　　ADD A, 100

　　　　　　　指令执行前　　　　　　　　　　　指令执行后

累加器 A：FF FFFF FFFF　　　累加器 A：FF FFFF FFFF

AR1：0032　　　　　　　　　AR1：0033

　　程序执行流程为：因为 n = 1 且条件满足，所以只执行其后的一条单字指令，不执行其后的第二条求和指令。

4.3.4　数据传送指令

　　数据传送指令用于从存储器中将源操作数传送到目的操作数所指定的存储器中，包括装载指令、存储指令、条件存储指令、并行操作指令以及混合装载和存储指令。

1. 装载指令

　　即取数或赋值指令，用于将源操作数（存储器内容或立即数）按移位数进行移位，将移位结果送入目的操作数指定的寄存器。C54x 共有 21 条装载指令，指令的功能如表 4-29 所示。指令语法格式如下。

指令格式： 操作码　源操作数　[，移位数]，　目的操作数

操作码： DLD、LD、LDM、LDR、LDU、LTD

源操作数： Lmem、Smem、Xmem、#K、#lk、#k9、#k5、#k3、src、MMR

移位数： TS、16、SHIFT、SHFT、ASM

目的操作数： dst、T、DP、ASM、ARP

表 4-29　装载指令功能

序号	指令	功能	说明	字数/指令周期数
1	DLD Lmem, dst	dst = Lmem	用双精度/双 16 位长字（32 位）加载目的累加器	1/1
2	LD Smem, dst	dst = Smem	把数据存储器中的 16 位数据送入目的累加器	1/1
3	LD Smem, TS, dst	dst = Smem << TS	把操作数按 TS 移位, 然后送入目的累加器	1/1
4	LD Smem, 16, dst	dst = Smem << 16	把数据存储器的数据左移 16 位后送入目的累加器	1/1
5	LD Smem[, SHIFT], dst	dst = Smem << SHIFT	把操作数按 SHIFT 移位后送入目的累加器	2/2
6	LD Xmem, SHFT, dst	dst = Xmem << SHFT	把操作数按 SHFT 移位后送入目的累加器	1/1
7	LD #K, dst	dst = #K	把短立即数送入目的累加器	1/1
8	LD #lk[, SHFT], dst	dst = #lk << SHFT	把长立即数移位后送入目的累加器	2/2
9	LD #lk, 16, dst	dst = #lk << 16	把长立即数左移 16 位后送入目的累加器	2/2
10	LD src, ASM[, dst]	dst = src << ASM	把源累加器按 ASM 移位后送入目的累加器	1/1
11	LD src[, SHIFT][, dst]	dst = src << SHIFT	把源累加器 SHIFT 移位后送入目的累加器	1/1
12	LD Smem, T	T = Smem	把操作数送入暂存器 T	1/1
13	LD Smem, DP	DP = Smem(8~0)	把数据存储器的低 9 位数送入 DP	1/3
14	LD # k9, DP	DP = #k9	把 9 位立即数送入 DP	1/1
15	LD #k5, ASM	ASM = #k5	把 5 位立即数送入 ASM	1/1
16	LD #k3, ARP	ARP = #k3	把 3 位立即数送入 ARP	1/1
17	LD Smem, ASM	ASM = Smem(4~0)	把数据存储器的低 5 位数据送入 ASM	1/1
18	LDM MMR, dst	dst = MMR	把 MMR 送入目的累加器	1/1
19	LDR Smem, dst	dst = (Smem) << 16 + 1 << 15	把操作数舍入后送入目的累加器	1/1
20	LDU Smem, dst	dst = uns(Smem)	把无符号数送入目的累加器	1/1
21	LTD Smem	T = Smem (Smem + 1) = Smem	把操作数送入寄存器 T 和当前数据存储单元的下一个单元, 同时, 保持当前数据单元中的数据不变, 并延时	1/1

【例 4-76】　LD *AR1, A

　　　　指令执行前　　　　　　　　指令执行后

累加器 A: 00 0000 0000　　　累加器 A: 00 0000 FEDC

SXM: 0　　　　　　　　　　SXM: 0

AR1：0200

数据存储器：

   0200H：FEDC

AR1：0200

数据存储器：

   0200H：FEDC

【例 4-77】 LD *AR1, A

       指令执行前   指令执行后

累加器 A：00 0000 0000   累加器 A：FF FFFF FEDC

SXM：1   SXM：1

AR1：0200   AR1：0200

数据存储器：   数据存储器：

   0200H：FEDC   0200H：FEDC

【例 4-78】 LD #248, B

       指令执行前   指令执行后

累加器 B：00 0000 0000   累加器 B：00 0000 00F8

SXM：1   SXM：1

【例 4-79】 LDM AR4, A

       指令执行前   指令执行后

累加器 A：00 0000 1111   累加器 A：00 0000 FFFF

AR4：FFFF   AR4：FFFF

【例 4-80】 LDR *AR1, A

       指令执行前   指令执行后

累加器 A：00 0000 0000   累加器 A：00 FEDC 8000

SXM：0   SXM：0

AR1：0200   AR1：0200

数据存储器：   数据存储器：

   0200H：FEDC   0200H：FEDC

【例 4-81】 LDU *AR1, A

       指令执行前   指令执行后

累加器 A：00 0000 0000   累加器 A：00 0000 FEDC

AR1：0200   AR1：0200

数据存储器：   数据存储器：

   0200H：FEDC   0200H：FEDC

【例 4-82】 LTD *AR1

       指令执行前   指令执行后

T：0000   T：6CAC

AR1：0100   AR1：0100

数据存储器：   数据存储器：

   0100H：6CAC   0100H：6CAC

   0101H：××××   0101H：6CAC

2. 存储指令

存储指令用于将源操作数（或立即数）按移位数进行移位后存入目的存储器或寄存器。C54x 共有 14 条存储指令，指令的功能如表 4-30 所示，指令的语法格式如下：

指令格式： 操作码　源操作数　[，移位数]，　目的操作数

操作码： DST、ST、STH、STL、STLM、STM

源操作数： src、T、TRN、#lk

移位数： SHIFT、SHFT、ASM

目的操作数： Lmem、Smem、Xmem、MMR

表 4-30　存储指令的功能

序号	指令	功能	说明	字数/指令周期数
1	DST src, Lmem	Lmem = src	把累加器值存入长字单元	1/2
2	ST T, Smem	Smem = T	把暂存器值存入存储单元	1/1
3	ST TRN, Smem	Smem = TRN	把状态寄存器值存入存储单元	1/1
4	ST #lk, Smem	Smem = #lk	把长立即数存入存储单元	2/2
5	STH src, Smem	Smem = src(31～16)	把累加器高位字存入存储单元	1/1
6	STH src, ASM, Smem	Smem = src(31～16) <<ASM	把累加器高位字移位后存入存储单元	1/1
7	STH src, SHFT, Xmem	Xmem = src(31～16) <<SHFT	把累加器高位字移位后存入存储单元	1/1
8	STH src[, SHIFT], Smem	Smem = src(31－16) <<SHIFT	把累加器高位字移位后存入存储单元	2/2
9	STL src, Smem	Smem = src(15～0)	把累加器低位字存入存储单元	1/1
10	STL src, ASM, Smem	Smem = src(15～0) <<ASM	把累加器低位字移位后存入存储单元	1/1
11	STL src, SHFT, Xmem	Xmem = src(15～0) <<SHFT	把累加器低位字移位后存入存储单元	1/1
12	STL src[, SHIFT], Smem	Smem = src(15～0) <<SHIFT	把累加器低位字移位后存入存储单元	2/2
13	STLM src, MMR	MMR = src(15～0)	把累加器低位字存入 MMR	1/1
14	STM #lk, MMR	MMR = #lk	把长立即数存入 MMR	2/2

【例 4-83】 DST B, *AR3 +

指令执行前	指令执行后
累加器 B：00 6CAC BD90	累加器 B：00 6CAC BD90
AR3：0100	AR3：0102
数据存储器：	数据存储器：
0100H：0000	0100H：6CAC
0101H：0000	0101H：BD90

【例 4-84】 STH B , -8 , *AR3 +

指令执行前　　　　　　　　　　　指令执行后

累加器 B：FF 8421 1234   累加器 B：FF 8421 1234

AR3：0100   AR3：0101

数据存储器：   数据存储器：

  0100H：0000   0100H：FF84

【例 4-85】 STL　B，7，*AR3 +

     指令执行前   指令执行后

累加器 B：FF 8421 1234   累加器 B：FF 8421 1234

AR3：0100   AR3：0101

数据存储器：   数据存储器：

  0100H：0000   0100H：1A00

3. 条件存储指令

条件存储指令根据条件是否满足而将源操作数存入目的存储器，C54x 共有 4 条条件存储指令，指令的功能如表 4-31 所示。

表 4-31 条件存储指令的功能

序号	指令	功能	说明	字数/指令周期数
1	CMPS src, Smem	根据条件选择最大值	比较累加器的高、低位字，并存储最大值	1/1
2	SACCD src, Xmem, cond	If (cond) Xmem = src << (ASM − 16)	有条件地存储累加器值	1/1
3	SRCCD Xmem, cond	If (cond) Xmem = BRC	有条件地存储 BRC 值	1/1
4	STRCD Xmem, cond	If (cond) Xmem = T	有条件地存储 T 寄存器值	1/1

（1）CMPS src，Smem

若 src(31 ~ 16) > src(15 ~ 0)

则 (src(31 − 16))→Smem，(TRN) << 1→TRN、0→TRN(0)、0→TC。若 src(31 ~ 16) ≤ src(15 ~ 0)

则 (src(15 − 0))→Smem、(TRN) << 1→TRN、1→TRN(0)、1→TC。

即比较累加器的高、低位字，并存储最大值。

【例 4-86】 CMPS A, *AR4 +

     指令执行前   指令执行后

累加器 A：00 2345 7899   累加器 A：00 2345 7899

TC：0   TC：1

AR4：0100   AR4：0101

TRN：4444   TRN：8889

数据存储器：   数据存储器：

  0100H：0000   0100H：7899

（2）SACCD src，Xmem，cond

若满足 cond 条件（见表 4-19），则累加器的值按 ASM − 16 的差值移位，并将结果存入 Xmem 中。

【例 4-87】 SACCD A, *AR3 + 0% , ALT

     指令执行前   指令执行后

累加器 A：FF FE00 4321　　　　累加器 A：FF FE00 4321

ASM：01　　　　　　　　　　ASM：01

AR0：0002　　　　　　　　　AR0：0002

AR3：0202　　　　　　　　　AR3：0204

数据存储器：　　　　　　　　数据存储器：

　　0202H：0101　　　　　　　　0202H：FC00

（3）SRCCD　Xmem, cond

若满足 cond 条件（见表 4-19），则将块重复计数器 BRC 的内容存入 Xmem 中。

【例 4-88】　SRCCD *AR5 - , AGT

　　　　　指令执行前　　　　　　　　指令执行后

累加器 A：00 70FF FFFF　　　累加器 A：00 70FF FFFF

AR5：0202　　　　　　　　　AR5：0201

BRC：4321　　　　　　　　　BRC：4321

数据存储器：　　　　　　　　数据存储器：

　　0202H：1234　　　　　　　　0202H：4321

（4）STRCD　Xmem, cond

若满足 cond 条件（见表 4-19），则将 T 寄存器中的内容存入 Xmem 中。

4. 并行操作指令

并行操作利用并行操作硬件电路，将单指令的数据传送和存储与各种运算同时进行操作，以充分利用 C54x 的流水线特性，提高代码运行效率。当两条单指令进行并行操作时，应根据指令的前后注意流水线冲突。

并行操作指令包括并行装载和存储指令、并行装载和乘法指令、并行存储和加/减指令以及并行存储和乘法指令 4 类。

（1）并行装载和存储指令

C54x 共有两条并行装载和存储指令，指令的功能如表 4-32 所示。

表 4-32　条件存储指令的功能

序号	指令	功能	说明	字数/指令周期数
1	ST src,Ymem ‖ LD Xmem, dst_	Ymem = src << (ASM−16) ‖ dst = Xmem<<16	累加器中的数据移位后存到存储单元，并且同时将操作数移位后送至累加器	1/1
2	ST src, Ymem ‖ LD Xmem, T	Ymem = src << (ASM−16) ‖ T = Xmem	累加器中的数据移位后存到存储单元，并且同时将操作数送至 T 寄存器	1/1

指令说明：src 移动（ASM−16）位后存放到 Ymem 中；同时并行执行 Xmem 左移 16 位后送至 dst，或 Xmem 直接装入 T 寄存器中。若 src 和 dst 为同一累加器，则存放到 Ymem 中的值为 src 修改前的值。指令受 OVM 和 ASM 状态标志位的影响，执行结果影响 C。

（2）并行装载和乘法指令

C54x 共有 4 条并行装载和乘法指令，指令的功能如表 4-33 所示。

表4-33　并行装载和乘法指令功能

序号	指令	功能	说明	字数/指令周期数
1	LD Xmem,dst ‖ MAC Ymem, dst_	dst = Xmem <<16 ‖ dst_ = dst + T*Ymem	操作数 Xmem 移位后装载到累加器 dst 中，并且同时将另一个操作数 Ymem 与 T 寄存器中数据相乘然后与累加器 dst_ 中的内容求和后装载到累加器 dst_ 中	1/1
2	LD Xmem, dst ‖ MACR Ymem, dst_	dst = Xmem <<16 ‖ dst_ = rnd(dst_ + T*Ymem)	操作数 Xmem 移位后装载到累加器 dst 中，并且同时将另一个操作数 Ymem 与 T 寄存器中数据相乘然后与累加器 dst_ 中的内容求和并对计算结果进行舍入运算后装载到累加器 dst_ 中	1/1
3	LD Xmem, dst ‖ MAS Ymem, dst_	dst = Xmem <<16 ‖ dst_ = dst_ - T*Ymem	操作数 Xmem 移位后装载到累加器 dst 中，并且同时用累加器 dst_ 中的内容减去另一个操作数 Ymem 与 T 寄存器中数据相乘的乘积后装载到累加器 dst_ 中	1/1
4	LD Xmem, dst ‖ MASR Ymem, dst_	dst = Xmem <<16 ‖ dst_ = rnd(dst_ - T*Ymem)	操作数 Xmem 移位后装载到累加器 dst 中，并且同时用累加器 dst_中的内容减去另一个操作数 Ymem 与 T 寄存器中数据相乘的乘积后对计算结果进行舍入运算再装载到累加器 dst_中	1/1

指令说明：

1）表4-33中第1、2条指令将 Xmem 放入 dst 的高位字（第31~16位），同时，Ymem 与寄存器 T 的内容相乘，乘积与 dst_的内容相加后存入 dst_中。如果使用后缀 R，则还需要进行舍入操作，此时，乘累加结果与 2^{15} 相加，然后将低16位清零后的值存入 dst_中。指令受 OVM、SXM 和 FRCT 状态标志位的影响，执行结果影响 OVdst。

2）表4-33中第3、4条指令将 Xmem 放入 dst 的高位字（第31~16位），同时，Ymem 与寄存器 T 的内容相乘，dst_减去该乘积，并将结果存入 dst_中。如果使用了后缀 R，则还需要进行舍入操作，此时，乘累减结果与 2^{15} 相加，然后将低16位清零后的值存入 dst_中。指令受 OVM、SXM 和 FRCT 状态标志位的影响，执行结果影响 OVdst。

（3）并行存储和加/减法指令

C54x 共有两条并行存储和加/减法指令，指令的功能如表4-34所示。

表4-34　并行存储和加/减法指令的功能

序号	指令	功能	说明	字数/指令周期数
1	ST src,Ymem ‖ ADD Xmem, dst	Ymem = src << (ASM-16) ‖ dst = dst_ + Xmem <<16	累加器移位存储并行移位加法运算	1/1
2	ST src,Ymem ‖ SUB Xmem, dst	Ymem = src << (ASM-16) ‖ dst = (Xmem <<16) - dst_	累加器移位存储并行移位减法运算	1/1

指令说明：

1）第1条指令将 src 移动（ASM-16）位后存放到 Ymem 中，同时并行执行 dst 的内容与左移16位后的 Xmem 相加，结果存放到 dst 中。若 src 和 dst 为同一累加器，则存放到 Ymem 中的值为 src 修改前的值。指令受 OVM、SXM 和 ASM 状态标志位的影响，执行结果影响 C 和 OVdst。

2）第 2 条指令将 src 移动（ASM − 16）位后存放到 Ymem 中，同时并行执行左移 16 位后的 Xmem 与 dst 的内容相减，结果存放到 dst 中。若 src 和 dst 为同一累加器，则存放到 Ymem 中的值为 src 修改前的值。指令受 OVM、SXM 和 ASM 状态标志位的影响，执行结果影响 C 和 OVdst。

（4）并行存储和乘法指令

C54x 共有 5 条并行存储和乘法指令，指令的功能如表 4-35 所示。

表 4-35　并行存储和乘法指令的功能

序号	指令	功能	说明	字数/指令周期数
1	ST src, Ymem ‖ MAC Xmem, dst	Ymem = src << (ASM − 16) ‖ dst = dst + T*Xmem	累加器移位存储并行乘法累加运算	1/1
2	ST src, Ymem ‖ MACR Xmem, dst	Ymem = src << (ASM − 16) ‖ dst = rnd(dst + T*Xmem)	累加器移位存储并行带舍入乘法累加运算	1/1
3	ST src, Ymem ‖ MAS Xmem, dst	Ymem = src << (ASM − 16) ‖ dst = dst − T*Xmem	累加器移位存储并行乘法累减运算	1/1
4	STsrc, Ymem ‖ MASRXmem, dst	Ymem = src << (ASM − 16) ‖ dst = rnd(dst − T*Xmem)	累加器移位存储并行带舍入乘法累减运算	1/1
5	STsrc, Ymem ‖ MPY Xmem, dst	Ymem = src << (ASM − 16) ‖ dst = T*Xmem	累加器移位存储并行乘法运算	1/1

指令说明：

1）表 4-35 中第 1、2 条指令使 src 左移（ASM − 16）位后存放到 Ymem 中，同时并行执行 T 寄存器的内容与 Xmem 相乘，乘积与 dst 相加后存放到 dst 中。若 src 和 dst 为同一累加器，则存放到 Ymem 中的值为 src 修改前的值。如果使用后缀 R，则还需要进行舍入操作，此时，dst 与 2^{15} 相加，然后将低 16 位清零后的值存入 dst 中。指令受 OVM、FRCT、SXM 和 ASM 状态标志位的影响，执行结果影响 C 和 OVdst。

2）表 4-35 中第 3、4 条指令使 src 左移（ASM − 16）位后存放到 Ymem 中，同时并行执行 T 寄存器的内容与 Xmem 相乘，dst 内容与该乘积相减后存放到 dst 中。若 src 和 dst 为同一累加器，则存放到 Ymem 中的值为 src 修改前的值。如果使用后缀 R，则还需要进行舍入操作，此时，dst 与 2^{15} 相加，然后将低 16 位清零后的值存入 dst 中。指令受 OVM、FRCT、SXM 和 ASM 状态标志位的影响，执行结果影响 C 和 OVdst。

3）表 4-35 中第 5 条指令使 src 左移（ASM − 16）位后存放到 Ymem 中，同时并行执行 T 寄存器的内容与 Xmem 相乘，乘积存放到 dst 中。若 src 和 dst 为同一累加器，则存放到 Ymem 中的值为 src 修改前的值。指令受 OVM、FRCT、SXM 和 ASM 状态标志位的影响，执行结果影响 C 和 OVdst。

5. 混合装载和存储指令

C54x 共有 12 条混合装载和存储指令，用于完成数据存储器、程序存储器以及 I/O 口之间的数据传输，指令的功能如表 4-36 所示。

表 4-36　混合装载和存储指令的功能

序号	指令	功能	说明	字数/指令周期数
1	MVDD Xmem, Ymem	Ymem = Xmem	在数据存储器内部传送数据	1/1
2	MVDK Smem,dmad	dmad = Smem	向数据存储器内部指定地址传送数据	2/2
3	MVDM dmad,MMR	MMR = dmad	数据存储器向 MMR 传送数据	2/2
4	MVDP Smem,pmad	pmad = Smem	数据存储器向程序存储器传送数据	2/4
5	MVKD dmad,Smem	Smem = dmad	将以 dmad 为地址的数据存储器中的数据传送到数据存储器 Smem 中	2/2
6	MVMD MMR,dmad	dmad = MMR	将 MMR 中的数据传送到以 dmad 为地址的数据存储器中	2/2
7	MVMM MMRx,MMRy	MMRy = MMRx	将 MMRx 中的数据传送到 MMRy 中	1/1
8	MVPD pmad,Smem	Smem = pmad	将以 pmad 为地址的程序存储器中的数据传送到数据存储器 Smem 中	2/3
9	PORTR PA,Smem	Smem = PA	将以 PA 为地址的 I/O 口中数据传送到数据存储器 Smem 中	2/2
10	PORTW Smem,PA	PA = Smem	将数据存储器 Smem 中数据传送到以 PA 为地址的 I/O 口中	2/2
11	READA Smem	Smem = Pmem(A)	将以累加器 A 为地址的程序存储器中的数据传送到数据存储器 Smem 中	1/5
12	WRITA Smem	Pmem(A) = Smem	将数据存储器 Smem 中的数据传送到以累加器 A 为地址的程序存储器中	1/5

【例 4-89】　MVDD *AR3 +, *AR5 +

指令执行前　　　　　　　　　　　　指令执行后

AR3：8000　　　　　　　　　　AR3：8001

AR5：0200　　　　　　　　　　AR5：0201

数据存储器：　　　　　　　　　数据存储器：

　　8000H：1234　　　　　　　　　8000H：1234

　　0200H：ABCD　　　　　　　　　0200H：1234

【例 4-90】　MVDK *AR3 -, 1000H

指令执行前　　　　　　　　　　　　指令执行后

AR3：01FF　　　　　　　　　　AR3：01FE

数据存储器：　　　　　　　　　数据存储器：

　　1000H：ABCD　　　　　　　　　1000H：1234

　　01FFH：1234　　　　　　　　　01FFH：1234

4.4　小结

　　本章首先介绍了汇编语言源程序的两种书写格式：助记符格式和代数指令格式，然后重点讨论了助记符格式汇编语句的书写格式和注意事项。在给出了汇编指令系统中常用的符号、缩写等之后，详细介绍了本章的核心内容，即 C54x 的汇编指令系统。在介绍汇编指令系统时，给出了大量的实例，以便于读者理解指令含义和用法。

实验六：汇编语言程序设计

【实验目的】

1）掌握助记符格式汇编语句的编写方法。

2）掌握汇编程序的编写和调试方法。

3）掌握汇编指令系统的使用方法。

4）掌握链接命令文件的使用方法。

【实验内容】

1）用汇编语言编写计算下式的程序：

$$x = \left(\sum_{i=1}^{3} a_i b_i - c + d \right) \times e$$

其中，$a_1 = 2$，$a_2 = 3$，$a_3 = 4$，$b_1 = 5$，$b_2 = 7$，$b_3 = 9$，$c = 6$，$d = 8$，$e = 10$。

2）提示：

① 编写汇编源程序时可参考实验一、实验二和实验三。

② 在汇编语言程序中可加入如下语句：

```
SSBX    CPL
STM     #80H,SP
```

【实验步骤】

1）使用汇编语言编写源程序。

2）为该汇编源程序编写链接命令文件，要求：

① 输出可执行文件的文件名为"ex6.out"；

② 把 .text 段分配到首地址为 0100H、长度为 100H 的程序存储空间；

③ .data 段紧接着 .text 段存放；

④ 把 .bss 段分配到数据存储空间的 0080H ~ 00FFH。

3）运行结果查看：

① 查看程序和数据存储空间，验证链接命令文件的正确性。

② 单步运行程序，查看数据空间的内存变化。

起始地址为 0080H，数据类型为 Hex-TI Style，存储空间为 Data。

③ 单步运行程序，在 CPU 寄存器窗口中查看 PC、AR1、AR2、AR3、AR4、AR5、SP、T 和 A 的变化。

思考题

1. 简述汇编语句有哪两种格式。

2. 助记符格式的汇编语句由哪几部分构成？

3. 汇编语句对标号的使用有何要求？

4. 如何确定操作数是地址还是立即数或间接地址？

5. 上机练习本章所有例题。

第 5 章　TMS320C54x 寻址方式

📖 **内容提要**

数据和程序寻址对于任何一种处理器都是至关重要的，因此，本章详细介绍 C54x 系列 DSP 芯片的寻址方式。本章的内容安排如下：首先介绍程序的执行过程，以便读者能够对寻址的作用和重要性有一个大致的了解；然后重点介绍数据寻址方式和程序寻址方式。

通过本章的学习，读者可以对 C54x 的寻址方式有一个全面的了解，从而为 DSP 应用软件的开发奠定坚实的基础。

📖 **重点难点**

- 直接寻址
- 间接寻址
- 堆栈寻址
- 分支转移
- 调用与返回
- 中断

5.1　程序执行过程

程序由指令构成，指令是程序的基本单位，程序的执行过程实际上就是若干条指令执行的过程。因此，了解了指令的执行状态，也就明白了程序的执行过程。下面给出单条指令的执行过程。

第一，在指令周期开始时，DSP 从程序计数器（PC）获取欲执行指令在程序存储器中的位置，即指令的存储地址，并将该地址输出到程序地址总线（PAB），进而根据指令的存储地址获取相应指令的机器码。

第二，DSP 根据指令要求从相应位置（寄存器、存储器等）获取操作数。

第三，根据指令功能，将操作数送到相应的运算单元进行相关运算，并将运算结果送入指定的位置（寄存器、存储器等）。

第四，根据本条指令是否需要程序计数器（PC）跳转更新程序计数器的值，为程序执行下一条指令做好准备。

由此可以看出，程序得以执行的关键就在于如何方便、高效地获取并存储操作数，如何生成程序存储器地址并更新程序计数器的值。上述两个问题的实质就是寻址方式的问题，本章将详细介绍这两类寻址方式。

所谓寻址方式，是指 CPU 寻找操作数或指令所在地址的方法，或者说通过什么样的方式找到操作数或指令。寻址方式是否方便与快捷，是衡量 CPU 性能的一个重要标志。从寻址的内容来看，DSP 芯片的寻址方式包括数据寻址方式和程序寻址方式两类。

5.2　数据寻址

C54x 共有 7 种有效的数据寻址方式，分别是立即寻址、绝对寻址、累加器寻址、直接寻址、间接寻址、存储器映像寄存器寻址和堆栈寻址。

5.2.1　立即寻址

所谓立即寻址，就是指令中包含立即操作数（简称立即数），操作数紧随操作码存放在程序存储器中的寻址方式。由于立即寻址的操作数直接包含在指令中，没有寻找数据地址的过程，因此运行速度快，但需占用程序存储空间，并且数值不能改变。立即寻址常用于表示常数或初始化寄存器。

需要注意的是，采用立即寻址的操作数要以符号"#"为前缀，否则会认为它是一个地址而非数值。如在例 5-1 中，数据 40H 作为一个数值被载入累加器 A 中，而在例 5-2 中，由于数据 40H 前未加前缀"#"，因此把它当做地址来处理。

【例 5-1】

LD　#40H，　A　;把立即数 40H 载入累加器 A 中

【例 5-2】

LD　40H，　A　;把数据存储区 40H 单元中的数据载入累加器 A 中

立即寻址方式中的立即数有两种形式：短立即数（3、5、8 或 9 位）和长立即数（16 位）。它们在指令中分别编码为单字指令和双字指令，表 5-1 列出了可以包含立即数的指令。

表 5-1　包含立即数的指令

3 位立即数	5 位立即数	8 位立即数	9 位立即数	16 位立即数
LD	LD	FRAME　LD　RPT	LD	ADD　ADDM　AND ANDM　BITF　CMPM LD　MAC　OR　ORM RPT　RPTZ　ST　STM SUB　XOR　XORM

下面以 LD 指令为例，说明立即数（短立即数和长立即数）在指令中的位置。

若包含短立即数，立即数为 8 位，则 LD 为单字指令，指令机器码放在指令的高 8 位（第 15～8 位），立即数放在指令的低 8 位（第 7～0 位），如图 5-1a 所示。

若包含长立即数，立即数为 16 位，则 LD 为双字指令，指令机器码放在高位字（16 位）中，立即数放在低位字（16 位）中，如图 5-1b 所示。

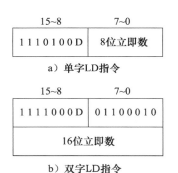

图 5-1　带立即数的 LD 指令

5.2.2 绝对寻址

如果指令中包含的不是立即数而是寻找操作数的 16 位单元地址，那么这种寻址方式称为绝对寻址。绝对寻址利用包含在指令中的 16 位地址来寻址操作数的存储单元，因为 C54x 绝对地址的位宽是 16 位，所以绝对寻址的指令至少为两个字（32 位）长。绝对寻址中的地址可以用其所在单元的地址标号（如 TABLE）或者 16 位常数（如 89ABH）来表示。

绝对寻址的指令包含一个固定的 16 位地址，能寻址所有数据存储空间。但由于寻址范围较大（0～64KB），因此程序运行速度慢，需要较大的存储空间，常用于对实时性要求较低的场合。

绝对寻址有数据存储器地址（dmad）寻址、程序存储器地址（pmad）寻址、端口地址（PA）寻址和长立即数寻址 4 种类型，下面分别详述之。

1. 数据存储器地址寻址

数据存储器地址寻址的主要指令有 MVDK、MVDM、MVKD 和 MVMD。指令的语法格式及用法可参阅本书 4.3.4 节的相关内容。

数据存储器地址寻址的特点是用一个数或符号来确定数据空间的一个存储单元地址。例如，将地址标号为 EXAMPLE 的数据存储单元中的内容传送到由辅助寄存器 AR1 指向的数据存储单元中，可以使用下面的语句：

```
MVKD  EXAMPLE,*AR1
```

如果地址标号 EXAMPLE 所代表的数据存储单元地址为 1010H，那么上述语句也可以写成：

```
MVKD  1010H,*AR1
```

2. 程序存储器地址寻址

程序存储器地址寻址的主要指令有 FIRS、MACD、MACP、MVDP 和 MVPD。指令的语法格式及用法可参阅本书 4.3.1 节和 4.3.4 节的相关内容。

程序存储器地址寻址的特点是用一个数或符号来确定程序空间的一个存储单元地址。例如，将地址标号为 EXAMPLE 的程序存储单元中的内容传送到由辅助寄存器 AR1 指向的数据存储单元中，可以使用下面的语句：

```
MVPD  EXAMPLE,*AR1
```

当然，上述例子中的地址标号也可以用程序存储单元的 16 位地址常量替代，指令功能不发生变化。

3. 端口地址寻址

端口地址寻址的主要指令有 PORTR 和 PORTW。指令的语法格式及用法可参阅本书 4.3.4 节的相关内容。

端口地址寻址是用一个数或符号来确定 I/O 存储空间中的一个地址，以实现对 I/O 设备的读写操作。例如，把从 FIFO 端口读入的数据存放到由 AR1 辅助寄存器指向的数据存储单元中，可以使用下面的语句：

```
PORTR  FIFO,*AR1
```

4. 长立即数寻址

长立即数寻址也称为 *(1k) 寻址，是用一个数或符号来确定数据空间的一个存储单元地址。"lk" 是一个 16 位数或一个符号，代表数据空间的一个存储单元地址。长立即数寻址与数据存储器地址寻址在实现的功能上是类似的，但所使用的指令不同。

这种寻址方式允许所有使用单数据存储器寻址的指令去访问数据空间的任意单元，而不改变 DP 的值，也不用对 ARx 进行初始化。例如，将地址标号为 EXAMPLE 的数据存储单元中的数据传送到累加器 A 中，可以使用下面的语句：

```
LD  *(EXAMPLE),A
```

需要注意的是，当使用长立即数寻址时，指令的长度扩展 1 个字。例如：一个单字长指令扩展为双字长指令，一个双字长指令扩展为三字长指令。另外，长立即数寻址的指令不能与重复指令（RPT，RPTZ）一起使用。

5.2.3　累加器寻址

所谓累加器寻址，就是将累加器的内容作为地址去访问程序存储单元，也就是将累加器中的内容作为地址，来对存放数据的程序存储器寻址。这种方式常用于完成程序存储空间与数据存储空间之间的数据传输。

C54x 共有两条指令用于累加器寻址：READA 和 WRITA，指令的语法格式及用法可参阅本书 4.3.4 节的相关内容。

大多数 C54x 系列 DSP 用累加器的低 16 位作为程序存储器的地址，但是 C5420 有 18 根地址线，C5402 有 20 根地址线，C548、C549、C5410 和 C5416 有 23 根地址线，因此，这些芯片的程序存储单元的地址分别由累加器的低 18 位、低 20 位、低 23 位来确定。当上述两条指令在重复方式下执行时能够对累加器 A 自动增减，需要说明的是，只能使用累加器 A 寻址程序空间。

5.2.4　直接寻址

数据存储空间以 128 字为单位分成若干块，这些块称为数据页。整个 64K 字的数据存储空间可按照每页 128 字分为 512 个数据页（即第 0～511 页）。数据页地址由状态寄存器 ST0 中的 9 位数据存储器页指针（DP）的值决定。

直接寻址就是利用数据存储器页指针（DP）或堆栈指针（SP）进行寻址。在直接寻址指令中包含数据存储空间的低 7 位地址（dmad），这 7 位 dmad 称为偏移地址。而存放在数据存储器页指针（DP）中的 9 位数据页地址或者存放在堆栈指针（SP）中的 16 位地址称为基地址。偏移地址与基地址一起构成 16 位数据存储器地址。直接寻址的优点是每条指令只需一个字，其指令格式如图 5-2 所示。其中，指令寄存器（IR）的第 0～6 位提供偏移地址；第 7 位为直接/间接寻址指示符，0 表示直接寻址，1 表示间接寻址；第 8～15 位表明指令类型，并包含关于该指令所访问数据偏移地址的所有信息。在进行直接寻址时，具体使用 DP 还是 SP 中的地址作为基地址，可根据状态寄存器 ST1 中的直接寻址编辑方式标志位 CPL 来确定。

图 5-2　直接寻址指令格式

当 CPL = 0 时，处理器将 DP 中的 9 位基地址与指令中的 7 位偏移地址连接起来，形成 16 位的数据存储单元地址。当使用 DP 时，需要首先设置数据页，即要载入 DP，以便首先确定所要访问的数据单元处在哪一页中，然后才能根据指令中的偏移地址找到数据页中的某一个具体存储单元。

当 CPL = 1 时，处理器将 SP 中的 16 位基地址加上指令中的 7 位偏移地址，形成 16 位的数据存储单元地址。由于 SP 可以指向数据存储空间中的任意一个地址，因此使用 SP 的直接寻址允许访问数据存储空间任意基地址为首地址的连续 128 个单元。

需要注意的是，上述两种直接寻址方式是相互排斥的。当使用 DP 作为基地址时，需使用 RSBX 指令使 CPL 复位；当使用 SP 作为基地址时，需使用 SSBX 指令使 CPL 置位。

图 5-3 给出了直接寻址时数据存储器地址的形成过程，其中，图 5-3a 表示 CPL = 0，即采用 DP 作为基地址时地址的形成过程；图 5-3b 表示 CPL = 1，即采用 SP 作为基地址时地址的形成过程。直接寻址的标识是在变量前加 @（如 @ x），或者在偏移量前加 @（如 @ 5）。在实际使用中，前缀 "@" 可以省略。

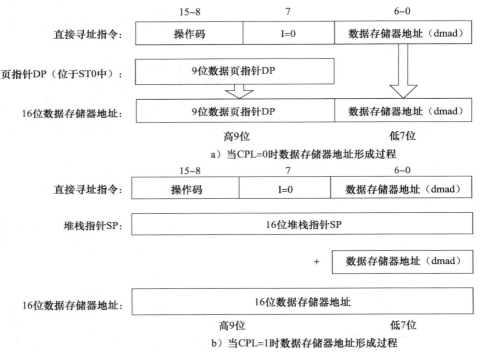

图 5-3　直接寻址时数据存储器地址形成过程

【例 5-3】　数据存储器存储数据如图 5-4 所示，利用数据存储器页指针 DP 直接寻址，计算 $z = x + y$。

汇编源程序：

```
        .title      "ex5_3.asm"
        .def        _c_int00
        .mmregs

        .bss        x, 1
```

```
            .bss        y,  1
            .bss        z,  1

            .data
table:      .word       1000H,500H

            .text
_c_int00:
            STM         #x,  AR1        ;AR1 指向变量 x 的存储单元地址
            RPT         #1             ;下一条指令重复执行 2 次
            MVPD        table,*AR1 +   ;为变量 x、y 赋值
            RSBX        CPL            ;CPL 复位(CPL = 0),利用 DP 直接寻址
            LD          #3,  DP        ;DP = 3
            LD          @x,  A         ;将 x 的数值放入累加器 A
            LD          #4,  DP        ;DP = 4
            ADD         @y,  A         ;完成 x + y,并将结果放入累加器 A
            STL         A,  @z         ;将计算结果存入变量 z
stop:       B           stop           ;循环等待,保持程序计数器停留在此位置
            .end                       ;结束全部程序
```

链接命令文件:

```
- o ex5_3. out
MEMORY
{
 PAGE 0:  PRAM0:  org = 0100H,  len = 100H
 PAGE 1:  SPRAM0:  org = 01FFH,  len = 80H
}
SECTIONS
{
.text:  > PRAM0   PAGE 0
.data:  > PRAM0   PAGE 0
.bss:  > SPRAM0   PAGE 1
}
```

【**例 5-4**】　数据存储器存储数据如图 5-5 所示,利用堆栈指针 SP 直接寻址,计算 $z = x + y$。

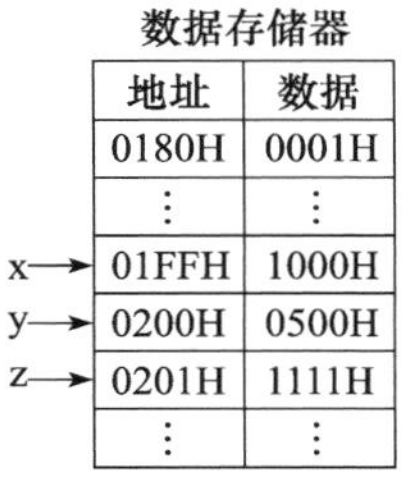

数据存储器

地址	数据
0180H	0001H
⋮	⋮
x→ 01FFH	1000H
y→ 0200H	0500H
z→ 0201H	1111H
⋮	⋮

数据存储器

地址	数据
⋮	⋮
SP→ 01FEH	0001H
x→ 01FFH	1000H
y→ 0200H	0500H
z→ 0201H	1111H
⋮	⋮

图 5-4　例 5-3 的图 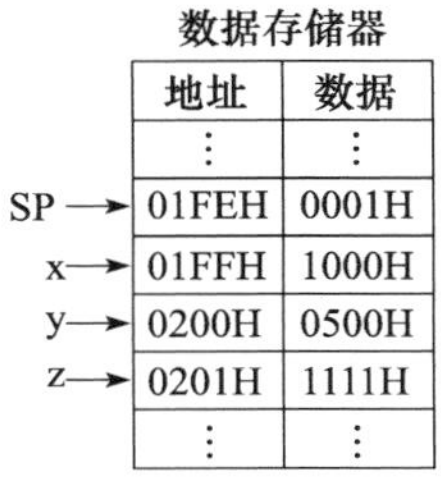　　　　　　　　图 5-5　例 5-4 的图

汇编源程序:

```
            .title      " ex5_4. asm"
            .def        _c_int00
            .mmregs

            .bss        x,  1
```

```
            .bss        y, 1
            .bss        z, 1

            .data
table:      .word       1000H,500H

            .text
_c_int00:
            STM         #x,  AR1
            RPT         #1
            MVPD        table,*AR1 +      ;为变量 x、y 赋值
            SSBX        CPL              ;CPL 置位(CPL = 1),利用堆栈指针直接寻址
            STM         #01FEH,SP        ;根据题目要求为堆栈指针赋值
            LD          @1,A             ;将 x 的数值放入累加器 A
            ADD         @2,A             ;完成 x + y,并将结果放入累加器 A
            STL         A,@3             ;将计算结果存入变量 z
stop:       B           stop
            .end
```

链接命令文件：

同例 5-3。

5.2.5　间接寻址

间接寻址就是利用辅助寄存器（AR0～AR7）作为地址指针进行寻址。辅助寄存器前面的符号"＊"指示当前 AR，且表示使用间接寻址方式。在间接寻址方式中，数据空间的任意单元都可以通过一个辅助寄存器中的内容所代表的 16 位地址进行访问。C54x 有 8 个 16 位的辅助寄存器 AR0～AR7。当指令以间接方式寻址时，辅助寄存器中存放的数据单元地址可以有选择地进行增量、减量、偏移或者变址，还可以提供循环和位反转寻址。需要说明的是，除了可以像其他辅助寄存器一样使用外，AR0 还能够用于位反转寻址，并可作为间接寻址的偏移量。两个辅助寄存器算术单元 ARAU0 和 ARAU1 可以根据辅助寄存器的内容进行操作，完成无符号 16 位操作数的算术运算。

间接寻址方式相当灵活，不仅可以用一条指令从数据存储单元读或写一个 16 位的操作数（单操作数寻址），还能在一条指令中访问两个数据存储单元（双操作数寻址），包括从两个不同的数据存储单元读数据，读并写两个连续的存储单元，或者读一个存储单元同时写另一个存储单元。

1.　单操作数间接寻址

单操作数间接寻址用来完成存储单元中 16 位单数据的读写操作。这种方式可以通过在指令中修改辅助寄存器来改变寻址单元，具体的修改方式有：地址加 1 或减 1、加 16 位偏移量、用 AR0 值作为偏移量等，这些地址修改可以在地址访问之前或者之后进行。加上不修改地址的情况，一共可以形成 16 种寻址方式。表 5-2 列出了单操作数间接寻址的句法及功能。

表 5-2　单操作数间接寻址

句法	功能	说明
*ARx	addr = ARx	ARx 包含数据存储区地址
*ARx -	addr = ARx ARx = ARx - 1	访问完成后，ARx 中的地址递减[①]

（续）

句法	功能	说明
*ARx +	addr = ARx ARx = ARx + 1	访问完成后，ARx 中的地址递增①
*+ ARx	addr = ARx + 1 ARx = ARx + 1	访问之前，ARx 中的地址递增①②③
*ARx - 0B	addr = ARx ARx = B(ARx - AR0)	访问完成后，ARx 减去 AR0 的值并进行位反转
*AR - 0	addr = ARx ARx = ARx - AR0	访问完成后，ARx 减去 AR0 的值
*ARx + 0	addr = ARx ARx = ARx + AR0	访问完成后，ARx 加上 AR0 的值
*ARx + 0B	addr = ARx ARx = B(ARx + AR0)	访问完成后，ARx 加上 AR0 的值并进行位反转
*ARx - %	addr = ARx ARx = circ(ARx - 1)	访问完成后，ARx 中的地址按循环寻址方式递减①
*ARx - 0%	addr = ARx ARx = circ(ARx - AR0)	访问完成后，ARx 减去 AR0 的值并进行循环寻址
*ARx + %	addr = ARx ARx = circ(ARx + 1)	访问完成后，ARx 中的地址按循环寻址方式递增①
*ARx + 0%	addr = ARx ARx = circ(ARx + AR0)	访问完成后，ARx 加上 AR0 的值并进行循环寻址
*ARx(lk)	addr = ARx + lk ARx = ARx	ARx 与 16 位长偏移 lk 之和作为数据存储区地址，ARx 不变
*+ ARx(lk)	addr = ARx + lk ARx = ARx + lk	访问前，有符号的 16 位长偏移 lk 加到 ARx 中，然后以新的 ARx 作为数据存储区地址进行寻址②
*+ ARx(lk)%	addr = circ(ARx + lk) ARx = circ(ARx + lk)	访问前，有符号的 16 位长偏移 lk 加到 ARx 中，然后以新的 ARx 作为数据存储区地址进行循环寻址②
*(lk)	addr = lk	16 位无符号偏移量 lk 作为数据存储区的绝对地址②

① 当访问 16 位字时，递增/递减值为 1；当访问 32 位字时，递增/递减值为 2。
② 不允许用在存储区映射寄存器寻址方式中。
③ 只用于写操作。

下面介绍两类在数字信号处理中常用而特殊的单操作数间接寻址：循环寻址和位反转寻址。

（1）循环寻址

在卷积、自相关和 FIR 滤波器等许多算法中，都需要在存储区中设置循环缓冲区。循环缓冲区是一个滑动窗口，包含最近的数据，如果有新的数据到来，它将覆盖最早的数据。实现循环缓冲区的关键是循环寻址。循环寻址用 % 表示，其辅助寄存器使用规则与其他寻址方式相同。

循环缓冲区的参数主要包括：长度寄存器（BK）、有效基地址（EFB）和尾地址（EOB）。

- 长度寄存器（BK）定义循环缓冲区的大小 R。要求循环缓冲区地址开始于最低 N 位为 0 的地址，且 R 值满足 $2^N > R$，R 值必须要放入 BK 中。例如，一个长度为 31 个字的循环缓冲区必须开始于最低 5 位为零的地址（即 XXXX XXXX XXX0 0000B），且将 R = 31 存入 BK 中。又如，一个长度为 32 个字的循环缓冲区必须开始于最低 6 位为 0 的地址（即 XXXX XXXX XX00 0000B），且将 R = 32 存入 BK 中。

- 有效基地址（EFB）定义缓冲区的起始地址，也就是辅助寄存器（ARx）低 N 位设为 0 以后的值。
- 尾地址（EOB）定义缓冲区的底部地址，它通过用 BK 的低 N 位代替 ARx 的低 N 位得到。

循环寻址的算法为：

```
if   0≤index+step<R;
index = index + step;
else if   index + step≥R;
index = index + step - R;
else if   index + step < 0;
index = index + step + R;
```

其中，循环缓冲区的偏移量 index 就是当前 ARx 低 N 位的数值，步长 step 就是一次加到辅助寄存器或从辅助寄存器中减去的值。

实际上，上述循环寻址算法是以 BK 寄存器中的值 R 为模的取模运算。对于不同指令，若其步长的大小和正负不同，则相应进行循环加或循环减寻址。

【例 5-5】　下面的代码完成循环寻址功能，并将循环缓冲区内相关单元的内容加载到累加器 B。其中，程序最左端的一列数字代表代码的行数。

```
①  STM    #1000H,    AR2            ;AR2 =1000H
②  STM    #5,        BK             ;BK = 5
③  STM    #2,        AR0            ;AR0 = 2
④  ST     #0,        *AR2 +
⑤  ST     #1,        *AR2 +
⑥  ST     #2,        *AR2 +
⑦  ST     #3,        *AR2 +
⑧  ST     #4,        *AR2 +         ;将数据 0 ~ 4 依次放到数据单元 1000H ~ 1004H 中
⑨  STM    #1000H,    *AR2           ;重置 AR2 的内容,循环缓冲区为 1000H ~ 1004H
⑩  LD     *AR2 +0%,  B              ;B = (1000H) =0,AR2 =1002H
⑪  LD     *AR2 +0%,  B              ;B = (1002H) =2,AR2 =1004H
⑫  LD     *AR2 +%,   B              ;B = (1004H) =4,AR2 =1005H
⑬  LD     *+AR2(3)%, B              ;B = (1003H) =3,AR2 =1003H
⑭  LD     *+AR2(3)%, B              ;B = (1001H) =2,AR2 =1001H
```

说明：

1）第 1 行代码设置 AR2 的内容为 1000H。

2）第 2 行代码设置循环缓冲区的大小为 R = 5，由于 $2^3 = 8 > 5$，因此 $N = 3$。又由于 AR2 的内容为 1000H，因此循环缓冲区的基地址为 000B。

3）第 3 行代码设置 AR0 的内容为 2，为后续循环寻址做准备。

4）第 4 ~ 8 行将数据 0 ~ 4 依次放到数据单元 1000H ~ 1004H 中，如图 5-6a 所示。

5）第 10 ~ 14 行代码的作用是将循环缓冲区内相关单元的内容加载到累加器 B 中，循环寻址过程如图 5-6b 所示。

① 当第 10 行代码执行时，因为先寻址再加 AR0 的内容（即步长），所以寻址 1000H 单元，即将 1000H 单元的数据存入累加器 B。指令执行之后修正 AR2 的内容，因为 index = 0，step = 2，index = index + step = 0 + 2 = 2 < R，所以 AR2 指向 1002H 单元。

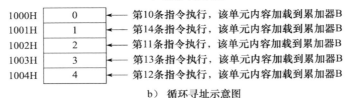

图 5-6　代码执行过程

② 当第 11 行代码执行时，因为先寻址再加 AR0 的内容，所以寻址 1002 单元，即将 1002H 单元的数据存入累加器 B 中。指令执行之后修正 AR2 的内容，因为 index = 2，step = 2，index = index + step = 2 + 2 = 4 < R，所以 AR2 指向 1004H 单元。

③ 当第 12 行代码执行时，因为先寻址再加 1，所以寻址 1004H 单元，即将 1004H 单元的数据存入累加器 B 中。指令执行之后修正 AR2 的内容，因为 index = 4，step = 1，index + step = 4 + 1 = 5 = R，index = index + step − R = 0，所以 AR2 指向 1000H 单元。

④ 当 13 行代码执行时，AR2 先加 3 再寻址，因为 index = 0，step = 3，index = index + step = 0 + 3 = 3 < R，所以寻址 1003H 单元，即将 1003H 单元的数据存入累加器 B 中且 AR2 指向 1003H 单元。

⑤ 当第 14 行代码执行时，AR2 先加 3 再寻址，因为 index = 3，step = 3，index = index + step = 3 + 3 = 6 > R，index = index + step − R = 3 + 3 − 5 = 1，所以寻址 1001H 单元，即将 1001H 单元的数据存入累加器 B 中且 AR2 指向 1001H 单元。

当使用循环寻址时，必须遵循以下三个原则。

1）循环缓冲区的长度 R 小于 2^N，且其地址从一个低 N 位为 0 的地址开始。

2）步长的绝对值应小于或等于循环缓冲区的长度。

3）当第一次访问循环缓冲区时，所使用的辅助寄存器必须指向缓冲区单元。

循环寻址一般采用加 1 或减 1（∗ARx + % 或 ∗ARx − %），或者加减辅助寄存器 AR0 中的数值（∗ARx + 0% 或 ∗ARx − 0%）来修改循环地址。实际上，循环地址也可由一个立即数来进行修改（∗+ ARx（lk）%），此时指令代码将为 2～3 个字长，在这种情况下，循环不能使用单重复指令 RPT 和 RPTZ。

（2）位反转寻址

位反转寻址主要用在 FFT 算法中，这种寻址方式可以显著提高程序的执行速度和存储空间的利用效率。在使用时，AR0 存放的整数值为 FFT 点数的一半，另一个辅助寄存器 ARx 指向存放数据的单元。位反转寻址将 AR0 的内容加到辅助寄存器 ARx 中，地址以位反转方式产生。也就是说，当两者相加时，进位是从左向右反向传播的，而不是通常加法中的从右向左。例如，1010 与 1100 的位反转相加结果为 0001，表 5-3 给出了位模式和位反转模式的关系。

表 5-3   位反转寻址

存储单元地址	变换结果	位码倒序寻址	位码倒序寻址结果	存储单元地址	变换结果	位码倒序寻址	位码倒序寻址结果
0000	X(0)	0000	X(0)	1000	X(1)	0001	X(8)
0001	X(8)	1000	X(1)	1001	X(9)	1001	X(9)
0010	X(4)	0100	X(2)	1010	X(5)	0101	X(10)
0011	X(12)	1100	X(3)	1011	X(13)	1101	X(11)
0100	X(2)	0010	X(4)	1100	X(3)	0011	X(12)
0101	X(10)	1010	X(5)	1101	X(11)	1011	X(13)
0110	X(6)	0110	X(6)	1110	X(7)	0111	X(14)
0111	X(14)	1110	X(7)	1111	X(15)	1111	X(15)

【例 5-6】 假设辅助寄存器为 8 位，AR2 的值为 0110 0000B，AR0 的值为 0000 1000B。本例给出了位反转寻址中 AR2 内容的修改顺序和修改后 AR2 的值。

```
*AR2 + 0B  ;AR2 = 0110 0000（第 0 次的值）
*AR2 + 0B  ;AR2 = 0110 1000（第 1 次的值）
*AR2 + 0B  ;AR2 = 0110 0100（第 2 次的值）
*AR2 + 0B  ;AR2 = 0110 1100（第 3 次的值）
*AR2 + 0B  ;AR2 = 0110 0010（第 4 次的值）
*AR2 + 0B  ;AR2 = 0110 1010（第 5 次的值）
*AR2 + 0B  ;AR2 = 0110 0110（第 6 次的值）
*AR2 + 0B  ;AR2 = 0110 1110（第 7 次的值）
```

2. 双操作数间接寻址

双操作数间接寻址用于完成两个读操作或者一个读并行一个写操作。采用这种方式的指令代码都为 1 个字长并且只能以间接寻址方式工作，双操作数间接寻址的指令格式如图 5-7 所示。

15~8	7~6	5~4	3~2	1~0
操作码	Xmod	Xar	Ymod	Yar

图 5-7   双操作数间接寻址指令格式

其中，Xmod 和 Ymod 定义了访问 Xmem、Ymem 操作数时间接寻址方式的类型，由于只有两位，因此有四种寻址方式，双操作数间接寻址的句法和功能如表 5-4 所示。

表 5-4   双操作数间接寻址

Xmod 或 Ymod	句法	功能	说明
00	*ARx	地址 = ARx	ARx 中的内容是数据存储器地址
01	*ARx −	地址 = ARx ARx = ARx − 1	寻址后，ARx 的地址减 1
10	*ARx +	地址 = ARx ARx = ARx + 1	寻址后，ARx 的地址加 1
11	*ARx +0%	地址 = ARx ARx = circ（ARx + AR0）	寻址后，AR0 以循环寻址方式加到 ARx 中

Xar 和 Yar 确定包含操作数 Xmem、Ymem 地址的辅助寄存器，由于只有两位，因此只能使用 4 个辅助寄存器：AR2 ~ AR5，辅助寄存器的使用规则如表 5-5 所示。

表 5-5   辅助寄存器的使用规则

Xar 或 Yar	辅助寄存器	Xar 或 Yar	辅助寄存器
00	AR2	10	AR4
01	AR3	11	AR5

利用两个 ARAU（ARAU0 和 ARAU1）和 4 个辅助寄存器（ARP、BK、DP、SP）可以在单周期内访问两个操作数。主要指令有 BIT、SACCD、SRCCD、STRCD、ADD、LD、STH、STL 和 SUB 等。

【例5-7】 MAC *AR5+, *AR4+, A, B

由表 5-4 和表 5-5 可知：Xmod = Ymod = 10B，Xar = 11B，Yar = 10B

指令执行前	指令执行后
累加器 A：00 0000 0010H	累加器 A：00 0000 0010H
累加器 B：00 1234 1234H	累加器 B：00 0000 0012H
T：0000H	T：0001H
AR4：2000H	AR4：2001H
AR5：1000H	AR5：1001H
数据存储器：	数据存储器：
1000H：0001H	1000H：0001H
2000H：0002H	2000H：0002H

5.2.6　存储器映像寄存器寻址

存储器映像寄存器（MMR）指的是位于数据空间 0000H～005FH 处的寄存器（参见表 6-8 和表 6-9）。存储器映像寄存器寻址既可以在直接寻址中使用，又可以在间接寻址中使用。

若采用直接寻址方式，则高 9 位数据存储器地址置 0（不管当前的 DP 或 SP 为何值），利用指令中的低 7 位地址直接访问 MMR。

若采用间接寻址方式，则高 9 位数据存储器地址置 0，按照当前辅助寄存器 ARx 的低 7 位地址访问 MMR。需要注意的是，用此种方式访问 MMR，寻址操作完成后辅助寄存器的高 9 位被强迫置 0。

例如，如果 AR2 指向一个存储器映像寄存器，AR2 的值为 FD26H，那么 AR2 的低 7 位为 26H，所指示的数据存储单元的地址为 0026H。由于定时控制寄存器 TCR 的地址为 0026H，这样，AR2 就指向定时器周期寄存器。执行完毕后，存放在 AR2 中的值即变为 0026H。

MMR 寻址可以用来修改 MMR 中的数值而不需改变当前的 DP 或 SP，因此，在这种寻址方式下对 MMR 执行写操作开销最小。此外，除了 MMR 外，这种寻址方式还可以修改数据空间 0060H～007FH（便笺本 RAM）的任意单元。

一般来说，MMR 寻址具有寻址速度快且对 MMR 执行写操作开销小、可直接利用 MMR 的名称快速访问数据存储空间的 0000H～007FH（第 0 页）资源的优点。其缺点是寻址范围小，只能寻址数据存储空间中第 0 页的存储单元。因此，MMR 寻址常用于在不改变 DP 和 SP 的情况下修改 MMR 中的内容。

在汇编指令中，仅有 8 条指令可以进行存储器映像寄存器寻址操作，即 LDM、MVDM、MVMD、MVMM、POPM、PSHM、STLM 和 STM。

需要注意的是，当使用 MMR 寻址时，由于程序需要访问 MMR 寄存器，因此源程序中必须包含汇编伪指令 .mmregs 以保证程序的可执行性。如：

```
.mmregs       ;汇编助记符,用以引入 MMR 助记符
STM  #2,AR2   ;将数值 2 存入寄存器 AR2
```

5.2.7　堆栈寻址

当发生中断或子程序调用时，堆栈用来自动地保存返回地址，也可以用来保护现场或传送参数。也就是说，当产生一个中断或者调用子程序时，返回地址会自动压入堆栈顶部。当中断或子程序返回时，返回地址从堆栈中弹出，并赋值给 PC。C54x 的堆栈是从高地址向低地址方向生长，并用 SP 来进行管理的。所谓堆栈寻址，就是利用堆栈指针按照先进后出的原则来寻址。当执行进栈操作时，SP 先减小，然后数据进入堆栈。当执行出栈操作时，数据先出栈，然后 SP 增加。所以，SP 始终指向堆栈中所存放的最后一个数据（即栈顶数据）。可用于堆栈寻址的指令共有 5 条：PSHD、PSHM、POPD、POPM 和 FRAME。

【例 5-8】　现有如下所示汇编源程序段，该程序段从左到右的各列依次表示地址、标号、指令和注释。假设程序运行前 SP 指向存放着数据 0000H、地址为 1008H 的存储单元，辅助寄存器 AR2 指向的存储单元包含数据 1234H，AR0 中存放的数值为 0100H。

试说明当程序运行时，数据在堆栈中的移动和堆栈指针 SP 的变化过程。

```
0080            PSHD      *AR2        ;将 AR2 所指向存储单元中的数据压入堆栈
0081            PSHM      AR0         ;将 AR0 的内容压入堆栈
0082            CALL      subr        ;调用子程序 subr，并将返回地址 0084H 压入堆栈
0084            POPM      AR0         ;从堆栈中弹出 AR0 的内容
0085            POPD      *AR2        ;从堆栈中弹出 AR2 所指向存储单元中的数据
0086            FRAME     -2          ;堆栈指针减 2 而不影响堆栈内容
0087    subr    LD        #2,DP       ;子程序开始，将立即数 2 载入 DP
0088            ST        #1234H,100H  ;将 1234H 存入地址为 100H 的存储单元
0089            RET                    ;从堆栈中弹出返回地址并返回主程序
```

图 5-8 给出了当运行上述代码时数据移动和堆栈指针的变化。

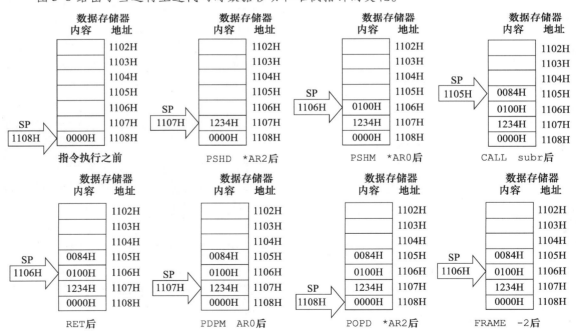

图 5-8　数据移动和堆栈指针的变化示意图

以上介绍了 C54x 的 7 种数据寻址方式，现将其做一个总结，以便读者查阅（如表 5-6 所示）。

表 5-6　C54x 数据寻址方式汇总

寻址方式	特点	用途
立即寻址	操作数直接包含在指令中，没有寻找数据地址的过程，但需占用程序存储空间，并且数值不能改变	表示常数或对寄存器初始化
绝对寻址	能寻址所有数据存储空间，但运行速度慢，需要较大的存储空间	用于对速度要求较低的场合
累加器寻址	以累加器的内容作为地址访问程序存储单元	完成程序存储空间与数据存储空间之间的数据传输
直接寻址	指令中包含的低 7 位地址与 DP 或 SP 形成 16 位地址，可单周期寻址 1 个数据页	寻址速度快，用于对速度要求高的场合
间接寻址	利用辅助寄存器作为地址指针进行寻址，并可自动增、减、变址和循环寻址	用于需按固定步长步进寻址的场合
MMR 寻址	基地址为 0 的直接寻址	快速访问 MMR
堆栈寻址	利用堆栈指针按先进后出原则寻址	保存数据至堆栈或从其中弹出

5.3　程序寻址

程序存储器中存放应用程序的代码、系数表以及立即操作数等信息，和数据寻址相同，访问这些信息时也需要寻址。程序寻址主要是指程序存储器地址是如何生成并加载到程序计数器（PC）的。各种程序控制操作，包括分支转移、调用与返回、条件操作、单条指令或块指令重复操作、复位和中断等，都会把一个不是顺序增加的地址加载到 PC 中。

C54x 通过程序地址总线（PAB）寻址 64K 字的程序空间。C5416 芯片有 23 根地址线，可寻址外部 128 个程序页（64K 字/页），即 8M 字的程序空间。由程序地址生成器（PAGEN）生成的地址加载到程序地址总线（PAB），以寻址存放在程序存储器中的指令、系数表、16 位立即操作数或其他信息。程序地址生成器主要由程序计数器（PC）、重复计数器（RC）、块重复计数器（BRC）、块重复起始地址（RSA）寄存器和块重复结束地址（REA）寄存器 5 个寄存器组成，如图 5-9 所示（可参见图 6-1）。C5416 等可进行程序存储空间扩展的芯片中还有一个扩展程序计数器（XPC），以寻址扩展的程序存储空间。

图 5-9　程序地址生成器的组成

5.3.1　程序计数器

程序执行过程就是指令有序执行的过程，而指令的有序执行依赖于程序计数器（PC）。PC 是一个 16 位计数器，其中保存着某个内部或外部程序存储器的地址，包括即将取指的某条指令、即将访问的某个 16 位立即操作数或系数表在程序存储器中的地址。表 5-7 列出了加载 PC 的几种途径。

表 5-7　加载 PC 的途径

操作	加载到 PC
复位	PC = FF80H
顺序执行指令	PC = PC + 1
分支转移	用紧跟在分支转移指令后面的 16 位立即数加载 PC
由累加器分支转移	用累加器 A 或 B 的低 16 位立即数加载 PC
块重复循环	假如 ST1 中的块重复操作标志位 BRAF = 1, 当 PC + 1 等于块重复结束地址（REA）+ 1 时, 用块重复起始地址（RSA）加载 PC
子程序调用与返回	将返回地址压入堆栈, 并用紧跟在调用指令后面的 16 位立即数或标号加载 PC。返回指令将返回地址从栈顶弹出至 PC, 回到原先的程序处继续执行
由累加器执行子程序调用与返回	将返回地址压入堆栈, 用累加器 A 或 B 的低 16 位加载 PC。返回指令将返回地址从栈顶弹出至 PC, 回到原先的程序处继续执行
中断与返回	将返回地址压入堆栈, 用适当的中断向量地址加载 PC。当中断返回时, 将返回地址从栈顶弹出至 PC, 继续执行中断的程序

5.3.2　扩展程序计数器

扩展程序计数器是一个用来指定程序页的 7 位寄存器, 正是有了扩展程序计数器, 才可以对扩展程序存储空间进行寻址。表 5-8 给出了加载 XPC 的几种途径。

表 5-8　加载 XPC 的途径

操作	加载到 XPC
复位	XPC = 0
顺序执行指令	XPC 保持不变
长转移	用长立即数的第 16 ~ 22 位加载 XPC
由累加器长转移	用累加器 A 或 B 的第 16 ~ 22 位加载 XPC
子程序长调用	把 XPC 压入栈顶, 调用指令中立即数的第 16 ~ 2 位加载 XPC
由累加器长调用子程序	把 XPC 压入栈顶, 调用累加器 A 或 B 的第 16 ~ 22 位加载 XPC
长返回	栈顶弹出返回地址的程序页号并加载 XPC

5.3.3　分支转移

C54x 的分支转移操作有两种形式：有条件分支转移和无条件分支转移, 两者都可以带延迟操作（指令助记符后带 D）, 也可以不带延迟操作。通过分支转移指令改写 PC, 可以改变程序的流向, 达到程序转移的目的, 但分支转移不保存返回地址。

从时序上看, 当分支转移指令到达流水线的执行阶段时, 其后面两个指令字已经被取指了。这两个指令字如何处置, 部分取决于此分支转移指令是带延迟的还是不带延迟的。如果是带延迟的分支转移, 则紧跟在分支转移指令后面的一条双字指令或两条单字指令执行后再进行分支转移。如果是不带延迟的分支转移, 就要先将已被取指的一条双字指令或两条单字指令从流水线中清除（没有执行）, 然后再进行分支转移。因此, 合理地设计延迟转移指令, 可以提高程序的效率。应当注意, 紧跟在延迟指令后面的两个字, 不能是造成 PC 不连续的指令, 如分支转移、调用、返回或软件中断指令等。分支转移指令的种类和用法可参见表 4-18。

5.3.4　调用与返回

与分支转移类似, 当调用子程序时, DSP 就会中断正在执行的程序, 转移到程序存储器的其他地址继续运行。在调用时, 下一条指令的地址（即返回地址）被压入堆栈, 以便在返回时将这个地址弹出至 PC，使中断的程序继续执行。子程序调用和分支转移的区别在于，前者保存返回地址，从而可以在执行完子程序后回到中断处继续执行原来的程序；后者不保存返回地址，因此其不能回到中断处继续原来的程序。C54x 的调用和返回都有两种形式：无条件调用与返回和有条件调用与返回，两者都可以带延迟操作，也可以不带延迟操作。具体指令参见表 4-21 和表 4-23。

5.3.5　条件操作

包括程序控制指令和存储指令在内的一些 C54x 指令，只有当一个条件或多个条件得到满足时才能执行。此时，程序执行的方向会随着条件是否满足而发生改变。具体条件参见表 4-19和表 4-20。

5.3.6　重复操作

C54x 具有重复执行下一条指令或重复执行下一个程序块中若干条指令的功能，重复操作指令的种类和用法可参见表 4-24。

1. 重复执行单条指令

C54x 有一个 16 位的重复计数器（RC）以及两条能对其下一条指令进行重复操作的指令 RPT 和 RPTZ，重复执行的次数等于（RC）+1。RC 中的内容（即操作数 n），不能通过编程方式设置，只能由重复指令中的操作数加载。操作数 n 的最大值为 65 535，即重复执行单条指令的最大次数为 65 536。

重复操作功能可以使乘法 - 累加和数据块传送这样的多周期指令在执行一次之后变成单周期指令（见表 4-25），从而极大地提高这些指令的执行速度。

一旦重复指令被取指、译码，直到重复操作完成以前，CPU 对所有中断（包括 $\overline{\text{NMI}}$，但不包括 $\overline{\text{RS}}$）均不响应。但是，在执行重复操作期间，若 C54x 响应 $\overline{\text{HOLD}}$ 信号，重复操作是否继续执行则取决于状态寄存器 ST1 中的 HM 位：若 HM = 0，则继续操作；否则，暂停操作。

需要注意的是，有一些指令不能与重复指令一起使用，这类指令可参见表 4-26。

2. 程序块重复操作

C54x 内部的块重复计数器（BRC）、块重复起始地址（RSA）寄存器、块重复结束地址（REA）寄存器与程序块重复指令（RPTB）一起，可对紧随 RPTB 之后、由若干条指令构成的程序块进行重复操作。

利用块重复操作进行循环，是一种零开销循环。由于只有一套块重复寄存器，因此块重复操作是不能嵌套的。要使重复操作嵌套，最简单的办法是只在最里层的循环中采用块重复指令，而外层的那些循环则利用 BANZ 指令。

5.3.7　复位操作

许多电子系统都有一个复位（Reset）信号，负责将系统的所有设备恢复到原始待命状态。复位是一个不可屏蔽的外部中断，它可以在任何时候使 C54x 进入已知状态。正常操作是上电后 $\overline{\text{RS}}$ 信号应至少保持 5 个时钟周期的低电平，以确保数据、地址和控制总线的正确配置。复位后（$\overline{\text{RS}}$ 信号变为高电平），处理器从程序空间的 FF80H 处取指并开始执行程序。

复位期间，处理器进行如下操作。

1）将 PMST 寄存器中的 IPTR 置成 1FFH。

2）将 PMST 寄存器中的 MP/$\overline{\text{MC}}$ 位置成与引脚 MP/$\overline{\text{MC}}$ 相同的数值。

3）把 $\overline{\text{RS}}$ 拉高（复位开始 5 个时钟周期后）。

4）将 PC 置成 FF80H。

5）XPC 寄存器清 0（如果芯片有 XPC 寄存器）。

6）无论 MP/$\overline{\text{MC}}$ 的状态如何，将 FF80H 加到地址总线。

7）数据总线变成高阻状态。

8）控制线均处于无效状态。

9）产生中断确认信号（$\overline{\text{IACK}}$）。

10）状态寄存器 ST1 中的中断方式控制位 INTM 置 1，关闭所有可屏蔽中断。

11）中断标志寄存器 IFR 清 0。

12）重复计数器（RC）清零。

13）产生同步复位信号（$\overline{\text{SRESET}}$），初始化外设。

14）将下列状态位置成初始值：

ARP = 0	CLKOFF = 0	HM = 0	SXM = 1	ASM = 0	CMPT = 0	INTM = 1
TC = 1	AVIS = 0	CPL = 0	OVA = 0	XF = 1	BRAF = 0	DP = 0
OVB = 0	C = 1	DROM = 0	OVLY = 0	C16 = 0	FRCT = 0	OVM = 0

需要注意的是，复位对系统的其余状态位以及堆栈指针（SP）没有初始化。因此，用户在程序中必须对它们适当地进行初始化。

5.3.8　中断

通常，DSP 工作在具有多个外部异步事件的环境中，当这些事件发生时，要求 DSP 执行这些事件所要求的任务。中断就是让 CPU 暂停当前的工作，转而去处理这些事件，处理完这些事件以后，再回到原来中断的位置，继续原来的工作。CPU 中断的请求者称为中断源，这些中断源可以是片内的，也可以是片外的。响应一个中断包括保存当前处理的现场（保护现场）、完成中断任务、恢复寄存器和现场及返回并继续执行暂时中断的程序。

中断是由硬件驱动或者软件驱动的信号。中断信号使 C54x 暂停正在执行的程序，并进入中断服务程序（ISR）。例如，当外部需要传送一个数至 C54x，或者从 C54x 取走一个数时，就可以通过硬件向 C54x 发出中断请求信号。中断也可以是发生特殊事件的信号，如定时器已经完成计数。C54x 既支持软件中断，也支持硬件中断。由程序指令（IN-TR、TRAP 或 RESET）要求的中断称为软件中断，由外围设备要求的中断称为硬件中断。硬件中断有外部硬件中断和内部硬件中断两种形式，其中受外部中断接口信号触发的中断称为外部硬件中断，而受片内外围电路信号触发的中断称为内部硬件中断。当同时有多个硬件中断出现时，C54x 按照中断优先级别的高低（优先级别最高为 1）对它们进行服务。

总体来说，C54x 中断可以分成可屏蔽中断和非屏蔽中断两大类。

- 可屏蔽中断。这类中断可以通过软件的方法来屏蔽或开放，都属于硬件中断。C54x 最多可以支持 16 个可屏蔽中断（SINT0 ~ SINT15），但有的处理器只用了其中的一部分，如 C5416 可支持的可屏蔽中断有 14 个。有些中断有两个名称，那是因为既可以通过软件对它们初始化，也可以通过硬件对它们初始化。

- 非屏蔽中断。这类中断不能够被屏蔽，且 C54x 对其总是响应，并及时从主程序转移到中断服务程序。C54x 的非屏蔽中断包括所有软件中断以及两个外部硬件中断 $\overline{RS}$（复位）和 $\overline{NMI}$（也可以用软件的方法进行 $\overline{RS}$ 和 $\overline{NMI}$ 中断）。$\overline{RS}$ 是一个对 C54x 所有操作方式产生影响的非屏蔽中断，而 $\overline{NMI}$ 中断不会对 C54x 的任何操作方式发生影响。当 $\overline{NMI}$ 中断响应时，所有其他的中断将禁止。TMS320C5416 的中断源见表 5-9。

表 5-9　TMS320C5416 中断源

中断号	中断名称	中断地址	功能	优先级
0	$\overline{RS}$/SINTR	00H	复位	1
1	$\overline{NMI}$/SINT16	04H	非屏蔽中断	2
2	SINT17	08H	软件中断#17	—
3	SINT18	0CH	软件中断#18	—
4	SINT19	10H	软件中断#19	—
5	SINT20	14H	软件中断#20	—
6	SINT21	18H	软件中断#21	—
7	SINT22	1CH	软件中断#22	—
8	SINT23	20H	软件中断#23	—
9	SINT24	24H	软件中断#24	—
10	SINT25	28H	软件中断#25	—
11	SINT26	2CH	软件中断#26	—
12	SINT27	30H	软件中断#27	—
13	SINT28	34H	软件中断#28	—
14	SINT29	38H	软件中断#29	—
15	SINT30	3CH	软件中断#30	—
16	$\overline{INT0}$/SINT0	40H	外部中断 0	3
17	$\overline{INT1}$/SINT1	44H	外部中断 1	4
18	$\overline{INT2}$/SINT2	48H	外部中断 2	5
19	TINT/SINT3	4CH	内部定时中断	6
20	RINT0/SINT4	50H	McBSP 0 接收中断	7
21	XINT0/SINT5	54H	McBSP 0 发送中断	8
22	RINT2/SINT6	58H	McBSP 2 接收中断	9
23	XINT2/SINT7	5CH	McBSP 2 发送中断	10
24	$\overline{INT3}$/SINT8	60H	外部中断 3	11
25	$\overline{HINT}$/SINT9	64H	HPI 中断	12
26	RINT1/SINT10	68H	McBSP 1 接收中断	13
27	XINT1/SINT11	6CH	McBSP 1 发送中断	14
28	DMAC4/SINT12	70H	DMA 通道 4 中断	15
29	DMAC5/SINT13	74H	DMA 通道 5 中断	16
30 ~ 31		78H ~ 7FH	保留	

为了了解中断处理过程，下面介绍 C54x 内部的两个寄存器：中断标志寄存器（IFR）和中断屏蔽寄存器（IMR）。这两个寄存器的每一位所代表的中断都是一样的（均只包含可屏蔽中断），但作用不同。

图 5-10 所示的 IFR 是一个存储器映像 CPU 寄存器，当一个中断出现时，IFR 中的相应中断标志位置 1，以下 4 种情况都会将中断标志位清零。

15~14	13	12	11	10	9	8	7	6	5	4	3	2	1	0
RES	DMAC5	DMAC4	XINT1	RINT1	$\overline{HINT}$	$\overline{INT3}$	XINT2	RINT2	XINT0	RINT0	TINT	$\overline{INT2}$	$\overline{INT1}$	$\overline{INT0}$

图 5-10　中断标志寄存器（IFR）框图

1）C54x 复位（$\overline{\text{RS}}$ 为低电平）。

2）中断得到确认。

3）向 IFR 中的相应位执行写入操作。注意，无论向 IFR 中的相应位写入 0 还是 1，都会清除该位，从而清除尚未处理完的相应中断。

4）利用适当的中断号执行 INTR 指令，相应的中断标志位清零。

图 5-11 所示的 IMR 是一个可被用户读写的存储器映像 CPU 寄存器，主要用于屏蔽或开放可屏蔽中断。如果 ST1 寄存器中的 INTM = 0，那么 IMR 中的任何一位为 1 就会开放相应的中断。

15 ~ 14	13	12	11	10	9	8	7	6	5	4	3	2	1	0
RES	DMAC5	DMAC4	XINT1	RINT1	$\overline{\text{HINT}}$	$\overline{\text{INT3}}$	XINT2	RINT2	XINT0	RINT0	TINT	$\overline{\text{INT2}}$	$\overline{\text{INT1}}$	$\overline{\text{INT0}}$

图 5-11　中断屏蔽寄存器（IMR）框图

C54x 处理中断可以分为如下三个阶段。

（1）接收中断请求

中断请求可以由硬件设备或软件指令产生。当中断请求产生时，IFR 中的相应中断标志就会置 1。当确认中断后，该标记会自动清除。

1）硬件中断请求。外部硬件中断通过外部中断口的信号进行申请，内部硬件中断通过片内外设的信号进行申请。硬件中断可以通过下列途径申请：

① $\overline{\text{INT0}}$ ~ $\overline{\text{INT3}}$引脚。

② $\overline{\text{RS}}$（复位）和$\overline{\text{NMI}}$引脚。

③ McBSP 0/1/2 串口中断（RINT0 和 XINT0，RINT1 和 XINT1，RINT2 和 XINT2）。

④ HPI 中断（$\overline{\text{HINT}}$）。

⑤ 内部定时中断（TINT）。

⑥ DMA 中断（DMAC4、DMAC5）。

2）软件中断请求。软件中断通过以下指令进行申请。

① INTR：这条指令允许用户执行任何中断服务程序，指令中的操作数（K）指明 CPU 要跳转到的中断向量地址。当确认一个 INTR 中断后，ST1 中的中断方式控制位（INTM）设置为 1，以禁止可屏蔽中断。

② TRAP：这条指令的功能与 INTR 指令相同，只是不设置 INTM 位。

③RESET：这条指令执行非屏蔽的软件复位操作，可以在任何时刻使 C54x 进入一种可知的状态。RESET 指令影响 ST0 和 ST1，但不影响 PMST。当确认 RESET 指令后，INTM 被设置为 1，以禁止可屏蔽中断。

（2）确认中断

当中断通过硬件或软件的方式发出申请之后，CPU 必须决定是否确认该申请。非屏蔽中断是立即得到确认的，可屏蔽中断只有在以下 3 个条件同时满足时才确认。

1）优先级最高：当多个可屏蔽中断同时申请时，C54x 根据设置的一套优先级进行服务，其中 1 代表最高的优先级。

2）INTM 位为 0：ST1 中的中断方式控制位（INTM）可以开放或禁止所有可屏蔽中断。当

INTM = 0 时，开放所有可屏蔽中断；当 INTM = 1 时，禁止所有可屏蔽中断。

除使用 TRAP 指令请求的软件中断外，当响应一个中断时，INTM 自动设置为 1。如果程序用 RETE 指令从中断服务程序（ISR）返回，那么 INTM 重新使能（即清零）。INTM 也可以通过硬件复位或 SSBX INTM 指令置位（禁止中断），通过 RSBX INTM 指令复位（开放中断）。需要说明的是，INTM 实际上不改变 IMR 或 IFR。

3）IMR 屏蔽位为 1：每个可屏蔽中断在 IMR 中都有自己的屏蔽位，为了开放一个中断，需要将其设为 1。

当 CPU 确认一个可屏蔽中断时，它用 INTR 指令将指令总线封锁住。这条指令强迫 PC 指向相应的地址读取中断向量。当 CPU 取中断向量的第一个字时，产生中断确认信号（IACK），以清除相应的中断标志位。

对于已经使能的中断而言，当 $\overline{\text{IACK}}$ 信号出现时，中断号在 CLKOUT 的上升沿由地址位的 A6 ~ A2 来指示。如果中断向量驻留在片内存储器并且用户希望观察这些地址，那么 C54x 必须工作在地址可见模式（AVIS = 1），这样，中断号才能显示出来。如果一个中断出现在 C54x 被挂起并且 HM = 0 时，那么当 $\overline{\text{IACK}}$ 被激活时，地址不能显示。

（3）执行中断服务程序（ISR）

在确认了中断以后，CPU 所做的工作如下。

1）将程序计数器（PC）的值（即返回地址）存入数据存储器中堆栈的栈顶。

需要注意的是，扩展程序计数器（XPC）的内容不自动压入堆栈，所以，如果一个中断服务程序（ISR）和中断向量表不在同一页存储空间，用户必须在 PC 跳转到 ISR 之前手动将 XPC 压入堆栈。当 ISR 执行完成后，可以用一条 FRET［E］指令从 ISR 返回。

2）将中断向量地址载入 PC。

3）取中断向量地址的指令。

4）执行跳转动作，跳转到用户中断服务程序（ISR）的入口地址（如果跳转被延迟，在跳转动作之前，附加的两条单字指令或一条双字指令先执行）。

5）执行 ISR 直到一条返回指令结束 ISR。

6）由堆栈指针（SP）找到堆栈栈顶，弹出堆栈中的返回地址至 PC。

7）继续执行主程序。

当执行一个中断服务程序 ISR 时，首先要对可能在 ISR 中使用的寄存器进行保护，以确保中断返回后能够恢复主程序原有的运行环境，这个工作称为现场保护。也就是说，在跳转之前把可能在 ISR 中用到的寄存器的内容存入堆栈，当程序从 ISR 返回时再恢复这些寄存器的内容。堆栈也可以用于子程序调用，C54x 支持 ISR 中的子程序调用。因为 CPU 中的寄存器和外设寄存器都是存储器映像寄存器，所以指令 PSHM 和 POPM 分别可以把这些寄存器的内容存入堆栈和弹出堆栈。另外，指令 PSHD 与 POPD 分别可以将数据存储器中的数据写入和读出堆栈。

在进行现场保护和恢复时，有一些特别需要注意的事项：

1）若用户使用堆栈保护现场，当用户恢复现场时，必须按相反的顺序进行。

2）如果需要，在恢复 ST1 前必须先恢复块重复计数器 BRC；否则，若在恢复 ST1 前使 BCR = 0，则 BRAF 位就会清 0。

CPU 复位后，中断向量地址是可以更改的。C54x 的中断向量地址由处理器工作模式状态寄存器 PMST 中的 IPTR（中断向量指针，9 位）和左移 2 位后的中断向量序号（中断向量序号为 0 ~ 31，即 5 位，左移 2 位后变成 7 位）组成。如：$\overline{INT0}$ 的序号为 16（10H），左移 2 位后变成 40H，若 IPTR = 0001H，则中断向量地址为 00C0H，如图 5-12 所示。

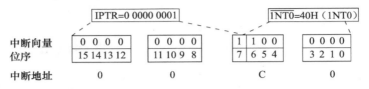

图 5-12　中断向量地址形成过程

　　在复位时，IPTR 全置 1（IPTR = 1FFH），而复位的中断序号为 0，因此，硬件复位后总是从 FF80H 开始执行程序。除硬件复位向量外，对于其他中断向量，只要改变 IPTR 位的值，就可以重新安排它们的地址。例如，如果用 0001H 加载 IPTR，那么各中断向量都被移到从 0080H 开始的程序存储空间。

　　下面对中断做一个小结，以加深读者对中断的了解。一旦有一个中断传给 CPU，CPU 就会按以下步骤来操作（参见图 5-13）。

　　如果申请的是一个可屏蔽中断：

　　1）IFR 中相应位被置位。

　　2）测试确认条件：当前中断优先级最高、INTM = 0、IMR 相应位为 1。如果条件为真，CPU 就确认中断，并产生一个 $\overline{IACK}$ 信号；否则，CPU 忽略该中断，继续执行主程序。

　　3）当确认中断以后，它在 IFR 中相应的标志位被清零，并且 INTM 位置 1（以禁止其他可屏蔽中断）。

　　4）返回地址存入堆栈。

　　5）CPU 转去执行中断服务程序（ISR）。

　　6）ISR 以返回指令结束，返回指令自动将返回地址弹出堆栈至 PC。

　　7）CPU 继续执行主程序。

　　如果申请的是一个非屏蔽中断：

　　1）CPU 立即确认该中断，并产生一个 $\overline{IACK}$ 信号。

　　2）如果中断是由 $\overline{RS}$、$\overline{NMI}$ 或 INTR 指令申请的，那么 INTM 位设置为 1，以禁止可屏蔽硬件中断。

　　3）如果 INTR 指令已经申请了一个可屏蔽中断，那么 IFR 中相应的标志位清零。

　　4）返回地址存入堆栈。

　　5）CPU 转去执行 ISR。

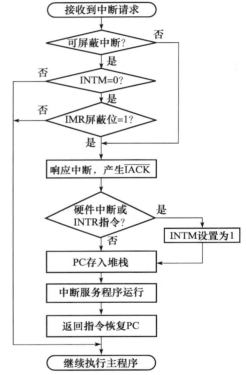

图 5-13　中断操作流程图

6）ISR 以返回指令结束，返回指令自动将返回地址弹出堆栈至 PC。

7）CPU 继续执行主程序。

5.3.9　中断向量表

中断向量表又称中断向量文件，属于源文件，是用来存放复位向量及其他中断向量入口地址的文件。在中断向量表的相应位置编写一条转移指令，一旦中断发生，PC 便跳转到相应的中断服务程序的入口地址，通常把复位向量的入口地址用标号"_c_int00"表示。

如果程序需要响应中断，则需将编写好的中断向量表添加到工程中。当遇到中断时，程序可以根据中断向量表中的要求进行相应跳转。

中断向量表的文件名一般为 vector.asm。因为中断向量的地址间隔为 4 个字，所以，中断向量表中每个中断必须占满 4 个字节的空间，如果指令不足 4 个字节，则需要添加空指令 NOP 填充至 4 个字节。另外，在中断向量表中，中断向量的名字是任意取的，但是各中断向量的相对位置不能改变。根据 TMS320C54x 的存储空间分配图（参见图 6-11 和图 6-12）可以看出，中断向量表存放于程序存储空间的 FF80H ~ FFFFH，因此，需要在链接命令文件中将中断向量表置于上述存储空间，否则，程序将无法正常调用中断向量表。

【例 5-9】　设计中断向量表 vector.asm，其中，外部中断 1 的中断服务程序为_tro1，内部定时中断的中断服务程序为_tm0。

```
        . sect     ". vector"      ;自定义初始化段,段名为. vector
        . ref      _c int00        ;主程序入口地址
        . ref      _tro1           ;外部中断1入口地址
        . ref      _tm0            ;内部定时中断入口地址
RESET:  BD        _c int00         ;复位中断,跳转到主程序的入口地址
        NOP                        ;由于无条件分支转移指令BD占有两个字节,而空指令NOP
                                   ;为1个字节,因此安排两条空指令从而使得该中断占有
                                   ;4个字节的空间
        NOP
NMI:    RETE                       ;NMI中断,开中断返回。开中断返回指令RETE占有1
                                   ;个字节,因此安排3条空指令,构成4个字节
        NOP
        NOP
        NOP
SINT17: RETE                       ;软件中断17,开中断返回
        NOP
        NOP
        NOP
SINT18: RETE                       ;软件中断18,开中断返回
        NOP
        NOP
        NOP
SINT19: RETE                       ;软件中断19,开中断返回
        NOP
        NOP
        NOP
SINT20: RETE                       ;软件中断20,开中断返回
        NOP
        NOP
        NOP
```

```
SINT21:RETE                    ;软件中断 21,开中断返回
       NOP
       NOP
       NOP
SINT22:RETE                    ;软件中断 22,开中断返回
       NOP
       NOP
       NOP
SINT23:RETE                    ;软件中断 23,开中断返回
       NOP
       NOP
       NOP
SINT24:RETE                    ;软件中断 24,开中断返回
       NOP
       NOP
       NOP
SINT25:RETE                    ;软件中断 25,开中断返回
       NOP
       NOP
       NOP
SINT26:RETE                    ;软件中断 26,开中断返回
       NOP
       NOP
       NOP
SINT27:RETE                    ;软件中断 27,开中断返回
       NOP
       NOP
       NOP
SINT28:RETE                    ;软件中断 28,开中断返回
       NOP
       NOP
       NOP
SINT29:RETE                    ;软件中断 29,开中断返回
       NOP
       NOP
       NOP
SINT30:RETE                    ;软件中断 30,开中断返回
       NOP
       NOP
       NOP
INT0:  RETE                    ;外部中断 0,开中断返回
       NOP
       NOP
       NOP
INT1:  B        _tro1          ;外部中断 1,跳转至中断服务程序_tro1 的入口地址
       NOP
       NOP
INT2:  RETE                    ;外部中断 2,开中断返回
       NOP
       NOP
       NOP
TINT:  BD       _tm0           ;内部定时中断,跳转至中断服务程序_tm0 的入口地址
       NOP
```

```
            NOP
   RINT0:   RETE                    ;McBSP0 接收中断,开中断返回
            NOP
            NOP
            NOP
   XINT0:   RETE                    ;McBSP0 发送中断,开中断返回
            NOP
            NOP
            NOP
   RINT2:   RETE                    ;McBSP2 接收中断,开中断返回
            NOP
            NOP
            NOP
   XINT2:   RETE                    ;McBSP2 发送中断,开中断返回
            NOP
            NOP
            NOP
   INT3:    RETE                    ;外部中断 3,开中断返回
            NOP
            NOP
            NOP
   HINT:    RETE                    ;HPI 中断,开中断返回
            NOP
            NOP
            NOP
   RINT1:   RETE                    ;McBSP1 接收中断,开中断返回
            NOP
            NOP
            NOP
   XINT1:   RETE                    ;McBSP1 发送中断,开中断返回
            NOP
            NOP
            NOP
   DMAC4:   RETE                    ;DMA 通道 4 中断,开中断返回
            NOP
            NOP
            NOP
   DMAC5:   RETE                    ;DMA 通道 5 中断,开中断返回
            NOP
            NOP
            NOP
            .end                    ;结束中断向量表
```

5.4　小结

　　本章首先介绍了程序的执行过程，接着重点介绍了 TMS320C54x 的数据寻址方式和程序寻址方式。

　　在数据寻址中，详细介绍了立即寻址、绝对寻址、累加器寻址、直接寻址、间接寻址、MMR 寻址和堆栈寻址。其中，直接寻址、间接寻址、MMR 寻址和堆栈寻址是比较重要的数据寻址方式，在寻址方式的介绍中穿插了部分例题，以方便读者自学。

　　在程序寻址中，详细介绍了程序存储器地址是如何生成并加载到程序计数器（PC）和扩展程序计数器（XPC）的，以及影响 PC 的各种程序控制操作：分支转移、调用与返回、条件操作、单条指令或块指令重

复操作、硬件复位和中断及其向量表，重点介绍了复位和中断操作。

思考题

1. 简述单条 DSP 指令的执行过程。
2. TMS320C54x 提供了哪几种数据寻址方式？
3. 什么是立即寻址，什么是绝对寻址，二者的区别是什么？
4. 什么是累加器寻址？可以用累加器 B 进行累加器寻址吗？累加器寻址的作用是什么？
5. 什么是直接寻址，直接寻址如何形成 16 位数据单元地址？
6. 什么是间接寻址，间接寻址有哪些句法？
7. 简述循环寻址的主要参数和算法。
8. 简述位反转寻址的定义及作用。
9. 何为堆栈寻址，数据进出堆栈的顺序如何，堆栈寻址有何作用？
10. 影响 PC 和 XPC 地址加载的因素有哪些？
11. TMS320C54x 的中断分为哪几类？
12. TMS320C54x 的可屏蔽中断如何实现中断的屏蔽与开放？
13. TMS320C54x 的中断向量地址如何形成？
14. 简述 CPU 处理中断的流程。
15. 编写中断向量表 vector.asm，其中，复位中断的中断服务程序为_c_int00，外部中断 2 的中断服务程序为_wb2，HPI 中断的中断服务程序为_hp。

第 6 章　TMS320C54x 基本结构

📖 内容提要

TMS320C54x 系列 DSP 是 TI 公司推出的 16 位定点数字信号处理器。DSP 的硬件结构大体上与通用的微处理器相类似：均由 CPU、存储器、总线（内部和外部）、外设、接口与时钟等部分组成，但又有其鲜明的特点。本章以 C5416 为例，主要介绍 TMS320C54x 的内部硬件结构，包括：内部总线结构、中央处理单元（CPU）和存储器等内容，硬件结构的其他部分将在下一章中进行介绍。

通过本章的学习，读者可以对 DSP 的内部硬件结构有一个较为深入的理解，以便为今后的 DSP 应用系统开发打下坚实的基础。

📖 重点难点

- TMS320C54x 的总线结构及其作用
- TMS320C54x CPU 的组成及各部分的功能
- TMS320C54x 存储器结构和存储空间的组织与分配
- TMS320C5416 的存储器映像寄存器

6.1　TMS320C54x 结构简介

TMS320C54x 是 TMS320 通用数字信号处理器系列的一员。C54x 系列适用于实时嵌入式系统的开发，如无线通信、语音处理等。C54x 的 CPU 具有改进的哈佛结构、低功耗设计和高度并行性等特点，图 6-1 是 TI 公司提供的 TMS320C54x 的内部硬件结构框图。

图 6-1 的上半部分显示了 C54x 的内部总线结构，它由一组程序总线（Program Bus，PB）、三组数据总线（Control Bus，CB；Data Bus，DB；Expansion Bus，EB）和四组地址总线（Program Address Bus，PAB；Control Address Bus，CAB；Data Address Bus，DAB；Expansion Address Bus，EAB）组成，可在一个指令周期内寻址两个数据存储单元，实现流水线并行处理数据操作。

图 6-1 的下半部分是 C54x 的 CPU 部分，它由如下单元组成。

- 一个 40 位的算术逻辑单元（ALU）。用于完成二进制补码的算术运算，也可以完成布尔运算。
- 一个乘法器/加法器单元（MAC）。用于进行数字信号处理算法中常见的乘累加/累减操作。MAC 单元除了乘法器和加法器外，还包括符号控制（Sign ctl）、小数控制（Fractional）、过零检测（ZERO）、舍入控制（ROUND）、溢出/饱和逻辑（SAT）和 T 寄存器（T Register）等模块。

- 两个 40 位的累加器（ACCA 和 ACCB）。用于与 ALU 或 MAC 的输出交换数据，同时也可以当作暂存器使用。
- 一个 40 位的桶形移位器（Barrel Shifter）。用于对输入的数据进行移位、定标和归一化处理。
- 一个比较、选择和存储单元（Compare Select and Store Unit，CSSU）。用于选择并存储累加器高位字和低位字中数值较大的字。
- 一个指数编码器（EXP Encoder）。它是支持单周期指令 EXP 的专用硬件，用于从定点数向浮点数转换时，求取累加器中数据的指数值。

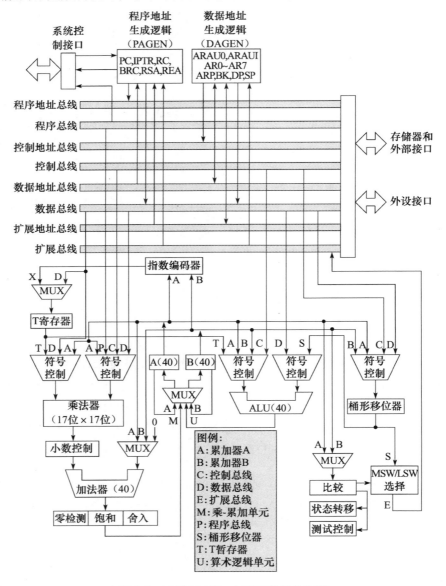

图 6-1　TMS320C54x 内部硬件结构框图

- 三个 CPU 状态和控制寄存器（图 6-1 中未画出）。C54x 有三个状态和控制寄存器，分别是状态寄存器 0（Status Register 0，ST0）、状态寄存器 1（Status Register 1，ST1）和处理器工作模式状态寄存器（Processor Mode Status Register，PMST）。其中，ST0 和 ST1 主要包含 CPU 的各种工作条件与工作状态，PMST 主要包含存储器的设置状态和其他控制信息。

图 6-1 提供的信息不仅包括各模块的名称和组成，还用线和箭头表示数据通路与流向。DSP 程序员，尤其是要进行汇编编程的程序员，应对该图反复研究和理解。

6.2　内部总线结构

DSP 芯片的总线分为内部总线和外部总线两种，内部总线负责连接 CPU 的各个逻辑单元，外部总线负责与外部存储器及 I/O 设备的连接和通信。本节介绍内部总线的相关概念，外部总线将在 7.6 节中进行介绍。

TMS320C54x 采用改进的哈佛结构并具有 8 条 16 位的内部总线，其独立的程序总线（1条）和数据总线（3 条）以及 4 条相应的地址总线允许同时读取指令与操作数，可实现高度的并行操作。

1 条程序总线（PB），用于从程序存储区提取指令和常数，其中存放在程序存储区的常数叫做立即操作数。

3 条数据总线（CB、DB 和 EB），连接 DSP 芯片的各个组成部分，包括 CPU、数据地址产生逻辑（DAGEN）、程序地址产生逻辑（PAGEN）、片内外设、数据存储器和程序存储器等。CB 和 DB 总线传送从数据存储器读出的操作数，EB 总线传送要写入存储器中的数据或指令。

4 条地址总线（PAB、CAB、DAB 和 EAB），传送执行指令所用到的地址。

TMS320C54x 各自分开的数据总线分别用于读数据和写数据。C54x 可以利用两个辅助寄存器算术运算单元（Auxiliary Register Arithmetic Units，ARAU0 和 ARAU1）在每个周期产生两个数据存储器的地址。因此，CPU 可在同一个机器周期内进行两次读操作数和一次写操作数。PB 总线能够将存储在程序空间中的操作数（如系数表中的数据）传送到乘法器和加法器，以便执行乘法－累加操作；或通过数据传送指令（如 MVPD、READA）传送到数据空间的目的单元。这种功能和双操作数一起，支持在一个机器周期内执行 3 操作数指令（如 FIRS）。独立的程序总线和数据总线允许 CPU 同时访问指令与数据。各种读写方式用到的内部总线类型如表 6-1 所示。

表 6-1　各种读/写方式用到的内部总线

读/写方式	地址总线				程序总线	数据总线		
	PAB	CAB	DAB	EAB	PB	CB	DB	EB
程序读	√				√			
程序写	√							√
单数据读			√				√	
双数据读		√	√			√	√	
长数据（32 位）读		√(hw[①])	√(lw[②])			√(hw)	√(lw)	
单数据写				√				√

（续）

读/写方式	地址总线				程序总线	数据总线		
	PAB	CAB	DAB	EAB	PB	CB	DB	EB
数据读/写			√	√			√	√
双数据读/系数读	√	√	√		√	√	√	
外设读			√				√	
外设写				√				√

① hw = 高 16 位字。

② lw = 低 16 位字。

6.3 CPU

图 6-1 的下半部分是 TMS320C54x 的 CPU 部分。本节首先介绍 CPU 的各组成单元，然后讨论 CPU 的状态和控制寄存器。

6.3.1 ALU

DSP 芯片的 ALU（40 位）可以实现加/减法运算、逻辑运算等大部分算术和逻辑运算功能，且大多数算术逻辑运算指令都是单周期指令。除 ADDM、ANDM、ORM 和 XORM 指令外，ALU 的运算结果通常都传送到目的累加器（累加器 A 或累加器 B），ALU 的功能框图如图 6-2 所示。

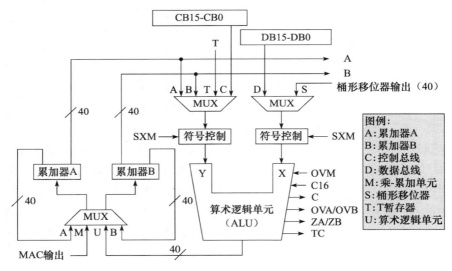

图 6-2 ALU 功能框图

在图 6-2 中，数据 A 来自累加器 A，数据 B 来自累加器 B，数据 C 来自 CB 数据总线，数据 D 来自 DB 数据总线，数据 M 来自 MAC 单元，数据 S 来自桶形移位器，数据 T 来自 T 寄存器，数据 U 来自 ALU 单元。"/" 旁边的数字表示总线位宽。MUX 为多路选择器，用于选择输入数据。

1. ALU 的输入

如图 6-2 所示，算术逻辑单元 X 输入端的数据可以是以下两个数据中的任何一个。

1）桶形移位器的输出。

2）来自数据总线 DB 的数据存储器操作数。

算术逻辑单元 Y 输入端的数据可以是以下 4 个数据中的任何一个。

1）累加器 A 中的数据。

2）累加器 B 中的数据。

3）来自数据总线 CB 的数据存储器操作数。

4）T 寄存器中的数据。

2. ALU 的输出

ALU 的输出为 40 位，被送往累加器 A 或累加器 B。

3. 符号控制

当把一个字长小的有符号数放到一个字长大的单元中时，必须注意符号控制问题，也就是符号位是否进行扩展。

例如，将一个 4 位有符号数 1011B（即十进制的 – 5）放到一个已清零的 8 位累加器中，若进行符号位扩展，即将有符号数的符号位扩展到左边的高位，则得到正确的结果：1111 1011B，即 – 5；若不进行符号位扩展，则得到错误的结果：0000 1011B，即十进制的 11。由此可见，当把有符号数送往位宽较大的单元中时，必须对该有符号数进行符号位扩展，否则将可能导致灾难性的后果。

状态寄存器 ST1 的符号位扩展方式控制位（SXM）用于确定数据在运算或存储之前是否需要进行符号位扩展。当 SXM = 0 时，不进行符号位扩展；当 SXM = 1 时，进行符号位扩展。

采用下面的指令就可以设置是否进行符号位扩展：

```
RSBX  SXM  ;SXM = 0,符号位不扩展。
SSBX  SXM  ;SXM = 1,符号位扩展。
```

4. 溢出处理

由于定点数的表示范围是一定的，因此在进行定点数的算术运算时，计算结果有可能出现超过数值表示范围的现象，这种现象称为溢出。溢出有上溢出（正溢出）和下溢出（负溢出）之分，所谓上溢出，就是超出定点数所能表示的最大值，下溢出就是超出定点数所能表示的最小值。

由于发生溢出可能导致极其严重的后果，因此，在进行交点数运算时，必须考虑溢出的处理方法。

例如，若两个 4 位有符号数 0111B（即十进制的 7）和 0010B（即十进制的 2）相加，结果也用 4 位有符号数表示，则计算结果为 0111B + 0010B = 1001B = – 7，显然正确的结果应该是 9。之所以出现错误，是因为计算结果已经超出 4 位有符号数所能表示的数值范围（– 8 ~ 7），即发生了上溢出。

为了避免这种情况的发生，一般可以在 DSP 芯片中设置溢出保护功能，溢出保护也称为饱和逻辑或饱和处理。在溢出保护功能设置后，当发生溢出时，DSP 芯片自动将结果饱和设置为最大正数（上溢出）或最小负数（下溢出）。

如果设置溢出保护功能，则上述加法的结果为 7，从而避免计算结果从 7 到 – 9 的灾难性后果。

在 DSP 芯片中，通常专门有一个状态标志位来表示溢出模式。状态寄存器 ST1 中的溢出方式控制位（OVM）就是这样一个状态标志位，它用来确定当计算结果发生溢出时，是否对其进行溢出保护。采用下面的指令就可以设置是否进行溢出保护：

```
RSBX   OVM   ;OVM＝0,不设置溢出保护模式
SSBX   OVM   ;OVM＝1,设置溢出保护模式
```

当运算结果发生溢出时：

1）若 OVM＝0，则对 ALU 的运算结果不做任何调整，直接送入累加器。

2）若 OVM＝1，则对 ALU 的运行结果进行调整。

① 当上溢出时，将 32 位最大正数 00 7FFFFFFFH 载入累加器。

② 当下溢出时，将 32 位最小负数 FF 80000000H 载入累加器。

需要注意的是，可以用 SAT 指令对累加器设置溢出保护模式，而不必考虑 OVM 的值。关于 SAT 指令的语法格式和功能详见本书 4.3.1 节的内容。

5. 双精度/双 16 位算术运算

状态寄存器 ST1 中的双精度/双 16 位算术运算方式控制位（C16）用来决定 ALU 的算术运算方式：

当 C16＝0 时，ALU 工作在双精度算术运算方式，即进行 32 位的加法/减法运算。

当 C16＝1 时，ALU 工作在双 16 位算术运算方式，即 ALU 在单周期内计算两次 16 位的加法/减法运算。

6. 进位标志位

状态寄存器 ST0 中的进位标志位（C）用来保存 ALU 进行加法/减法运算时所产生的进位/借位。进位标志位受大多数 ALU 操作指令的影响，包括算术操作、循环操作和移位操作。进位标志位可以用来指明是否有进位发生，也可以用来支持扩展精度的算术运算。利用两个条件操作数 C 和 NC，还可以作为分支转移、调用、返回和条件操作的执行条件。

需要注意的是，进位标志位不受加载累加器操作、逻辑操作、非算术运算和控制指令的影响，其值通常可以用指令直接进行设置（RSBX 置 0 和 SSBX 置 1），在硬件复位时，进位标志位置 1。

7. 累加器溢出标志位

状态寄存器 ST0 中的第 9 位和第 10 位分别是累加器 A 的溢出标志位（OVA）与累加器 B 的溢出标志位（OVB）。当运算结果发生溢出时，目标累加器的溢出标志位置 1，以表示累加器发生溢出，直到复位或执行溢出条件后，溢出标志位才清零。

8. 其他控制位

除 SXM、OVM、C16、C、OVA 和 OVB 外，ALU 还有两个控制位：TC 和 ZA/ZB。其中 TC 是测试/控制标志位，位于状态寄存器 ST0 的第 12 位，用来保存 ALU 测试操作的结果。ZA/ZB 是累加器结果为 0 的标志位。

6.3.2　累加器

DSP 芯片中需要设置一些特殊的寄存器，用于存放算术逻辑单元或其他运算单元的运算结果，同时作为一些运算逻辑单元的输入以提供一个中继的功能，这种寄存器称为累加器。

普通的寄存器与累加器存在着本质的区别。一般的寄存器用于存放运算操作的输入值，其位宽通常与 DSP 的内部数据总线相同。而累加器则用于存放运算操作的结果，其位宽一

般远大于内部总线的位宽。

　　TMS320C54x 芯片有两个独立的 40 位累加器：累加器 A（ACCA）和累加器 B（AC-CB），它们的结构完全相同，均由 3 部分组成：保护位（AG/BG，8 位）、高位字或称高阶位（AH/BH，16 位）和低位字或称低阶位（AL/BL，16 位）。其中，保护位可以防止迭代运算（比如，自相关运算）中产生的溢出，累加器的结构如图 6-3 所示。

39～32	31～16	15～0		39～32	31～16	15～0
AG	AH	AL		BG	BH	BL
保护位	高位字	低位字		保护位	高位字	低位字
a）累加器A				b）累加器B		

图 6-3　累加器结构图

　　ACCA 和 ACCB 的作用基本类似，其唯一区别在于 ACCA 的高位字可以用作乘法器的一个输入，而 ACCB 则无此功能。

　　AG、BG、AH、BH、AL 和 BL 都是存储器映像寄存器（Memory- Mapped Register，MMR），在保存或恢复文本时，可以用 PSHM 或 POPM 指令将它们压入堆栈或者从堆栈弹出。当然，作为寄存器，它们也可用于寻址操作。

　　累加器可以存放算术逻辑单元或乘累加单元的运算结果，也可以作为 ALU 的一个输入。实际上，累加器可以作为源操作数或目的操作数广泛地参与到算术运算、逻辑运算、程序控制和数据传送之中。

6.3.3　桶形移位器

　　C54x 有一个 40 位的桶形移位器，主要用于格式化操作：对来自累加器或数据空间的操作数进行移位、定标和归一化处理，其功能框图如图 6-4 所示。

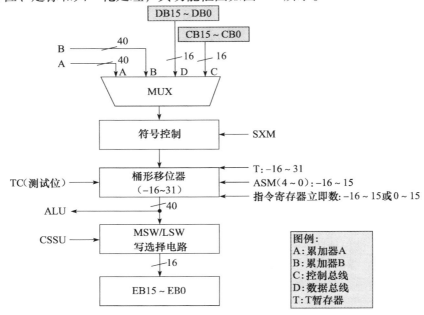

图 6-4　桶形移位器功能框图

具体来说，桶形移位器可以对累加器中的数据进行算术或逻辑移位；可以在 ALU 运算前，对来自数据存储器的操作数或者累加器的数据进行定标；可以在累加器中的数据存储到数据存储器之前对其进行定标；还可以对累加器中的数据进行归一化处理。

1. 桶形移位器的输入

桶形移位器通过多路选择器 MUX 来选择输入信号，其输入信号可以是如下 3 种之一。

1）取自 DB（数据总线）的 16 位数据。

2）取自 DB 和 CB（扩展数据总线）的 32 位数据。

3）来自 ACCA 或 ACCB 的 40 位数据。

2. 桶形移位器的输出

桶形移位器的运算结果可输出至如下两个单元。

1）输出至 ALU 的一个输入端。

2）经 MSW/LSW（最高有效字/最低有效字）写选择单元输出至 EB 总线。

3. 操作数的移位

操作数的移位有助于 CPU 完成数据的定标、位提取、扩展算术运算和溢出保护等操作，指令中的移位数就是移位的位数，不同 DSP 芯片的移位位数范围不同。移位数用二进制补码表示，正值表示左移，负值表示右移。移位数的形式有如下 3 种。

1）5 位立即数，取值范围：$-16 \sim 15$；

2）ST1 中的累加器移位方式位（ASM，共 5 位），取值范围：$-16 \sim 15$；

3）暂存器 T 中的低 6 位数值，取值范围：$-16 \sim 31$。

4. 数的定标

DSP 芯片的操作数以二进制的补码形式表示，每个数据用一个符号位（数据最高位）来表示数的正负（0 表示数值为正，1 则表示数值为负），其余各位表示数值的大小。在定点 DSP 芯片（如 C54x 中），采用定点数进行数值运算，其操作数一般用整型数来表示。但在许多情况下，数学运算过程中的数不一定都是整数。那么，如何让定点 DSP 芯片处理小数呢？这其中的关键就是由程序员来确定"小数点"处于数据中的哪一位，这就是数的定标。本书以 16 位字的 DSP 为例进行介绍。

数的定标通常有 Q 表示法和 S 表示法两种，"小数点"在数据中的位置不同，其数值的表示范围和精度也不同。一个 16 位有符号数，最左边的一位是符号位，其余 15 位包括整数位和小数位。对于 Q 表示法，Q 后面的数表示该数小数点右边的位数。如 Q15 表示该数的小数点右边有 15 位，即有 15 位小数位，没有整数位；Q10 表示该数的小数点右边有 10 位，即有 10 位小数位和 5 位整数位。S 表示法清楚地表示出了该数小数点左右两边的位数。如 S1.14 表示该数的小数点左边有 1 位，即有 1 位整数位，而小数点右边有 14 位，即有 14 位小数位。

必须指出的是，这里所说的"小数点"是一个隐性的小数点。对 DSP 芯片而言，参与运算的就是 16 位的整型数，并不存在真正意义上的小数点。

表 6-2 列出了一个 16 位有符号数的 16 种 Q 表示法、S 表示法、精度及它们所能表示的十进制数值范围。从表 6-2 可以看出，同一个 16 位定点数，小数点设定的位置不同，它所表示的数值也就不同。

表 6-2　Q 表示法、S 表示法、精度及数值范围

Q 表示法	S 表示法	精度	十进制数表示范围
Q15	S0. 15	1/32 768	$-1 \leqslant X \leqslant 0.999\ 969\ 5$
Q14	S1. 14	1/16 384	$-2 \leqslant X \leqslant 1.999\ 939\ 0$
Q13	S2. 13	1/8 192	$-4 \leqslant X \leqslant 3.999\ 877\ 9$
Q12	S3. 12	1/4 096	$-8 \leqslant X \leqslant 7.999\ 755\ 9$
Q11	S4. 11	1/2 048	$-16 \leqslant X \leqslant 15.999\ 511\ 7$
Q10	S5. 10	1/1 024	$-32 \leqslant X \leqslant 31.999\ 023\ 4$
Q9	S6. 9	1/512	$-64 \leqslant X \leqslant 63.998\ 046\ 9$
Q8	S7. 8	1/256	$-128 \leqslant X \leqslant 127.996\ 093\ 8$
Q7	S8. 7	1/128	$-256 \leqslant X \leqslant 255.992\ 187\ 5$
Q6	S9. 6	1/64	$-512 \leqslant X \leqslant 511.980\ 437\ 5$
Q5	S10. 5	1/32	$-1024 \leqslant X \leqslant 1\ 023.968\ 75$
Q4	S11. 4	1/16	$-2048 \leqslant X \leqslant 2\ 047.937\ 5$
Q3	S12. 3	1/8	$-4096 \leqslant X \leqslant 4\ 095.875$
Q2	S13. 2	1/4	$-8192 \leqslant X \leqslant 8\ 191.75$
Q1	S14. 1	1/2	$-16\ 384 \leqslant X \leqslant 16\ 383.5$
Q0	S15. 0	1	$-32\ 768 \leqslant X \leqslant 32\ 767$

例如，十六进制数 2000H，用 Q0 表示其值为 8192，用 Q15 表示其值为 0.25。但对于 DSP 芯片来说，处理方法是完全相同的。

从表 6-2 还可以看出，不同的 Q 值所表示的数不仅范围不同，而且精度也不相同。Q 越大，表示的数值范围越小，但精度越高（量化步长越小）；反之，Q 越小，表示的数值范围越大，但精度就越低（量化步长越大）。不同 Q 值所对应的最大正值、最小负值和量化步长（精度）可由式（6.1）～式（6.3）给出：

$$最大正值:2^{(15-Q)} - 2^{-Q} = (2^{15} - 1) \times 2^{-Q} \tag{6.1}$$

$$最小负值: -2^{(15-Q)} = -2^{15} \times 2^{-Q} \tag{6.2}$$

$$量化步长:2^{-Q} \tag{6.3}$$

例如，Q0 所能表示的数值范围是 $-32\ 768 \sim +32\ 767$，其量化步长为 1；而 Q15 所能表示的数值范围为 $-1 \sim 0.999\ 969\ 5$，量化步长为 1/32 768 = 0.000 030 51。显然，对定点数而言，数值表示范围与量化步长是一对矛盾，一个变量要能够表示比较大的数值范围，必须以牺牲量化步长为代价；而要提高量化步长，则数的表示范围就相应地减小。在实际的定点运算中，为了达到最佳性能，需要充分考虑到这一点。

5. 数的转换

利用数的定标可实现定点数与浮点数之间的转换。式（6.4）给出了由浮点数（x）转换为定点数（x_q）的计算方法，式（6.5）则给出了由定点数（x_q）转换为浮点数（x）的计算方法。

$$x_q = \lfloor x \cdot 2^Q \rfloor \tag{6.4}$$

$$x = x_q \cdot 2^{-Q} \tag{6.5}$$

式中"⌊ ⌋"表示下取整。

例如，浮点数 $x = 0.6$，定标 $Q = 15$，可根据式（6.4）将其转换为定点数：

$$x_q = \lfloor 0.6 \times 32\,768 \rfloor = 19\,660$$

一个用定标值 $Q = 15$ 表示的定点数 19 660，可根据式（6.5）将其转换为浮点数：

$$19\,660 \times 2^{-15} = 19\,660/32\,768 = 0.599\,975\,585$$

显然，用定点数来表示 0.6 这个浮点数存在一定的误差。

为了最大限度地保持数的精度，在将浮点数转换为定点数时，可以采取"四舍五入"的方法，即在下取整运算前先加上 0.5：

$$x_q = \lfloor x \cdot 2^Q + 0.5 \rfloor \tag{6.6}$$

同样对于定标 $Q = 15$ 的浮点数 0.6，，利用公式（6.6）得到定点数为：

$$\lfloor 32\,768 \times 0.6 + 0.5 \rfloor = 19\,661$$

其浮点数为：

$$19\,661 \times 2^{-15} = 19\,661/32\,768 = 0.600\,006\,103$$

将计算结果进行比较，不难发现其计算误差得到了有效地降低。

【例 6-1】 桶形移位器的移位和归一化功能举例。

```
ADD  A,  -4,  B    ;累加器A右移4位后加到累加器B
ADD  A,  ASM, B    ;累加器A中的值移位(位数由ASM值确定)后
                   ;与累加器B的值相加,结果放在累加器B中
NORM A             ;按T寄存器中的数值对累加器A归一化,T寄存器中的值
                   ;来自于指数编码器
```

6.3.4　乘法器/加法器单元

乘法器/加法器单元简称乘 – 累加单元（MAC），该单元包含 1 个乘法器和 1 个专用加法器。MAC 单元具有强大的乘 – 累加功能，在一个流水线周期内可以完成 1 次乘法运算和 1 次加法运算。在滤波器自相关等运算中，充分利用 MAC 单元可以显著提高运算速度。不同系列 DSP 芯片的乘法器和专用加法器的位宽不同。TMS320C54x 和 TMS320C55x 中的乘法器为 17 × 17 位，专用加法器为 40 位，TMS320C54x 的乘 – 累加单元功能框图如图 6-5 所示。

1. 乘法器

在 MAC 单元中，乘法器能够进行有符号数、无符号数以及有符号数与无符号数的乘法运算。以 TMS320C54x 系列 DSP 芯片为例，由于乘法器是 17 位 × 17 位的，而操作数的位宽为 16 位，因此在进行乘法运算前，需将 16 位的操作数扩展为 17 位。具体方法是：对于无符号数，向其最高位的左边增加一个"0"；对于有符号数，将其符号位向左边扩展一位。

由于两个 16 位的二进制补码相乘会产生两个符号位，为了提高计算精度，在状态寄存器 ST1 中设置小数方式控制位 FRCT 为 1，乘法器就会将计算结果自动左移 1 位而去掉 1 个多余的符号位，相应的定标值加 1。

在 MAC 单元中，乘法器 XM 输入端的数据来自于 T 寄存器、累加器 A 的第 32 ~ 16 位以及由 DB 总线传送过来的数据存储器操作数；YM 输入端的数据来自累加器 A 的第 32 ~ 16 位、由 DB 总线和 CB 总线传送过来的数据存储器操作数以及由 PB 总线传送过来的程序存储器操作数。乘法器的输出经小数控制电路接至加法器的 XA 输入端。

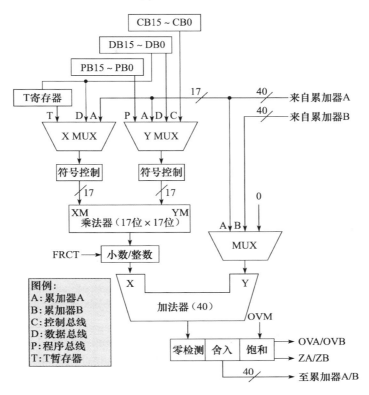

图 6-5　MAC 单元功能框图

2. 加法器

在 MAC 单元中，加法器的一个输入来自乘法器的输出，另一个来自累加器 A 或累加器 B。加法器的运算结果输出到累加器 A 或 B 中。此外，加法器还可对运算结果进行相关控制，如舍入（ROUND）、饱和逻辑（SAT）与零检测（ZA/ZB）等。

3. 舍入算法

在汇编指令中，常常在乘累加（MAC）、乘累减（MAS）或乘法（MPY）等指令后加上后缀 "R"，表示该指令要将累加器的低 16 位进行舍入，即采用舍入算法。所谓舍入算法就是将目标累加器的值加上 2^{15}，然后将累加器的低 16 位清零。换句话说，就是将目标累加器低位字的最高位（第 15 位）加 1B（B 表示二进制），若有进位，则进位后将累加器的低 16 位清零；若无进位，则直接将累加器的低 16 位清零。显然，进行舍入运算后，能够最大限度地保持 16 位运算结果的精度。

6.3.5　比较、选择和存储单元

在数据通信、信息处理和模式识别等领域，往往要用到 Viterbi 蝶形算法。C54x 中的比较、选择和存储单元（CSSU）就是专门为 Viterbi 蝶形算法设计的硬件单元，常用来和 ALU 一道执行快速加法/比较/选择（Add/Compare/Select，ACS）运算，其功能框图如图 6-6 所示。

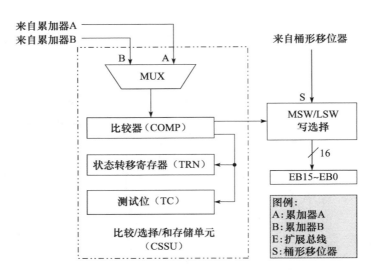

图 6-6   比较选择和存储单元功能框图

CSSU 用于完成累加器高位字和低位字之间的最大值比较，即选择累加器中较大的字并存储在数据存储器中。其工作过程如下。

1）比较器（COMP）将累加器 A 或累加器 B 的高位字和低位字进行比较。

2）比较结果分别送入状态转移寄存器（TRN）和状态寄存器 ST0 的状态位 TC 中，记录比较结果以便调试程序。

3）比较结果输出至写选择电路，选择较大的数据。

4）将选择的数据通过总线 EB 存入指定的存储单元。

例如，CMPS 指令可以对累加器的高位字和低位字进行比较，并选择较大的数存放在指令所指定的存储单元中。

指令格式：

CMPS A,   *AR1

功能： 对累加器 A 的高位字（AH）和低位字（AL）进行比较。

若 AH > AL，则 AH→ *AR1，TRN 左移 1 位，0→TRN（0），0→TC。

若 AH ≤ AL，则 AL→ *AR1，TRN 左移 1 位，1→TRN（0），1→TC。

6.3.6   指数编码器

指数编码器也是 CPU 的一个专用硬件，当定点数向浮点数转换时，用于求累加器中数据的指数值。

使用指数编码器，可以在单个周期内执行 EXP 指令求得累加器中数据的指数值，并以二进制补码的形式（−8 ~ 31）存放到 T 寄存器中，指数编码器的功能框图如图 6-7 所示。

累加器中数据的指数值由式（6.7）确定：

$$指数值 = 冗余符号位数 - 8 \qquad (6.7)$$

所谓冗余符号位数就是多余的符号位数。例如，

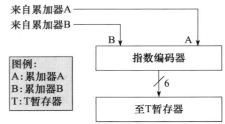

图 6-7   指数编码器功能框图

将 1001H 放到累加器 A 中，若符号位扩展使能，则其数值为 FF FFFF F001 H，冗余符号位数为 $4 \times 7 - 1 = 27$ 个。

指数值是为了消除冗余符号位而将累加器中数据移动的位数，一般将其存放于 T 寄存器中。指数值可正可负：当载入累加器的数据少于 32 位时，其值为正，数据左移；当载入累加器的数据超过 32 位时，其值为负，数据右移。根据式（6.7），上例的指数值应为 $27 - 8 = 19$，即十六进制的 13H。有了指数编码器，就可以用 EXP 和 NORM 指令对累加器的内容进行归一化处理了。

【例6-2】　指数编码器的使用。（假设 40 位累加器 A 中的定点数为 FF FFFF F001H）

```
EXP   A   ;求取并将指数值(13H)存入 T 寄存器
NORM  A   ;根据指数值对累加器归一化:左移 19(13H)位,低位补 0
```

程序运行前：A = FF FFFF F001H

程序运行后：A = FF 8008 0000H，T = 13H。

6.3.7　CPU 状态和控制寄存器

C54x 提供了三个 16 位的寄存器作为 CPU 的状态和控制寄存器，它们分别为：状态寄存器 0（ST0）、状态寄存器 1（ST1）和处理器工作模式状态寄存器（PMST）。

其中，ST0 与 ST1 主要包含 CPU 的各种工作条件和工作状态，PMST 包含存储器的设置状态和其他控制信息。由于这些寄存器都是存储器映像寄存器，因此可以很方便地将它们快速地存放到数据存储器，也可以由数据存储器对它们进行加载。

1. 状态寄存器 0（ST0）

ST0 主要反映处理器的寻址要求和计算机的运行状态，其结构如图 6-8 所示，各位域的功能见表 6-3。

15 ~ 13	12	11	10	9	8 ~ 0
ARP	TC	C	OVA	OVB	DP

图 6-8　ST0 结构示意图

表 6-3　ST0 各位域的功能

位	名称	复位值	功能
15 ~ 13	ARP	0	辅助寄存器指针。用来选择使用单操作数间接寻址时的辅助寄存器 AR0 ~ AR7
12	TC	1	测试/控制标志位。用来保存 ALU 测试操作的结果
11	C	1	进位标志位。用来保存 ALU 加/减运算时所产生的进/借位
10	OVA	0	累加器 A 的溢出标志。用来反映累加器 A 是否产生溢出
9	OVB	0	累加器 B 的溢出标志。用来反映累加器 B 是否产生溢出
8 ~ 0	DP	0	数据存储器页指针。用来与指令中提供的 7 位地址结合形成 1 个 16 位数据存储器的地址以进行直接寻址

2. 状态寄存器 1（ST1）

ST1 主要反映处理器的寻址要求、计算初始状态的设置、I/O 及中断的控制等，其结构如图 6-9 所示，各位域的功能见表 6-4。

15	14	13	12	11	10	9	8	7	6	5	4~0
BRAF	CPL	XF	HM	INTM	0	OVM	SXM	C16	FRCT	CMPT	ASM

图 6-9　ST1 结构示意图

表 6-4   ST1 各位域的功能

位	名称	复位值	功能
15	BRAF	0	块重复操作标志位。用来指示当前是否在执行块重复操作 BRAF = 0：当前未进行块重复操作 BRAF = 1：当前正在进行块重复操作
14	CPL	0	直接寻址编辑方式标志位。用来指示直接寻址选用何种指针作为基地址 CPL = 0：选用数据存储器页指针 DP 作为基地址进行直接寻址 CPL = 1：选用堆栈指针 SP 作为基地址进行直接寻址
13	XF	1	外部 XF 引脚状态位。用来控制 XF 通用外部输出引脚的状态 执行 SSBX　XF = 1：XF 通用输出引脚为 1 执行 RSBX　XF = 0：XF 通用输出引脚为 0
12	HM	0	保持方式位。响应 HOLD 引脚信号，指示 CPU 是否继续执行内部操作 HM = 0：CPU 从内部程序存储器取指，继续执行内部操作 HM = 1：CPU 停止内部操作
11	INTM	1	中断方式控制位。用于屏蔽或开放所有可屏蔽中断 INTM = 0：开放全部可屏蔽中断 INTM = 1：禁止所有可屏蔽中断
10		0	保留位。未使用，总是读为 0
9	OVM	0	溢出方式控制位。用来确定累加器溢出时，对累加器的加载方式 OVM = 0：将运算结果直接加载到累加器中 OVM = 1：正溢出时，将 007FFFFFFFH 加载累加器 　　　　　负溢出时，将 FF80000000H 加载累加器
8	SXM	1	符号位扩展方式控制位。用来确定数据在运算之前是否需要进行符号位扩展 SXM = 0：数据进入 ALU 之前禁止符号位扩展 SXM = 1：数据进入 ALU 之前进行符号位扩展
7	C16	0	双精度/双 16 位算术运算方式控制位。用来决定 ALU 的算术运算方式 C16 = 0：ALU 工作在双精度算术运算方式 C16 = 1：ALU 工作在双 16 位算术运算方式
6	FRCT	0	小数方式控制位。用来确定乘法器的运算方式。当 FRCT = 1 时，乘法器的输出左移一位，消除多余的符号位
5	CMPT	0	间接寻址辅助寄存器修正方式控制位。用来决定 ARP 是否进行修正 CMPT = 0：在进行单操作数间接寻址时，不修正 ARP CMPT = 1：在进行单操作数间接寻址时，修正 ARP
4 ~ 0	ASM	0	累加器移位方式控制位。为某些具有移位操作的指令设定一个移位值，移位范围为 − 16 ~ 15

3. 处理器工作模式状态寄存器（PMST）

PMST 主要设定和控制处理器的工作模式、存储器的配置及反映处理器的工作状态，其结构如图 6-10 所示，各位域的功能见表 6-5。

15 ~ 7	6	5	4	3	2	1	0
IPTR	MP/MC	OVLY	AVIS	DROM	CLKOFF	SMUL	SST

图 6-10   PMST 结构示意图

表 6-5　PMST 各位域的功能

位	名称	复位值	功能
15 ~ 7	IPTR	1FFH	中断向量指针。用来指示中断向量所驻留的 128 字程序存储器的位置
6	MP/$\overline{\text{MC}}$	MP/$\overline{\text{MC}}$ 引脚 状态	微处理器/微计算机工作模式位。用来确定 DSP 的工作模式 MP/$\overline{\text{MC}}$ = 0：DSP 工作于微计算机模式 MP/$\overline{\text{MC}}$ = 1：DSP 工作于微处理器模式
5	OVLY	0	片内 RAM 占位位。OVIY 可以允许片内双寻址数据 RAM 块映像到程序空间 OVIY = 0：片内 RAM 只映射到数据空间 OVIY = 1：片内 RAM 可同时映射到程序空间和数据空间，但是数据页第 0 页 (0H ~ 7FH) 不映射到程序空间
4	AVIS	0	地址可见位。用来决定是否可以从器件地址引脚线看到内部程序空间地址 AVIS = 0：从器件地址引脚线不能看到内部程序空间地址 AVIS = 1：从器件地址引脚线可以看到内部程序空间地址
3	DROM	0	数据 ROM 映射选择位。用来决定片内 ROM 是否可以映射到数据存储空间 DROM = 0：片内 ROM 不映射到数据空间 DROM = 1：部分片内 ROM 映射到数据空间
2	CLKOFF	0	CLKOUT 时钟输出关断位。用来决定时钟输出引脚 CLKOUT 是否有信号输出，当 CLKOFF = 1 时，CLKOUT 保持高电平，禁止输出
1	SMUL	N/A	乘法饱和方式位。用来决定乘法结果是否需要饱和/溢出处理
0	SST	N/A	存储饱和位。决定累加器数据在存到存储器前是否需要饱和/溢出处理

6.4　存储器

　　前面已经介绍过，DSP 芯片一般采用哈佛结构或改进的哈佛结构，这种结构将程序区、数据区和 I/O 区分开，每个存储区独立编址。为了提高运算速度，DSP 芯片内部提供了一定数量的存储器，用于存放程序和数据。本节主要介绍 TMS320C54x 芯片的存储器资源和存储区组织等内容。

6.4.1　DSP 芯片的存储器

　　存储器主要用于存放程序、数据和变量等。根据所处的位置不同，存储器可分为片内存储器和片外存储器两类。其中，片内存储器是 DSP 芯片本身所固有的，而片外存储器是根据 DSP 系统的需要在 DSP 芯片外部扩展的。

1. 片内存储器

　　DSP 芯片内部一般都包含片内存储器，用来存储程序及其运行所需的参数，主要类型有 ROM、RAM 和 Flash 等。不同 DSP 芯片提供的片内存储器的类型和数量也不同，例如，TMS320C5402 片内有 4K 字的 ROM 和 16K 字的 RAM，TMS320C5416 片内有 16K 字的 ROM 和 128K 字的 RAM，而 TMS320LF2407A 片内有 32K 的 Flash 和 2K 的 RAM。表 6-6 列出了部分 C54x 芯片片内存储器的种类和容量。

表 6-6　部分 C54x 芯片片内存储器容量

芯片种类 存储器类型	ROM			DARAM	SARAM
	程序 ROM	程序/数据 ROM	ROM（总）		
C541	20K 字	8K 字	28K 字	5K 字	0K 字
C542	2K 字	0K 字	2K 字	10K 字	0K 字
C543	2K 字	0K 字	2K 字	10K 字	0K 字
C545	32K 字	16K 字	48K 字	6K 字	0K 字

（续）

存储器类型 芯片种类	ROM			DARAM	SARAM
	程序 ROM	程序/数据 ROM	ROM（总）		
C546	32K 字	16K 字	48K 字	6K 字	0K 字
C548	2K 字	0K 字	2K 字	8K 字	24K 字
C549	16K 字	16K 字	16K 字	8K 字	24K 字
C5402	4K 字	4K 字	4K 字	16K 字	0K 字
C5410	16K 字	0K 字	16K 字	8K 字	56K 字
C5416	16K 字	0K 字	16K 字	64K 字	64K 字
C5420	0K 字	0K 字	0K 字	32K 字	168K 字

（1）ROM

通用 DSP 芯片中的 ROM 一般都包括引导装载程序（Bootloader Program）和中断向量表。有些芯片（如 C54x）还有若干常用的数据表格，如正弦函数表、μ/A 律扩展数据表等。有些芯片内部有较大空间的 ROM，且其可部分地映射到数据空间和程序空间，用于用户程序的掩膜，此时的 ROM 称为定制 ROM。用户可将测试通过的最终程序和数据以目标文件的格式提交给芯片生产公司，由公司将其转化为相应的代码并编程写入 ROM，一旦写入 ROM 就不能更改。

（2）RAM

RAM 可作为数据存储空间或程序存储空间使用，有些 RAM 还可以同时映射到程序和数据空间。DSP 芯片中的 RAM 又可以分为单访问 RAM（Single-Access RAM，SARAM）和双访问 RAM（Dual-Access RAM，DARAM）两种类型。

SARAM 称为单访问 RAM，即每个 SARAM 在 1 个机器周期内只能访问 1 次，也就是说，每个机器周期只能进行 1 次读或写操作。

DARAM 称为双访问 RAM，即每个 DARAM 在 1 个机器周期内能访问两次，因此在同一个机器周期内，CPU 和外设可以对 DARAM 同时进行读和写操作。

（3）Flash 存储器

有些 DSP 芯片提供具有较大空间的 Flash 存储器（如 TMS320F280x/F281x、TMS320LF240x 等），便于用户直接将程序和固定数据写入 Flash 存储器中运行，无须再外扩存储器。一般将片内 Flash 存储器映射到程序存储空间。对于没有外部存储器扩展接口的器件，Flash 存储器始终处于使能状态。但是对于有外部存储器扩展接口的芯片，复位时将根据 MP/$\overline{\text{MC}}$ 引脚的状态决定访问片内的 Flash 存储器还是从片外存储器启动执行。

一般带有 Flash 存储器的 DSP 芯片都提供加密功能，加密后，从外部不能读取 Flash 存储器中的内容，这对于保护知识产权非常有用。Flash 存储器可以进行多次擦除和烧写，DSP 为每个 Flash 存储器都提供一组控制寄存器来控制该 Flash 块的擦除、编程和测试，以方便用户修改和升级程序。

2. 片外存储器

DSP 芯片一般都提供外部扩展总线，便于用户扩展外部存储器，这些外扩存储器常用于存放用户程序。

用户程序一般在加电开机后由引导装载程序将存放在外部存储器中的用户程序引导加载

到片内 RAM 中高速运行。引导装载程序是芯片出厂时固化在 ROM 中的一段代码，其主要功能是将用户程序从外部装入片内 RAM 或扩展 RAM 中高速运行。Bootloader 一般支持多种程序传递方式，如并行 EPROM、串行 EPROM、串口和主机接口等，不同型号的 DSP，其 Bootloader 不同。如果外扩存储器仅用于存放用户程序，则其存储器数据宽度可以是 8 位或 16 位。如果用户程序需要在外扩存储器中运行，则扩展存储器的数据宽度需与指令宽度相同（如定点芯片的 16 位、浮点芯片的 32 位）。需要注意的是，即使外扩存储器的速度足够快，也比不上程序在片内的运行速度。因此，在设计系统时应尽可能选择片内 RAM 较大的 DSP 芯片，并将程序全部放在片内运行。

6.4.2　存储空间分配

DSP 芯片的存储器结构可以通过重叠和分页方法加以改变，从而调整不同类型的空间大小。同时，DSP 的总线结构也使得系统的存储空间可方便地进行扩展。

TMS320C54x 的总存储空间为 192K 字，分为三个可以选择配置的存储空间：64K 字的程序空间、64K 字的数据空间和 64K 字的 I/O 空间。另外，C54x 还具有多达 256K 字~8M 字的扩展程序存储空间。在设计 DSP 系统时，必须要考虑存储器空间的组织。

TMS320C54x 的片内存储器类型有 DARAM、SARAM 和 ROM 三种。一般情况下，将 RAM（包括 DARAM 和 SARAM）安排到数据存储空间，但也可以设置为程序存储空间；ROM 一般构成程序存储空间，也可以部分地设置为数据存储空间。处理器工作模式状态寄存器（PMST）的 3 个位域（MP/MC、OVLY 和 DROM）可影响存储器的结构。用户可以根据需要，通过修改 PMST 的位域设置，方便地配置存储空间。

1. 程序空间

程序空间主要用于存储程序指令和执行程序时所用到的系数表。

（1）微处理器/微计算机工作模式

DSP 芯片一般具有两种工作模式：微处理器模式和微计算机模式，DSP 工作于何种模式，由 PMST 中的微处理器/微计算机工作模式位（MP/MC）决定，一般可通过设置 MP/MC 引脚的逻辑电平或修改 PMST 的 MP/MC 来设置工作模式。

- MP/MC = 0，片内 ROM 映射到程序空间，DSP 芯片工作于微计算机模式；
- MP/MC = 1，片内 ROM 不映射到程序空间，DSP 芯片工作于微处理器模式。

1）微处理器模式：片内 ROM 被禁止。复位后程序跳至固定起始地址（FF80H），再根据存放在片外存储器的中断向量表跳转至相应地址开始运行用户程序。

2）微计算机模式：片内 ROM 映射到程序空间。复位后程序跳转至固定起始地址（FF80H），再根据存放在片内的中断向量表跳转至相应地址开始运行用户程序。

（2）OVLY 位

片内 RAM 可以通过设置 PMST 中的片内 RAM 占位位（OVLY）来控制其映射区域。

- OVLY = 0，片内 RAM 只映射到数据空间；
- OVLY = 1，片内 RAM 同时映射到程序空间和数据空间。

如图 6-11 所示，C5402 有 16K 字的片内 DARAM，其地址范围为：0080H ~ 3FFFH。在微处理器模式下，其程序空间的下半区（4000H ~ FFFFH）映射到外部。在微计算机模式下，程序空间下半区的 4000H ~ EFFFH 映射到外部，F000H ~ FFFFH 为片内 ROM。其中，

F000H ~ FEFFH 用于存放各类系数表；FF00H ~ FF7FH 保留，用做芯片测试；FF80H ~ FFFFH 为片内中断向量表，用于存放复位、中断和陷阱向量等。在程序空间的上半区 (0000H ~ 3FFFH)，存储器结构根据 OVLY 的设置而不同。若 OVLY = 0，上半区为外部；若 OVLY = 1，上半区为片内的保留区 (0000H ~ 007FH) 和 DARAM (0080H ~ 3FFFH)，此时，DARAM 既能作为程序存储空间又能作为数据存储空间使用。

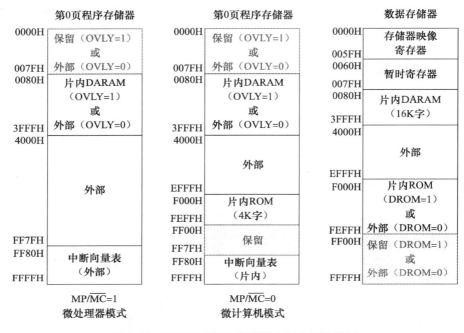

图 6-11   TMS320C5402 存储器空间分配示意图

如图 6-12 和图 6-14 所示，C5416 芯片有 64K 字的片内 DARAM 和 64K 字的片内 SARAM。其中，DARAM 的地址范围为 0080H ~ 7FFFH 和 18000H ~ 1FFFFH，SARAM 位于程序区的 28000H ~ 2FFFFH 和 38000 ~ 3FFFFH。在微处理器模式下，其程序空间的下半区 (8000H ~ FFFFH) 映射到外部。在微计算机模式下，程序空间下半区的 8000H ~ BFFFH 映射到外部，C000H ~ FFFFH 为片内 ROM。其中 C000H ~ FEFFH 用于存放各类系数表；FF00H ~ FF7FH 保留，用做芯片测试；FF80H ~ FFFFH 为片内中断向量表，用于存放复位、中断和陷阱向量等。在程序区的上半区 (0000H ~ 7FFFH)，存储器结构根据 OVLY 的设置而不同。若 OVLY = 0，上半区为外部；若 OVLY = 1，上半区为片内的保留区 (0000H ~ 007FH) 和 DARAM (0080H ~ 7FFFH)，此时，DARAM 既能作为程序存储空间又能作为数据存储空间使用。

（3）扩展程序存储空间

C54x 系列 DSP 芯片采用页扩展的方法扩展程序空间，可以访问多达 8M 字的程序空间（如，C5402 可扩展至 1M 字、C5416 可扩展至 8M 字），其地址线多达 23 根（C5402 的地址线为 20 根，C5416 的地址线为 23 根），并用扩展程序计数器（XPC）和程序计数器（PC）进行扩展程序空间寻址。同时，提供 FB、FBACC、FCALA、FCALL、FRET 和 FRETE 等特殊指令，配合扩展程序空间的寻址。

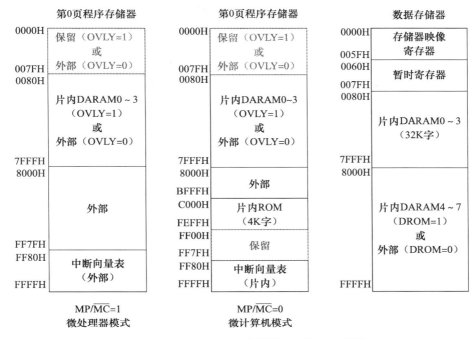

图 6-12   TMS320C5416 存储器空间分配示意图

C5402 和 C5416 的扩展程序空间分别为 16 页和 128 页，每页 64K 字。如图 6-13 和图 6-14所示，当 OVLY = 1 时，片内 RAM 映射到程序空间，每页程序存储空间分成两部分，一部分是公共的 16K 字（C5406）或 32K 字（C5416），另一部分是各自独立的 48K 字（C5402）或 32K 字（C5416）。公共存储空间为所有页共享，而每页独立的存储空间只能按照指定的页号寻址。也就是说，如果程序存储空间使用片内 RAM(OVLY = 1)，访问程序空间上半区，不管 XPC 的值为多少，访问地址都映射到地址范围为 0000H ~ 3FFFH 的片内 RAM（C5402）或 0000H ~ 7FFFH 的片内 RAM（C5416），而程序存储空间的下半区，即 x4000H ~ xFFFFH（C5402）或 xx8000H ~ xxFFFFH（C5416）按照页号进行寻址。

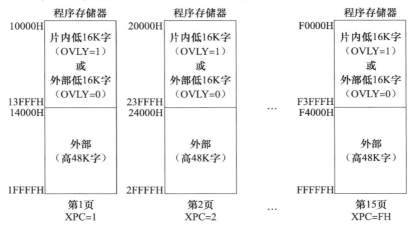

图 6-13   TMS320C5402 扩展程序存储器示意图

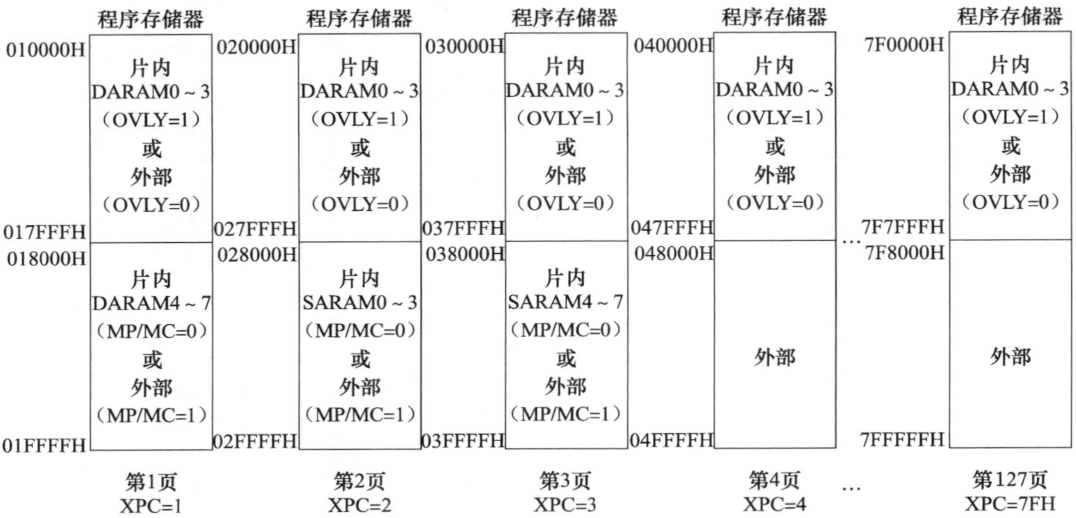

图 6-14   TMS320C5416 扩展程序存储器示意图

2. 数据空间

数据空间主要用于存储执行指令所用到的数据。

DSP 芯片一般具有 64K 字的数据寻址空间。数据空间的 0000H～005FH 是存储器映像寄存器区域，各类存储器映像寄存器（Memory Mapped Register，MMR）均存在于该区域。数据空间的 0060H～007FH 单元，有一个 32 字的 DARAM 块，称为便笺本 RAM 块，也叫暂存存储器。该块可以进行各种类型的高速暂存，避免将一个大的 RAM 块分割开。片内的 DARAM 映射到数据空间的 0080H～3FFFH（C5402）和 0080H～7FFFH（C5416），如图 6-11 和图 6-12 所示。此外，也可将片内 ROM 的一部分映射到数据空间，如图 6-11 所示。方法是设置 PMST 寄存器中的 DROM 位：

- 若 DROM = 0，片内 ROM 不映射到数据空间；
- 若 DROM = 1，部分片内 ROM 映射到数据空间，并且当 MP/$\overline{\text{MC}}$ = 0 时，片内 ROM 同时映射到数据空间和程序空间。

对 C5416 而言，当 DROM = 0 时，数据空间的下半区映射到外部；当 DROM = 1 时，数据空间的下半区为片内 DARAM。

3. I/O 空间

TMS320C54x 提供的 I/O 空间用于对片外设备的访问，也可以作为附加的数据空间使用。其地址空间共 64K 字，两条特殊指令 PORTR 和 PORTW 用于对 I/O 空间的数据进行存取。

通常，I/O 设备的存取速度比 DSP 芯片的存取速度要慢。为此，DSP 芯片提供了外部 READY 信号和软件等待状态产生机制来实现其与外部慢速设备之间的通信。

HOLD 模式可以允许外设控制 DSP 芯片的外部总线，获取外部程序、数据和 I/O 空间的资源。当 DSP 芯片处于 HOLD 状态（可通过设置 DSP 芯片的 $\overline{\text{HOLD}}$ 引脚实现）时，DSP 芯片的外部总线处于高阻状态，此时外设可完全获取对 DSP 芯片外部资源的控制权。

4. TMS320C5416 的片内存储资源

TMS320C5416 的片内存储资源包括 16K 字的片内 ROM 和 128K 字的片内 RAM，其中，片内 RAM 又可分为 64K 字的 DARAM 和 64K 字的 SARAM。其存储空间可配置为：8M 字的程序空间、64K 字的数据空间和 64K 字的 I/O 空间，图 6-12 和图 6-14 是该芯片存储资源的结构示意图。

64K 字的 DARAM 分为 8 块，每块 8K 字，包括 DARAM0~7。其中，DARAM0~3 可作为数据空间，地址范围为 80H~7FFFH，也可同时作为程序/数据空间（OVLY=1），地址范围不变。当 DARAM4~7 作为程序空间时，地址范围为 18000H~1FFFFH。若将 DROM 设置为 1，DARAM4~7 还可作为数据空间，地址范围为 8000H~FFFFH。必须注意，当 DARAM4~7 作为程序/数据空间时，虽然地址不一样，但物理上是重叠的，如数据的 8000H 与程序的 18000H 实际上是同一个存储单元。对于 DARAM 来说，如果两个操作数都存放在相同的块中，对其访问需要两个周期；但若两个操作数分别存放在不同的块中时，对其访问则仅需要 1 个周期。因此，用户可以设计数据读取区域，以便在 1 个指令周期内，从一个 DARAM 块中预取两个操作数，然后再写到另一块 DARAM 中。因此，合理组织存储器可以提高 DSP 的运行效率。

64K 字的 SARAM 也分为 8 块，每块 8K 字，包括 SARAM0~7。这 64K 字都位于程序空间，其中，SARAM0~3 的地址范围为 28000H~2FFFFH，SARAM4~7 的地址范围为 38000H~3FFFFH。

16K 字的 ROM 位于程序空间的 C000H~FFFFH，表 6-7 列出了其包含的内容。

表 6-7　TMS320VC5416 ROM 的内容

地址范围	内容
C000H~D4FFH	GSM EFR 声码器数据
D500H~F7FFH	保留，可用于用户程序掩膜
F800H~FBFFH	Bootloader 程序
FC00H~FCFFH	μ 律扩展数据表
FD00H~FDFFH	A 律扩展数据表
FE00H~FEFFH	正弦数据表
FF00H~FF7FH	芯片测试用
FF80H~FFFFH	中断向量表

6.4.3　TMS320C5416 寄存器

MMR 是用于存放临时数据或配置数据的存储单元。DSP 的运算单元与外部数据的交换必须通过 MMR 进行，因此程序员只有对所开发 DSP 芯片上每个存储器映像寄存器的功能了如指掌，才能设计出高效的汇编程序。

通常 MMR 的存储空间很小、个数有限，但由于其不经过总线即可通过芯片内部的连线被运算单元直接存取而具有较高的存取速度。因此，使用 MMR 对于算法的快速实现有非常明显的优势。DSP 芯片中的存储器映像寄存器包括 CPU 寄存器和外设寄存器两种，它们一般都映射到片内的数据空间。C5416 的存储器映像寄存器驻留在数据存储空间的 0000H~005FH（即数据存储空间第 0 页的一部分），访问非常方便。

1. CPU 寄存器

TMS320C5416 的 CPU 寄存器共有 26 个，驻留在数据空间的 0000H～001FH，如表 6-8 所示。

表 6-8　C5416 CPU 存储器映像寄存器

字地址	名称	描述	字地址	名称	描述
00H	IMR	中断屏蔽寄存器	0EH	T	T 暂存器
01H	IFR	中断标志寄存器	0FH	TRN	状态转移寄存器
02～05H	—	保留，用于测试	10～17H	AR0～AR7	辅助寄存器 0～7
06H	ST0	状态寄存器 0	18H	SP	堆栈指针寄存器
07H	ST1	状态寄存器 1	19H	BK	循环缓冲区大小寄存器
08H	AL	ACCA 低位字	1AH	BRC	块重复计数寄存器
09H	AH	ACCA 高位字	1BH	RSA	块重复起始地址寄存器
0AH	AG	ACCA 保护位	1CH	REA	块重复结束地址寄存器
0BH	BL	ACCB 低位字	1DH	PMST	处理器工作模式状态寄存器
0CH	BH	ACCB 高位字	1EH	XPC	扩展程序计数器
0DH	BG	ACCB 保护位	1FH	—	保留

1）中断寄存器（IMR、IFR）：中断屏蔽寄存器（IMR）可以在需要的时候禁止或允许指定的可屏蔽中断，中断标志寄存器（IFR）可以指示当前的中断状态。

2）状态寄存器（ST0、ST1）：状态寄存器包含 C54x 的不同状态和模式。ST0 包括算术运算和位操作使用的状态位（OVA、OVB、C 和 TC）以及 DP 字段与 ARP 字段；ST1 反映处理器和指令执行所依赖的模式和状态。

3）累加器（A、B）：C54x 包含两个 40 位的累加器——累加器 A 和累加器 B。每个累加器都分为低位字（第 15～0 位）、高位字（第 31～16 位）和保护位（第 39～32 位）三个部分，并分别映射到数据存储空间中。

4）暂存器（T）：暂存器有许多用法，如可作为乘法器的一个输入参与乘法和乘－累加/减运算，可参与双精度/双 16 位算术运算，在 BITT 指令中用于保存测试位的位代码，在 EXP 指令中存放指数值，以及在数据传送指令中用作源操作数或目的操作数等。

5）状态转移寄存器（TRN）：16 位的状态转移寄存器在维特比算法中作为新数据的存储路径。CMPS 指令用累加器高位字和累加器低位字的比较结果更新 TRN 寄存器。

6）辅助寄存器（AR0～AR7）：8 个 16 位的辅助寄存器可以被 CPU 和辅助寄存器算术单元（ARAU）修改。辅助寄存器的主要作用是产生 16 位的数据存储单元地址。此外，辅助寄存器还可以用作通用寄存器或保存变量。

7）堆栈指针（SP）寄存器：16 位的 SP 寄存器保存系统堆栈的栈顶地址，其内容可被中断、调用、陷阱以及 PSHD、POPD、PSHM 和 POPM 指令修改。当有数据压入或弹出堆栈时，堆栈指针寄存器进行预加减操作。

8）循环缓冲区大小（BK）寄存器：16 位的 BK 寄存器用于指定循环寻址时数据块的大小。

9）块重复寄存器（BRC、RSA 和 REA）：在块重复模式中，16 位的块重复计数器

（BRC）确定代码块重复的次数，16 位的块重复起始地址（RSA）寄存器指定要重复的代码块在程序存储器中的首地址，16 位的块重复结束地址（REA）寄存器指定要重复的代码块在程序存储器中的结束地址。

10）处理器工作模式状态（PMST）寄存器：PMST 寄存器用于控制 C54x 存储器的配置。

11）扩展程序计数器（XPC）：扩展程序计数器是一个包含当前程序存储单元地址高 7 位的寄存器，它的值决定扩展程序空间的页号（0 ~ 127）。

2. 外设寄存器

外设寄存器用于对外设器件进行控制和数据访问，这些寄存器驻留在地址为 0020H ~ 005FH 的数据存储空间。外设寄存器存在于一个专用的外设总线结构中，它可以从外设中接收数据或者发送数据至外设总线。设置或清除控制寄存器的位可以激活、屏蔽或者重新配置外设状态。不同类型的 C54x DSP 芯片具有不同的外设寄存器，如果芯片具有某种外设，则控制该外设的外设寄存器就一定存在。C5416 的外设存储器映像寄存器如表 6-9 所示。

表 6-9　C5416 外设存储器映像寄存器

地址	名称	描述
20	DRR20	McBSP0 数据接收寄存器 2
21	DRR10	McBSP0 数据接收寄存器 1
22	DXR20	McBSP0 数据发送寄存器 2
23	DXR10	McBSP0 数据发送寄存器 1
24	TIM	定时器寄存器
25	PRD	定时器周期寄存器
26	TCR	定时器控制寄存器
27	—	保留
28	SWWSR	软件等待状态寄存器
29	BSCR	块切换控制寄存器
2A	—	保留
2B	SWCR	软件等待状态控制寄存器
2C	HPIC	主机接口控制寄存器
2D ~ 2F	—	保留
30	DRR22	McBSP2 数据接收寄存器 2
31	DRR12	McBSP2 数据接收寄存器 1
32	DXR22	McBSP2 数据发送寄存器 2
33	DXR12	McBSP2 数据发送寄存器 1
34	SPSA2	McBSP2 子块地址寄存器
35	SPSD2	McBSP2 子块数据寄存器
36 ~ 37	—	保留
38	SPSA0	McBSP0 子块地址寄存器

（续）

地址	名称	描述
39	SPSD0	McBSP0 子块数据寄存器
3A ~ 3B		保留
3C	GPIOCR	通用 I/O 引脚控制寄存器
3D	GPIOSR	通用 I/O 引脚状态寄存器
3E	CSIDR	设备标识寄存器
3F		保留
40	DRR21	McBSP1 数据接收寄存器 2
41	DRR11	McBSP1 数据接收寄存器 1
42	DXR21	McBSP1 数据发送寄存器 2
43	DXR11	McBSP1 数据发送寄存器 1
44 ~ 47	—	保留
48	SPSA1	McBSP1 子块地址寄存器
49	SPSD1	McBSP1 子块数据寄存器
4A ~ 53	—	保留
54	DMPREC	DMA 通道优先权和使能控制寄存器
55	DMSA	DMA 子块地址寄存器
56	DMSDI	带自动增量的 DMA 子块数据寄存器
57	DMSDN	不带自动增量的 DMA 子块数据寄存器
58	CLKMD	时钟方式寄存器
59 ~ 5F		保留

6.5   小结

本章介绍了 TMS320C54x 的硬件结构，包括内部总线、CPU、存储器及其存储空间分配等内容。

C54x 的内部总线由 1 组程序总线（PB）、3 组数据总线（CB、DB 和 EB）以及 4 组地址总线（PAB、CAB、DAB、EAB）组成。

C54x 的中央处理单元（CPU）包括：一个 40 位的算术逻辑单元（ALU），两个 40 位的累加器（ACCA 和 ACCB），一个 40 位的桶形移位器，一个乘法器/加法器单元（MAC），一个比较、选择和存储单元（CS-SU），一个指数编码器和一组 CPU 状态与控制寄存器（ST0、ST1 和 PMST）。在介绍 CPU 的各组成单元时，有选择地介绍了符号位扩展、溢出处理、数的定标、舍入算法等数据处理方法。

以 C5402 和 C5416 芯片为例，介绍了 DSP 芯片片内存储器的类型、存储器空间的划分（程序空间、数据空间和 I/O 空间）、存储器空间的分配与设置以及 C5416 的寄存器组织和功能等内容。

在学习完本章内容之后，读者应该对 C54x 的硬件结构有一个较为全面的认识，并能够在进行 DSP 应用系统开发时正确地加以使用。

实验七：FFT 程序设计

【实验目的】

1）掌握 FFT 的 C 语言编程方法。

2）理解 FFT 的程序运行流程。

3）验证 FFT 的运行结果。

4）掌握链接命令文件的编写方法。

【预备知识】

离散傅里叶变换（DFT）是信号分析与处理中的一种重要变换，它可以对有限长序列傅里叶变换的有限点离散采样，从而实现频域离散化，使得数字信号处理可以在频域采用数值计算的方法进行。但是，直接计算 DFT 的计算量太大，从而引出了快速傅里叶变换（FFT）。

FFT 是 DFT 的一种快速算法，基本上可以分为两大类：时域抽取法 FFT（Decimation In Time FFT，DIT-FFT）和频域抽取法 FFT（Decimation In Frequency FFT，DIF-FFT）。

设输入序列 $x(n)$ 的长度为 $N = 2^M$（M 为正整数），将该序列按时间顺序的奇偶分解为越来越短的子序列，称为基 2 时域抽取的 FFT（DIT-FFT）算法。

一个完整的 8 点 DIT-FFT 运算流图如图 6-15 所示。

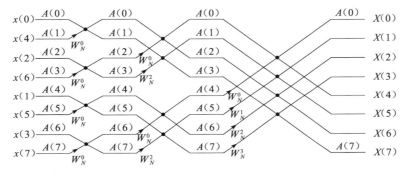

图 6-15　N 点 DIT-FFT 运算流图（$N=8$）

一个完整的 8 点 DIF-FFT 运算流图如图 6-16 所示。

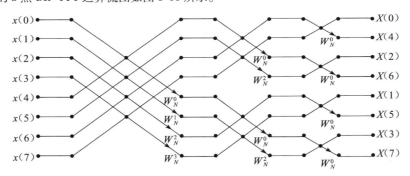

图 6-16　N 点 DIF-FFT 运算流图（$N=8$）

【实验内容】

编程实现如下输入信号的 DIT-FFT 运算。

$$x(n) = 200\sin\left(\frac{2n\pi \times 4}{N}\right) + 400\cos\left(\frac{2n\pi \times 2}{N}\right), (N = 256)$$

【实验步骤】

1）使用 C 语言编写源程序。

2）为该源程序编写链接命令文件，要求：

① 输出可执行文件的文件名为 "ex7.out";

② 把 .cinit 段分配到首地址为 1800H、长度为 8000H 的程序存储空间;

③ .text 段、.const 段紧接着 .cinit 段依次存放;

④ 把 .bss 段分配到数据存储空间的 2000H ~ 9FFFH。

3) 运行结果查看

① 查看程序和数据存储空间,验证链接命令文件的正确性。

② 运用 CCS 的图形工具分别显示输入信号波形和 DIT-FFT 运算结果波形。

③ 将实验结果与理论计算进行比较,验证程序的正确性。

实验八: FIR 滤波器设计

【实验目的】

1) 掌握 FIR 的 C 语言编程方法。

2) 理解 FIR 程序的运行流程。

3) 验证 FIR 程序的运行结果。

4) 掌握链接命令文件的编写方法。

【预备知识】

设 FIR 滤波器的单位冲激响应 $h(n)$ 为一个 N 点序列,$0 \leq n \leq N-1$,则滤波器的系统函数为

$$H(z) = \sum_{n=0}^{N-1} h(n)z^{-n}$$

它有 $(N-1)$ 阶极点在 $z = 0$ 处,有 $(N-1)$ 个零点位于有限 z 平面的任何位置,因此,$H(z)$ 永远稳定。另外,FIR 滤波器在保证幅度特性满足技术指标的同时,很容易做到严格的线性相位,因此,稳定和线性相位是 FIR 滤波器的突出优点。

满足第一类线性相位的条件是:$h(n) = h(N-1-n)$,$\varphi(\omega) = -\tau\omega$,其中 $\tau = (N-1)/2$ 为常数。第一类线性相位 FIR 滤波器网络结构如图 6-17 所示。

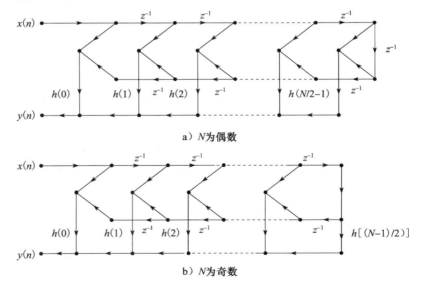

a) N 为偶数

b) N 为奇数

图 6-17　第一类线性相位网络结构

满足第二类线性相位的条件是:$h(n) = -h(N-1-n)$,$\varphi(\omega) = \varphi_0 - \tau\omega$,其中 $\tau = (N-1)/2$ 为常数,

φ_0 为起始相位。第二类线性相位 FIR 滤波器网络结构如图 6-18 所示。

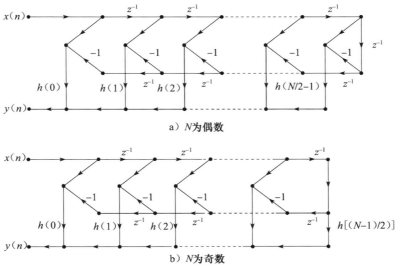

a) N 为偶数

b) N 为奇数

图 6-18 第二类线性相位网络结构

4 种线性相位 FIR 理想滤波器（低通、高通、带通和带阻）的传输函数与单位脉冲响应分列如下。

1）低通滤波器

理想低通滤波器传输函数：

$$H_d(e^{j\omega}) = \begin{cases} e^{-j\omega\tau} & , |\omega| \leqslant \omega_c \\ 0 & , \omega_c < |\omega| < \pi \end{cases}$$

理想低通滤波器单位脉冲响应：

$$h_d(n) = \frac{\sin\omega_c(n-\tau)}{\pi(n-\tau)}, \quad 0 \leqslant n < N-1$$

2）高通滤波器

理想高通滤波器传输函数：

$$H_d(e^{j\omega}) = \begin{cases} e^{-j\omega\tau} & , \omega_c \leqslant |\omega| \leqslant \pi \\ 0 & , |\omega| < \omega_c \end{cases}$$

理想高通滤波器单位脉冲响应：

$$h_d(n) = (-1)^n \frac{\sin[w_c(n-\tau)]}{\pi(n-\tau)}, \quad 0 \leqslant n < N-1$$

3）带通滤波器

理想带通滤波器传输函数：

$$H_d(e^{j\omega}) = \begin{cases} e^{-j\omega\tau} & , \omega_{c1} \leqslant |\omega| \leqslant \omega_{c2} \\ 0 & , \omega_{c2} < |\omega| < \pi \text{ 或 } |\omega| < \omega_{c1} \end{cases}$$

理想带通滤波器单位脉冲响应：

$$h_d(n) = \frac{\sin[\omega_{c2}(n-\tau)] - \sin[\omega_{c1}(n-\tau)]}{\pi(n-\tau)}, \quad 0 \leqslant n \leqslant N-1$$

4）带阻滤波器

理想带阻滤波器传输函数：

$$H_d(e^{j\omega}) = \begin{cases} e^{-j\omega\tau} & ,\omega_{c2} \leqslant |\omega| \leqslant \pi \text{ 或 } |\omega| < \omega_{c1} \\ 0 & ,\omega_{c1} < |\omega| < \omega_{c2} \end{cases}$$

理想带阻滤波器单位脉冲响应：

$$h_d(n) = \frac{\sin[\pi(n-\tau)] + \sin[\omega_{c1}(n-\tau)] - \sin[\omega_{c2}(n-\tau)]}{\pi(n-\tau)}, \quad 0 \leqslant n \leqslant N-1$$

常用于设计 FIR 滤波器的窗函数有：矩形窗（Rectangle Window）、三角形窗（Bartlett Window）、汉宁（Hanning Window）窗—升余弦窗、哈明（Hamming Window）窗—改进的升余弦窗、布莱克曼（Blackman Window）窗和凯塞–贝塞尔窗（Kaiser-Basel Window）等。

窗函数法设计 FIR 滤波器的步骤如下：

1）给定理想的频率响应函数 $H_d(e^{j\omega})$ 及技术指标。

2）求出理想的单位脉冲响应 $h_d(n)$。有两种求解方法，分述如下。

• 公式法：

$$h_d(n) = \frac{1}{2\pi}\int_{-\pi}^{\pi} H_d(e^{j\omega}) e^{j\omega n} d\omega$$

• IFFT 法：对 $H_d(e^{j\omega})$ M 点等间隔抽样得 $H_d(e^{j\frac{2\pi}{M}k})$，计算其 IFFT，得：

$$h_M(n) = \sum_{i=-\infty}^{\infty} h_d(n+iM)$$

当 $M >> N$ 时，$h_d(n) \approx h_M(n)$。

3）参数选择。

① 根据阻带衰减选择窗函数 $w(n)$；

② 根据过渡带宽要求确定窗口长度 N 值；

③ 求所设计的 FIR 滤波器的单位脉冲响应：$h(n) = h_d(n) \cdot w(n)$。

4）计算频率响应 $H(e^{j\omega})$，验证是否满足要求。设计出的滤波器频率响应用下式计算：

$$H(e^{j\omega}) = \sum_{n=0}^{N-1} h(n) e^{-j\omega n}$$

需要注意的是，在利用窗函数法设计 FIR 滤波器时需要用到参数 $h(n)$，该参数可通过在 MATLAB 命令窗口中输入相应指令的方法而获得。

① 低通：h = FIR1 (N, Wn)

② 高通：h = FIR1 (N, Wn, 'high')

③ 带阻：h = FIR1 (N, Wn, 'stop')

④ 带通：h = FIR1 (N, Wn, 'bandpass')

【实验内容】

已知某滤波器的主要性能指标如下：

1）采样频率：$\Omega_s = 2\pi \times 1.5 \times 10^4 \text{rad/s}$

2）通带截止频率 $\Omega_p = 2\pi \times 1.5 \times 10^3 \text{rad/s}$

3）阻带截止频率 $\Omega_{st} = 2\pi \times 3 \times 10^3 \text{rad/s}$

4）阻带衰减不小于 -50dB

根据上述性能指标设计一个线性相位 FIR 低通滤波器，并利用设计的滤波器对信号 $x(n) = 6\sin\left(\frac{\pi}{40}n\right) + 8\sin\left(\frac{\pi}{3}n + \frac{\pi}{30}\right)$ 进行滤波。

【实验步骤】

1）使用 C 语言编写源程序。

2）为该源程序编写链接命令文件，要求：

① 输出可执行文件的文件名为 "ex8.out"；

② 把 .cinit 段分配到首地址为 2000H、长度为 6000H 的程序存储空间；

③ .text 段、.const 段紧接着 .cinit 段依次存放；

④ 把 .bss 段分配到数据存储空间的 1000H ~ 1FFFH。

3）运行结果查看。

① 查看程序和数据存储空间，验证链接命令文件的正确性。

② 运用 CCS 的图形工具分别显示单位冲激响应、输入信号和输出信号的时域波形与幅频波形。

③ 将实验结果与理论计算进行比较，验证程序的正确性。

实验九：IIR 滤波器设计

【实验目的】

1）掌握 IIR 的 C 语言编程方法。

2）理解 IIR 程序的运行流程。

3）验证 IIR 程序的运行结果。

4）掌握链接命令文件的编写方法。

【预备知识】

一个 N 阶 IIR 滤波器的系统函数可能表示为：

$$H(z) = \frac{\sum_{i=0}^{M} b_i Z^{-i}}{1 - \sum_{i=1}^{N} a_i Z^{-i}} = \frac{Y(z)}{X(z)}$$

则该系统的差分方程为：

$$y(n) = \sum_{i=0}^{N} a_i y(n-i) + \sum_{i=0}^{M} b_i x(n-i)$$

IIR 网络的基本结构大致可以分为三类：直接型、级联型、并联型。

IIR 滤波器设计方法有两类：直接法和间接法。直接法指的是直接在时域或频域中进行设计，因为要联立方程，所以设计时经常需要使用计算机作为辅助工具。间接法是经常使用的一类设计方法，它是借助于模拟滤波器的设计方法进行的。其设计步骤是：首先设计模拟滤波器得到传输函数 $H_a(s)$，然后将 $H_a(s)$ 按某种方法转换成数字滤波器的系统函数 $H(z)$。将模拟滤波器的系统函数转换为数字滤波器的系统函数有两种方法：冲激不变法和双线性变换法。

冲激响应不变法是从时域出发，要求数字滤波器的冲激响应 $h(n)$ 对应于模拟滤波器 $h_a(t)$ 的等间隔抽样，即 $h(n) = h_a(nT)$，其中，T 是抽样周期，因此时域逼近良好。用冲激响应不变法设计 IIR 滤波器的一般流程如下。

1）根据设计要求，设定数字滤波器的性能指标。

2）将数字滤波器的性能指标变换为中间模拟滤波器的性能指标。

3）设计出符合要求的中间模拟滤波器的系统函数 $H_a(s)$。

4）将 $H_a(s)$ 展开成部分分式的并联形式，利用

$$H_a(s) = \sum_{k=1}^{N} \frac{A_k}{s - s_k} \Rightarrow H(z) = \sum_{k=1}^{N} \frac{A_k}{1 - e^{s_k T} z^{-1}}$$

设计出 $H(z)$。

5）将 $H(z)$ 乘以抽样周期 T，完成数字滤波器系统函数 $H(z)$ 的设计。

双线性变换法是从频域出发，使数字滤波器的频率响应与模拟滤波器的频率响应相似的一种变换法。用双线性变换法设计 IIR 滤波器的一般流程如下。

1）根据要求，设定数字滤波器的性能指标。

2）将各分段频率临界点预畸变。

3）将数字滤波器的性能指标转换为中间模拟滤波器的性能指标。

4）根据设计要求，选定双线性变换常数 C。

5）设计中间模拟滤波器的系统函数 $H_a(s)$。

6）将 $S = C\dfrac{1-z^{-1}}{1+z^{-1}}$ 代入 $H_a(s)$ 中，得到数字滤波器的 $H(z)$。

设计 IIR 滤波器的本质就是要实现其系统函数，因此，在实现滤波器时，一定要得到系统函数的系数 a 和 b 的值，而获取系统函数的参数可以通过 MATLAB 实现。

【实验内容】

已知某滤波器的主要性能指标如下。

1）采样频率：$\Omega_s = 2\pi \times 5 \times 10^4 \text{rad/s}$

2）通带截止频率 $\Omega_p = 2\pi \times 10^4 \text{rad/s}$

3）阻带截止频率 $\Omega_{st} = 2\pi \times 2 \times 10^4 \text{rad/s}$

4）通带最大衰减 3dB

5）阻带衰减不大于 20dB

按照以上技术指标设计巴特沃斯低通滤波器。并对信号

$$x(n) = \sin\left(\frac{\pi}{30}n\right) + 5\sin\left(\frac{9\pi}{10}n + \frac{\pi}{20}\right)$$

进行滤波。

提示：可利用 MATLAB 提取 $h(n)$ 参数。

【实验步骤】

1）使用 C 语言编写源程序。

2）为该源程序编写链接命令文件，要求：

① 输出可执行文件的文件名为 "ex9.out"；

② 把 .cinit 段分配到首地址为 1000H、长度为 5000H 的程序存储空间；

③ .text 段、.const 段紧接着 .cinit 段依次存放；

④ 把 .bss 段分配到数据存储空间的 2000H ~ 3FFFH。

3）运行结果查看

① 查看程序和数据存储空间，验证链接命令文件的正确性。

② 运用 CCS 的图形工具分别显示输入信号和输出信号的时域波形与幅频波形。

③ 将实验结果与理论计算进行比较，验证程序的正确性。

思考题

1. 简述 TMS320C54x 芯片的 CPU 组成。

2. 简述 TMS320C54x 芯片的内部总线结构及各总线的功能。

3. 何为符号位扩展？符号位扩展有何作用？如需进行符号位扩展，应如何设置？

4. 何为溢出？简述溢出保护的作用和设置方法。

5. 简述累加器的作用、累加器与普通寄存器的区别以及累加器 A 和累加器 B 的区别。

6. 何为数的定标？有何作用？

7. 如何进行数的转换？

8. 简述乘－累加单元中乘法器的三种工作方式及 FRCT 位的作用。

9. 何为舍入算法？简述舍入算法的作用。

10. 简述 TMS320C54x 芯片中的比较、选择和存储单元（CSSU）的作用与工作流程。

11. 简述指数编码器的作用及如何确定指数值。

12. TMS320C54x 的 CPU 状态和控制寄存器有哪几个？其主要功能是什么？

13. DSP 芯片的片内存储器有哪些类型？

14. 简述 TMS320C54x 的存储器空间种类及其作用。

15. 简述 TMS320C54x 芯片的两种工作模式。

16. 简述 Bootloader 的作用。

第 7 章 TMS320C54x 片内外设

📖 **内容提要**

本章详细介绍通用 I/O 口、时钟发生器、片内定时器、主机接口（HPI）、串口及外部总线，并简要介绍 C5416 芯片的引脚。这些内容对于 DSP 应用系统的开发具有极其重要的作用，应引起读者的高度重视。

📖 **重点难点**

- 时钟发生器的实现方式
- 可编程定时器的原理和应用
- 主机接口 HPI 的原理和使用方法
- 串口的 4 种形式及其使用方法
- 可编程分区转换逻辑
- 软件可编程等待状态发生器

7.1 通用 I/O 引脚

TMS320C54x 的片内外设是集成在芯片内部的外部设备，即 DSP 芯片内部除了 CPU 和内部总线之外的模块。所有 C54x 芯片的 CPU 都是相同的，但是连接到 CPU 的片内外围电路就不一定相同。C54x 的片内外围电路一般包括两个通用 I/O 引脚、一个带锁相环（PLL）的时钟发生器、一个定时器、一个软件可编程等待状态发生器和一个可编程分区转换逻辑。除此之外，C5416 的片内外设还包括三个多通道缓冲串口（McBSP）、六通道 DMA 控制器和 8/16 位增强并行主机接口（HPI8/16）。

TMS320C54x 提供了两个由软件控制的专用的通用 I/O 引脚：分支转移控制输入引脚（$\overline{\text{BIO}}$）和外部标志输出引脚（XF）。

分支转移控制输入引脚可用于监控外部设备的状态，根据$\overline{\text{BIO}}$输入的状态可以有条件地执行一个分支转移。当时间要求严格时，使用$\overline{\text{BIO}}$代替中断非常有用。在使用$\overline{\text{BIO}}$的指令中，有条件执行指令（XC）在流水线译码阶段对$\overline{\text{BIO}}$进行采样，而所有其他条件指令（分支转移、调用和返回）均在流水线的读阶段对$\overline{\text{BIO}}$进行采样。

例如：

```
XC  2,BIO  ;如果BIO引脚为低电平(条件满足),则执行紧随其后的 1 条双字;指令或两条单字指令;
           ;否则,执行两条 NOP 指令
```

外部标志输出引脚可用来为外部设备提供输出信号，该引脚可由软件控制。当设置状态寄存器 ST1 的 XF 位为 1 时，XF 引脚变为高电平；而当清除 XF 位时，该引脚变为低电平。也可使用 SSBX 和 RSBX 指令分别对 XF 引脚进行置位（高电平）和清零（低电平）。

例如：

```
SSBX  XF  ;将外部标志引脚置1,CPU 向外部发出高电平信号；
RSBX  XF  ;将外部标志引脚复位(置0),CPU 向外部发出低电平信号
```

以上介绍的是专用的通用 I/O 引脚，实际上 C5416 还有一些引脚可以通过配置形成通用 I/O 引脚，这些引脚包括以下几个。

1）所有 18 个多通道缓冲串口（McBSP）引脚：BCLKX0/1/2、BCLKR0/1/2、BDR0/1/2、BFSX0/1/2、BFSR0/1/2 和 BDX0/1/2。

2）8 个主机接口（HPI）双向并行数据引脚：HD0 ~ HD7。

因为上述 26 个引脚具有特定的功能，所以，只有当其特定功能不使用时，才能配置为通用 I/O 引脚，这些引脚的特定功能将在以下几节中陆续介绍。

7.2　时钟发生器

时钟发生器由一个内部振荡器和一个锁相环（Phase-Locked Loop，PLL）电路组成，通过内部振荡器或外部时钟源驱动，为 TMS320C54x 系列芯片提供时钟信号。锁相环电路具有频率放大和信号提取的功能，利用其特性可以锁定时钟发生器的振荡频率，为系统提供高稳定的时钟信号。还可以利用 PLL 电路对外部时钟进行倍频，从而使得外部时钟的频率低于 CPU 的时钟频率，以降低因高速开关时钟而造成的高频噪声。

TMS320C54x 的外部参考时钟有如下两种输入方式。

1）与内部振荡器共同构成时钟振荡电路

将晶体跨接于 TMS320C54x 的两个时钟输入引脚 X1 与 X2/CLKIN 之间，构成内部振荡器的反馈电路。

2）直接利用外部时钟

将一个外部时钟信号直接连接到 X2/CLKIN 引脚，X1 引脚悬空，此时内部振荡器不起作用。

锁相环电路可通过硬件或软件的方法进行配置，下面分别加以阐述。

1. 硬件配置 PLL

所谓硬件配置 PLL，就是通过设定 C54x 的 3 个时钟模式选择引脚（CLKMD1、CLKMD2 和 CLKMD3）的状态而选定时钟模式，具体配置方法如表 7-1 所示。

表 7-1　硬件时钟配置方法

引脚状态			时钟模式	
CLKMD1	CLKMD2	CLKMD3	选择方案 1	选择方案 2
0	0	0	外部时钟源，PLL×3	外部时钟源，PLL×5
1	1	0	外部时钟源，PLL×2	外部时钟源，PLL×4
1	0	0	内部振荡器，PLL×3	内部振荡器，PLL×5

(续)

引脚状态			时钟模式	
CLKMD1	CLKMD2	CLKMD3	选择方案1	选择方案2
0	1	0	外部时钟源，PLL×1.5	外部时钟源，PLL×4.5
0	0	1	外部时钟源，频率除以2	外部时钟源，频率除以2
1	1	1	内部振荡器，频率除以2	内部振荡器，频率除以2
1	0	1	外部时钟源，PLL×1	外部时钟源，PLL×1
0	1	1	停止模式	停止模式

在使用硬件方式配置 PLL 时，要根据芯片的具体型号来选择正确的引脚状态。芯片不同，选择方案及工作频率也不同。当进行硬件配置时，若不使用 PLL，CPU 的时钟频率等于内部振荡器频率或外部时钟频率的 $1/2$；若使用 PLL，CPU 的时钟频率等于内部振荡器频率或外部时钟频率的 N 倍。

表 7-1 中停止模式的功能等效于 IDLE3 省电模式，但是，要省电还是推荐用 IDLE3 指令，而不用停止模式，因为 IDLE3 使 PLL 停止工作，而复位或外部中断到来时可以使其恢复工作。需要注意的是，在 DSP 正常运行时，不能重新改变和配置 DSP 的时钟模式。

2. 软件配置 PLL

软件配置 PLL 是通过对时钟方式寄存器（CLKMD）编程而完成 PLL 方式下时钟配置的一种高度灵活的时钟控制方式。CLKMD 是一个 16 位的存储器映像寄存器，位于数据空间的 0058H 单元，其结构如图 7-1 所示，各位域功能见表 7-2。需要注意的是，在复位时，CLKMD 寄存器的初始化值仅依赖于 3 个时钟模式选择引脚的状态（如表 7-3 所示），复位后方可对 CLKMD 重新编程以配置各种时钟方式。

15～12	11	10～3	2	1	0
PLLMUL	PLLDIV	PLLCOUNT	PLLON/OFF	PLLNDIV	PLLSTATUS

图 7-1   CLKMD 结构示意图

表 7-2   CLKMD 各位域的功能

位	名称	功能
15～12	PLLMUL	PLL 乘数。与 PLLDIV、PLLNDIV 一起定义频率的乘系数
11	PLLDIV	PLL 除数。与 PLLMUL、PLLNDIV 一起定义频率的乘系数
10～3	PLLCOUNT	PLL 锁定定时器初值。PLL 锁定定时器是一个减法计数器，每 16 个输入时钟 CLKIN 到来后减 1。对 PLL 开始工作之后到 PLL 成为处理器时钟之前的一段时间进行计数定时。PLL 计数器能够确保在 PLL 锁定之后以正确的时钟信号加到处理器上
2	PLLON/OFF	PLL 开关位。与 PLLNDIV 位一起使能/禁止时钟发生器的 PLL 部件 PLLON/OFF =0，PLLNDIV =0：关 PLL PLLON/OFF =0，PLLNDIV =1：开 PLL PLLON/OFF =1，PLLNDIV =x：开 PLL
1	PLLNDIV	PLL 时钟发生器选择位。决定时钟发生器的工作方式，并与 PLLMUL 以及 PLLDIV 一道定义频率的乘数 PLLNDIV =0：采用分频器（DIV）方式 PLLNDIV =1：采用 PLL 方式
0	PLLSTATUS	PLL 状态位。指示时钟发生器的工作方式（只读） PLLSTATUS =0：分频率（DIV）方式 PLLSTATUS =1：PLL 方式

表 7-3　复位时设置的时钟方式

引脚状态			CLKMD 寄存器复位值	时钟方式
CLKMD1	CLKMD2	CLKMD3		
0	0	0	0000H	1/2（PLL 无效）
0	0	1	9007H	PLL×10
0	1	0	4007H	PLL×5
1	0	0	1007H	PLL×2
1	1	0	F007H	PLL×1
1	1	1	0000H	1/2（PLL 无效）
1	0	1	F000H	1/4（PLL 无效）
0	1	1	—	停止方式

通过对 CLKMD 编程，可为输出时钟（CLKOUT）选择不同的配置模式。

（1）锁相环（PLL）模式。输入时钟（CLKIN）乘以 0.25 ~ 15 共 31 档比例系数之一；

（2）分频（DIV）模式。输入时钟（CLKIN）的 2 分频或 4 分频。当采用 DIV 方式时，所有电路（包括 PLL 电路）都关断，以使功耗最小。

由表 7-2 可以看出 PLLMUL、PLLDIV 和 PLLNDIV 相互作用形成 PLL 乘系数。根据三者的不同组合，可以得到 PLL 模式下 31 个时钟发生器的乘系数，从而产生相应的输出时钟信号。三者不同组合所代表的乘系数如表 7-4 所示，输出时钟与输入时钟的关系由式（7.1）确定。

$$F_{CLKOUT} = F_{CLKIN} \times 乘系数 \qquad (7.1)$$

式中，F_{CLKOUT} 为输出时钟频率、F_{CLKIN} 为输入时钟频率。

表 7-4　PLL 的乘系数

PLLNDIV	PLLDIV	PLLMUL	乘系数
0	x	0 ~ 14	0.5
0	x	15	0.25
1	0	0 ~ 14	PLLMUL + 1
1	0	15	1
1	1	0 或偶数	（PLLMUL + 1）÷ 2
1	1	奇数	PLLMUL ÷ 4

在锁相环电路锁定之前，PLL 是不能用作 C54x 时钟的。而通过对 CLKMD 寄存器中的 PLL 锁定定时器初值（PLLCOUNT）进行编程，就可以很方便地自动延迟定时，直到 PLL 锁定为止。PLLCOUNT 的数值（0 ~ 255）加载到 PLL 锁定定时器后，每 16 个输入时钟（CLKIN）信号使其减 1，一直减到 0 为止。因此，锁定延迟时间可以从（0 ~ 255）× 16 个输入时钟周期中选择。根据 PLL 锁定时间（Lockup Time）和输出时钟频率的关系（如图 7-2 所示）可以得到锁定时间，有了锁定时间，即可求得 PLLCOUNT 的数值：

$$PLLCOUNT（十进制） > \left\lceil \frac{Lockup\ Time}{16T_{CLKIN}} \right\rceil \qquad (7.2)$$

式中，T_{CLKIN} 是输入时钟周期、$Lockup\ Time$ 是 PLL 的锁定时间、"$\lceil\ \rceil$"表示向上取整。

当时钟发生器由 DIV 模式切换到 PLL 模式时，启动 PLL 锁定定时器。锁定期间，时钟

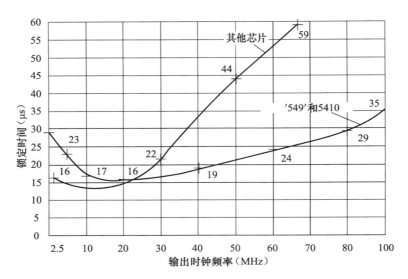

图 7-2   PLL 锁定时间和 CLKOUT 频率的关系

发生器继续工作在 DIV 方式。PLL 锁定定时器减到 0 后，PLL 才开始为 C54x 提供时钟信号，且 CLKMD 寄存器的 PLLSTATUS 位置 1，表示定时器已工作在 PLL 方式。

当时钟发生器从 PLL 模式切换到 DIV 模式时，可直接切换，不需要锁定延时。

【例 7-1】   已知 C5416 的输入时钟频率 $F_{CLKIN}=10MHz$，现欲从 DIV 模式转换为 PLL×3 模式，如何设置时钟方式寄存器。

解：根据表 7-4 可知，当时钟模式配置成 PLL×3 时，PLLPLLNDIV＝1，PLLDIV＝0，PLLMUL＝2。根据式（7.1）可得输出时钟频率为：

$$F_{CLKOUT} = F_{CLKIN} \times 乘系数 = 10 \times 3 = 30(MHz)$$

根据图 7-2，当 C5416 的输出时钟频率为 30MHz 时，PLL 的锁定时间约为 22μs，根据式（7.2）可得 PLL 锁定定时器的初值为：

$$PLLCOUNT(十进制) > \left\lceil \frac{Lockup\ Time}{16T_{CLKIN}} \right\rceil = \left\lceil \frac{22}{16 \times (1/10)} \right\rceil = \lceil 13.75 \rceil = 14$$

由于 PLL 锁定定时器减到 0 后，PLL 才开始为 C54x 提供时钟信号，为了安全起见，可以适当增大 PLLCOUNT 的数值，本例中将其设定为 18。所以，时钟方式寄存器（CLKMD）的数值设定为：0010 0000 1001 0111B＝2097H。

7.3   定时器

TMS320C54x 片内的 16 位定时器是一个软件可编程定时器，当定时器计数减到 0 时，可以产生中断，它可以停止、重启、复位或通过指定状态位而无效。

定时器主要由 3 个存储器映像寄存器组成：定时器（TIM）寄存器、定时器周期（PRD）寄存器和定时器控制（TCR）寄存器，这 3 个寄存器在数据存储空间中的地址分别是 0024H、0025H 和 0026H。

1）TIM 寄存器是一个减 1 计数器，该寄存器的初值由 PRD 寄存器中的数值加载，并做减 1 计数。

2）PRD 寄存器提供 TIM 寄存器计数初值的加载，即提供计数周期。

3）TCR 寄存器对定时器的状态进行控制，其控制和状态位结构如图 7-3 所示，各控制和状态位域的功能如表 7-5 所示。

15~12	11	10	9~6	5	4	3~0
保留	Soft	Free	PSC	TRB	TSS	TDDR

图 7-3　TCR 结构

表 7-5　TCR 各控制位和状态位的功能

位	名称	复位值	功能
15~12	保留	—	保留。总为 0
11	Soft	0	与 Free 位结合起来，以决定在调试高级语言编写的程序遇到断点时定时器的工作状态 Soft = 0：定时器立即停止工作 Soft = 1：定时器在计数器减到 0 时停止工作
10	Free	0	与 Soft 位结合起来，以决定在调试高级语言编写的程序遇到断点时定时器的工作状态 Free = 0：定时器的运行模式由 Soft 位确定 Free = 1：不考虑 Soft 位，定时器继续运行
9~6	PSC	—	定时器预定标计数器。这是一个减 1 计数器，当 PSC 减到 0 或定时器复位时，TDDR 位域中的数加载到 PSC，TIM 减 1
5	TRB	—	定时器重新加载控制位。用来复位片内定时器，当 TRB = 1 时，以 PRD 中的数加载 TIM，以 TDDR 中的数加载 PSC。TRB 总是读成 0
4	TSS	0	定时器停止状态位。用于停止或启动定时器，在复位时，TSS 位清 0，定时器立即开始定时 TSS = 0：定时器启动工作 TSS = 1：定时器停止工作
3~0	TD-DR	0000	定时器分频系数。按此分频系数对 CLKOUT 进行分频，以改变定时周期。当 PSC 减到 0 后，以 TDDR 中的数值对其进行加载

图 7-4 所示为定时器的逻辑框图。它由两个基本的功能模块组成，即主定时器模块（由 PRD 和 TIM 组成）以及预定标器模块（由 TCR 中的 TDDR 与 PSC 位域组成），另外还包括由三个或门和一个与门组成的逻辑控制电路。逻辑框图的引脚功能解释如下。

- $\overline{\text{SRESET}}$（DSP 系统复位）和 TRB（定时器单独复位）：通过或门控制 PSC 和 TIM 的初值加载。
- CPU 时钟信号：用于为 PSC 减计数提供时钟信号。
- TSS（停止控制位）：它可取反后通过与门来屏蔽 CPU 时钟信号，从而达到控制定时器启动和停止的功能。
- TINT（内部定时中断）：定时时间到了以后，向 CPU 和定时器输出引脚发出内部定时中断信号。
- TOUT（定时器输出）：输出脉冲信号，该脉冲持续时间为一个 CLKOUT 周期。

在正常工作情况下，PSC 由 CPU 提供时钟信号（周期为 T_{CLKOUT}），每个 CPU 时钟信号将使 PSC 减 1，当 PSC 减计数到 0 时，TDDR 的内容加载到 PSC 中。当系统复位或者定时器单独复位时，TDDR 的内容也重新加载到 PSC 中。TIM 由 PRD 提供计数初值，由 PSC 的借位信号提供时钟脉冲，每个来自预定标计数器（PSC）的借位信号使 TIM 减 1。当 TIM 减计数到 0 后产生一个借位信号，此时，TIM 向 CPU 和定时器输出引脚（TOUT）发出内部定时中断申请信号 TINT，同时 TOUT 引脚输出定时脉冲信号，并将 PRD 中的内容自动地加载到 TIM，从而完成定时器的一个基本工作过程。当系统复位或者定时器单独复位时，PRD 中的内容也重新加载到 TIM 中。可以读取（通过读 TCR）PSC，但是不能直接向它写入。

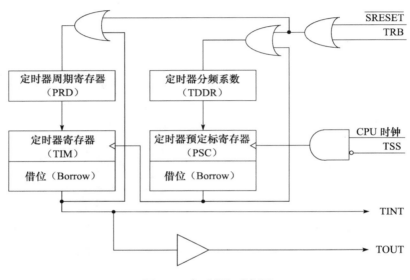

图 7-4　定时器组成框图

通过 TSS 位的控制可以关闭或打开定时器的时钟输入，从而停止或启动定时器的运行。当不需要定时器时，停止定时器的运行有助于降低 DSP 的功耗。

定时器的定时周期可按式（7.3）计算：

$$T_{定时周期} = T_{CLKOUT} \times (TDDR + 1) \times (PRD + 1) \tag{7.3}$$

其中，T_{CLKOUT} 为 CPU 时钟周期，TDDR 和 PRD 分别为定时器的分频系数和计数周期。

通过读 TIM 和 TCR 寄存器，可以知道定时器中的当前值和预定标计数器中的当前值。由于读两个寄存器要用两条指令，因此，有可能在两次读操作之间发生读数变化。所以，如果需要精确的测量，就应当在读这两个值之前先关闭定时器。

定时器的主要作用是用于定时控制、延时及外部事件的计数等。此外，定时器还可产生外围电路所需的采样时钟信号。采样时钟信号的产生方法有二：一是直接利用 TOUT 信号；二是利用中断，周期性地读一个寄存器。

需要注意的是，在复位时，把 TIM 和 PRD 设置为最大值 FFFFH，定时器的分频系数（TCR 的 TDDR 位域）清 0，并且启动定时器。因此，复位后定时器是工作的，如果系统不使用定时器，则可在初始化中停止其运行，以降低系统功耗。

在定时器的应用编程中，有三个问题需要解决：计算计数初值、初始化定时器和使能内部定时中断。

（1）计算计数初值

由式（7.3）可知，在 CPU 时钟周期（T_{CLKOUT}）和定时周期（$T_{\text{定时周期}}$）已知的情况下，有两个计数初值 TDDR 和 PRD 需要计算。TDDR 的位宽为 4，因此其取值范围为 0 ~ 15；PRD 的位宽为 16，因此其取值范围是 0 ~ 65535。当计算计数初值时，一般应该先指定一个 TDDR 的值，然后根据式（7.3）求得 PRD 的值。

例如：

定时周期为 1ms，时钟周期 T_{CLKOUT} = 1/80MHz = 12.5ns，求 TDDR 及 PRD 的值。

先假定分频系数 TDDR = 9，则根据式（7.3）可得：

$T_{\text{定时周期}}$ = T_{CLKOUT} × （TDDR + 1）× （PRD + 1）= 12.5ns × （9 + 1）× （PRD + 1）= 1ms，由此求得 PRD = 7999D = 1F3FH。

（2）初始化定时器

初始化定时器可采用如下步骤。

1）将 TCR 中的 TSS 位置 1，以停止定时器。

2）加载 PRD。将第（1）步中计算得到的定时器周期寄存器的计数初值加载至 PRD 寄存器中。

3）加载 TCR 寄存器，以重新启动定时器。

① 用第（1）步中指定的定时器分频系数加载 TDDR。

② 设置 TSS = 0，以启动定时器。

③ 设置 TRB = 1，以便将定时器分频系数（TDDR）和定时器周期寄存器（PRD）的数值分别加载至定时器预定标计数器（PSC）与定时器寄存器（TIM）。

如：

```
STM  #0010H,TCR  ;TSS =1,停止计数器
STM  #1F3FH,PRD  ;加载周期寄存器
STM  #0E69H,TCR  ;TDDR =9;TRB =1,装载 PRD 和 PSC;TSS =0,启动定时器
```

（3）使能内部定时中断

使能内部定时中断的操作步骤如下（假定 INTM = 1）。

1）向中断标志寄存器 IFR 中的 TINT 位写 0 或 1，以清除尚未处理完（挂起）的内部定时中断。

2）将中断屏蔽寄存器 IMR 中的 TINT 位置 1，以使能内部定时中断。

3）将状态寄存器 ST1 中的 INTM 位清 0，以开放所有可屏蔽中断。

如：

```
STM  #0008H,IFR  ;清除尚未处理完(挂起)的内部定时中断
STM  #0008H,IMR  ;使能内部定时中断
RSBX INTM        ;开放所有可屏蔽中断
```

【例 7-2】　设 CPU 时钟频率为 10MHz，试利用内部定时中断在 XF 引脚产生周期为 1s 的方波。

分析：欲输出周期为 1s 的方波，则定时时间应为 0.5s = 500ms。根据条件，CPU 时钟

频率为：$f_{\text{CLKOUT}} = 10 \times 10^3 \, \text{Hz}$，因为 CPU 时钟周期为：$T_{\text{CLKOUT}} = \dfrac{1}{f_{\text{CLKOUT}}} = 10^{-7} \, \text{s}$。而 TDDR 的最大值为 $2^4 - 1$，PRD 的最大值为 $2^{16} - 1$，因此根据式（7.3）可得定时器的最大定时周期为：

$$T_{\text{定时周期}} = T_{\text{CLKOUT}} \times (\text{TDDR} + 1) \times (\text{PRD} + 1) = 10^{-7} \times 2^4 \times 2^{16}$$

$$= 104.86 \times 10^3 \, (\text{ms}) \approx 105 \, (\text{ms})$$

显然，最大定时周期（105ms）小于所需定时时间（500ms），因此一次定时无法满足题目要求。可以将定时周期设定为 50ms，通过编写中断服务程序，使得每 10 次内部定时中断改变一次输出信号的电平，即可达到题目产生 1s 方波的要求。此时，指定 TDDR = 9，根据式（7.3）可得 $50 \times 10^{-3} = 10^{-7} \times 10 \times (\text{PRD} + 1) \Rightarrow \text{PRD} = 49\,999$。

解： 汇编源程序：

```
        .title "ex7_2.asm"              ;为汇编源程序取名
        .mmregs
        .def _c_int00                   ;定义主程序入口地址的标号
        .def TINT_ISR                   ;定义中断服务程序入口地址的标号
PERIOD  .set  49999                     ;定义 PRD 寄存器的计数初值
_c_int00:
        STM   #9H,      AR1             ;定义中断次数
        STM   #0010H,   TCR             ;停止计数器
        STM   #PERIOD,  PRD             ;用计数初值 49999 加载 PRD
        STM   #0E69H,   TCR             ;启动定时器
        STM   #0008H,   IFR             ;清除尚未处理完(挂起)的内部时器中断
        STM   #0008H,   IMR             ;开内部定时中断
        RSBX  INTM                      ;中断方式控制位清零,以开放所有可屏蔽中断
        STM   #0,       AR2             ;为 AR2 赋初值
End:
        NOP
        B     End

TINT_ISR:                              ;中断服务程序入口地址
        PSHM  ST0                       ;因为要改变 TC,所以需保护 ST0
        BANZ  Next,     *AR1 -          ;若 AR1≠0,则 AR1 减 1,并将 Next 指向的地址赋
                                        ;给 PC,然后返回;若 AR1 =0,则执行下一条指令
        STM   #9,       AR1             ;为 AR1 赋初值
        BITF  AR2,      #1              ;(AR2)&1→TC
        BC    ResetXF,  TC              ;若 TC =1,则 PC 转向 ResetXF 指向的代码段;
                                        ;否则,执行下一条指令
setXF:
        SSBX  XF                        ;XF 置为高电平
        STM   #1,       AR2
        B     Next
ResetXF:
        RSBX  XF                        ;XF 置为低电平
        STM   #0,       AR2
Next:
        POPM  ST0                       ;恢复现场(ST0)
        RETE;                           ;开中断(0→INTM)并返回主程序
        .end
```

链接命令文件：

```
      - o ex7_2.out
      - stack 400H

      MEMORY
      {
        PAGE 0:
              PRAM:      origin = 1800H,    len = 0800H
              PPPRAM:    origin = 0FF80H,   len = 0080H

        PAGE 1:
              DRAM:      origin = 2000H,    len = 0800H
      }

      SECTIONS
      {
          .text:  >   PRAM     PAGE 0
          .vector:>   PPPRAM   PAGE 0
          .stack: >   DRAM     PAGE 1
          .data:  >   DRAM     PAGE 1
          .bss:   >   DRAM     PAGE 1
      }
```

中断向量表如下:

```
          .sect    ".vector"          ;自定义初始化段,段名为.vector
          .ref     _c_int00           ;引用主程序入口地址
          .ref     TINT_ISR           ;引用中断服务程序入口地址
          .mmregs

          .def     IV_RESET           ;定义复位中断标号
          .def     IV_TINT            ;定义内部定时中断标号

IV_RESET: BD       _c_int00           ;复位中断,跳转到主程序的入口地址
          NOP
          NOP
IV_NMI:   RETE                        ;NMI中断,开中断返回
          NOP
          NOP
          NOP
IV_SINT17: RETE                       ;软件中断#17,开中断返回
          NOP
          NOP
          NOP
IV_SINT18: RETE                       ;软件中断#18,开中断返回
          NOP
          NOP
          NOP
IV_SINT19: RETE                       ;软件中断#19,开中断返回
          NOP
          NOP
          NOP
IV_SINT20: RETE                       ;软件中断#20,开中断返回
          NOP
```

```
                NOP
                NOP
IV_SINT21: RETE                    ;软件中断#21,开中断返回
                NOP
                NOP
                NOP
IV_SINT22: RETE                    ;软件中断#22,开中断返回
                NOP
                NOP
                NOP
IV_SINT23: RETE                    ;软件中断#23,开中断返回
                NOP
                NOP
                NOP
IV_SINT24: RETE                    ;软件中断#24,开中断返回
                NOP
                NOP
                NOP
IV_SINT25: RETE                    ;软件中断#25,开中断返回
                NOP
                NOP
                NOP
IV_SINT26: RETE                    ;软件中断#26,开中断返回
                NOP
                NOP
                NOP
IV_SINT27: RETE                    ;软件中断#27,开中断返回
                NOP
                NOP
                NOP
IV_SINT28: RETE                    ;软件中断#28,开中断返回
                NOP
                NOP
                NOP
IV_SINT29: RETE                    ;软件中断#29,开中断返回
                NOP
                NOP
                NOP
IV_SINT30: RETE                    ;软件中断#30,开中断返回
                NOP
                NOP
                NOP
IV_INT0:   RETE                    ;外部中断0,开中断返回
                NOP
                NOP
                NOP
IV_INT1:   RETE                    ;外部中断1,开中断返回
                NOP
                NOP
                NOP
IV_INT2:   RETE                    ;外部中断2,开中断返回
                NOP
                NOP
```

```
                NOP
IV_TINT:    BD  TINT_ISR                ;内部定时中断,跳转至中断服务程序的入口地址
                NOP
                NOP
IV_RINT0:   RETE                        ;McBSP0 接收中断,开中断返回
                NOP
                NOP
                NOP
IV_XINT0:   RETE                        ;McBSP0 发送中断,开中断返回
                NOP
                NOP
                NOP
IV_RINT2:   RETE                        ;McBSP2 接收中断,开中断返回
                NOP
                NOP
                NOP
IV_XINT2:   RETE                        ;McBSP2 发送中断,开中断返回
                NOP
                NOP
                NOP
IV_INT3:    RETE                        ;外部中断 3,开中断返回
                NOP
                NOP
                NOP
IV_HINT:    RETE                        ;HPI 中断,开中断返回
                NOP
                NOP
                NOP
IV_RINT1:   RETE                        ;McBSP1 接收中断,开中断返回
                NOP
                NOP
                NOP
IV_XINT1:   RETE                        ;McBSP1 发送中断,开中断返回
                NOP
                NOP
                NOP
IV_DMAC4:   RETE                        ;DMA 通道 4 中断,开中断返回
                NOP
                NOP
                NOP
IV_DMAC5:   RETE                        ;DMA 通道 5 中断,开中断返回
                NOP
                NOP
                NOP
            .end                        ;结束中断向量表
```

7.4　主机接口

主机接口（Host Port Interface，HPI）是 TMS320C54x 系列定点 DSP 芯片内部具有的一种并行接口部件，主要用于 DSP 与其他总线或 CPU 的连接。TMS320C54x 具有 3 种主机接口：标准 8 位 HPI（如 C542、C545、C548、C549 等）、增强型 8 位 HPI（如 C5402、C5410、

C5416 等)、增强型 16 位 HPI(如 C5416、C5420 等)。HPI 只需要很少或不需要外部逻辑就能和很多不同的主机设备相连,此时,外部主机是 HPI 的主控者,它可以通过 HPI 直接访问 DSP 的存储空间,包括存储器映像寄存器。本节以标准 HPI 为例进行介绍,关于增强型 HPI(HPI-8/16)的相关信息可参阅 TI 芯片手册。

1. 标准 HPI 的结构及其工作模式

HPI 主要由 HPI 控制寄存器(HPIC)、HPI 地址寄存器(HPIA)、HPI 数据锁存器(HPID)、HPI 控制逻辑和 HPI 存储器(DARAM)5 个单元组成,其结构如图 7-5 所示。

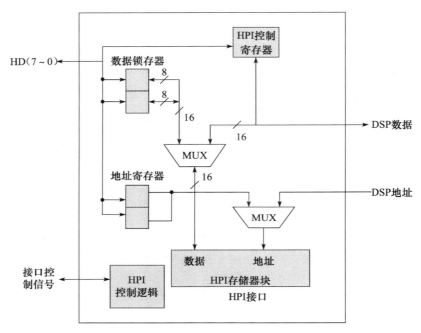

图 7-5   HPI 结构框图

1)HPI 控制寄存器(HPIC):TMS320C54x 和主机都能对其直接访问,用于主机与 DSP 相互握手,实现相互中断请求。

2)HPI 地址寄存器(HPIA):由主机对其直接访问,存放当前寻址 HPI 存储单元的地址。

3)HPI 数据锁存器(HPID):由主机对其直接访问,存放当前进行读/写的数据。

4)HPI 控制逻辑:用于处理 HPI 与主机之间的接口信号。

5)HPI 存储器(DARAM):用于在 TMS320C54x 与主机之间传送数据,也可用作通用的双访问数据 RAM 或程序 RAM。

主机和 DSP 可独立地对 HPI 接口进行操作,主机和 DSP 握手可通过中断方式完成。主机还可以通过 HPI 接口装载 DSP 应用程序、接收 DSP 运行结果或诊断 DSP 运行状态,为 DSP 芯片的接口开发提供了一种极为方便的途径。总的来说,HPI 有如下特点:

1)接口所需外部硬件少;

2）允许处理器直接利用一个或两个数据选通信号；

3）有一个独立或复用的地址总线；

4）有一个独立或复用的数据总线与 MCU 连接；

5）主机和 DSP 可以独立地对 HPI 进行操作；

6）主机和 DSP 握手可以采用中断方式完成；

7）主机可以通过 HPI 直接访问 DSP 的存储空间，包括存储器映像寄存器；

8）主机可以通过 HPI 装载 DSP 程序、接收 DSP 运行结果或诊断 DSP 运行状态。

HPI 具有两种工作模式，一种是共用访问模式（Shared Access Mode，SAM），另一种是主机访问模式（Host Only Mode，HOM）。

- **共用访问模式**：这是常用的操作模式。在该模式下，主机和 C54x 都能访问 HPI 存储器。如果 C54x 与主机的访问周期（两个访问同时读或写）发生冲突，则主机具有访问优先权，C54x 等待一个周期。在 SAM 工作模式时，若 HPI 每 5 个 CLKOUT 周期传送一个字节，则主机的运行频率可达 $f_d/5$。其中，f_d 为 C54x 的 CLKOUT 频率。

- **主机访问模式**：在该模式下，只有主机可以访问 HPI 存储器，C54x 则处于复位状态或者处于所有内部和外部时钟都停止工作的 IDLE2 空闲状态（最小功耗）。在 HOM 工作模式下，主机可以获得更高的速度，即每 50ns 寻址一个 8 位字，其速度可达 160Mbit/s，由于此时 DSP 处于空闲或复位状态，因此主机运行速度与 C54x 的时钟频率无关。

2. HPI 与主机设备的连接

图 7-6 是 C54x HPI 与主机的连接框图。当 C54x 通过 HPI 与主机设备相连时，除了 8 位的 HPI 数据总线以及控制信号线外，不需要附加其他的逻辑电路。表 7-6 列出了 HPI 引脚的名称和作用。

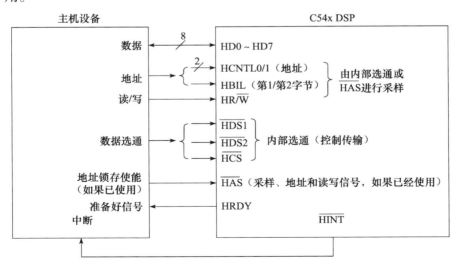

图 7-6　HPI 与主机设备之间的连接框图

表 7-6   HPI 引脚的名称和功能

HPI 引脚	主机引脚	状态	信号功能
$\overline{HAS}$	地址锁存使能（ALE）或地址选通或不用（连接到高电平）	I	地址选通信号 1）如果主机的地址和数据总线复用，则 $\overline{HAS}$ 连接到主机的 ALE 引脚，$\overline{HAS}$ 的下降沿锁存 HBIL、HCNTL0/1 和 HR/$\overline{W}$ 信号 2）如果主机的地址和数据是分开的，就将 $\overline{HAS}$ 连接高电平，此时靠 $\overline{HDS1}$、$\overline{HDS2}$ 或 $\overline{HCS}$ 中最迟的下降沿锁存 HBIL、HCNTL0/1 和 HR/$\overline{W}$ 信号
HBIL	地址或控制线	I	字节识别信号。识别主机传送过来的是第 1 个字节还是第 2 个字节： HBIL = 0：第 1 个字节 HBIL = 1：第 2 个字节 第 1 个字节是高字节还是低字节，由 HPIC 寄存器中的 BOB 位决定
HCNTL0 HCNTL1	地址或控制线	I	主机控制信号。用来选择主机所要寻址的 HPIA 寄存器、HPI 数据锁存器或 HPIC 寄存器 HCNTL0 = 0，HCNTL1 = 0：主机可读/写 HPIC HCNTL0 = 0，HCNTL1 = 1：主机可读/写 HPID 寄存器，HPIA 在每次读后或写前自动加 1 HCNTL0 = 1，HCNTL1 = 0：主机可读/写 HPIA，HPIA 指向 C54x 片内 RAM HCNTL0 = 1，HCNTL1 = 1：主机可读/写 HPID 寄存器，HPIA 不变
$\overline{HCS}$	地址线或控制线	I	片选信号。作为 HPI 的使能输入端，在每次寻址期间必须为低电平，而在两次寻址之间可以停留在低电平
HD0 ~ HD7	数据总线	I/O/Z[①]	双向并行三态数据总线，当不传送数据（$\overline{HDSx}$ = 1 或 $\overline{HCS}$ = 1）或 EMU1/$\overline{OFF}$ = 0（禁止所有输出）时，HD7（MSB）~ HD0（LSB）均处于高阻状态
$\overline{HDS1}$ $\overline{HDS2}$	读选通和写选通或数据选通	I	数据选通信号。在主机寻址 HPI 周期内控制 HPI 数据的传送。$\overline{HDS1}$、$\overline{HDS2}$ 和 $\overline{HCS}$ 一起产生内部选通信号
$\overline{HINT}$	主机中断输入	O/Z	HPI 中断输出信号。由 HPIC 寄存器 HINT 位控制。当 C54x 复位时为高电平，当 EMU1/$\overline{OFF}$ = 0 时为高阻态
HRDY	异步准备好	O/Z	表示 HPI 准备好的引脚信号 高电平表示 HPI 已准备好执行一次数据传送，低电平表示 HPI 正忙于完成当前事务 当 EMU1/$\overline{OFF}$ = 0 时，HRDY 为高阻状态 当 $\overline{HCS}$ = 1 时，HRDY 总是高电平
HR/$\overline{W}$	读/写选通，地址线，或多路地址/数据	I	读/写选通信号。高电平表示主机要读 HPI，低电平表示写 HPI。若主机没有读/写选通端，可用地址来实现该功能

①I = 输入，O = 输出，Z = 高阻态。

C54x 的 HPI 存储器是一个 2K × 16 位字的 DARAM，它在数据存储空间的地址范围为 1000H ~ 17FFH（当 PMST 寄存器的 OVLY 位为 1 时，该空间也可用作程序存储空间）。可以利用 HPI 存储器地址的自动增量特性连续寻址 HPI 存储器。在自动增量方式下，每进行一次读操作，都会使 HPIA 事后增 1；每进行一次写操作，都会使 HPIA 事先增 1。HPIA 寄存器是一个 16 位寄存器，它的每一位都可以读出和写入，尽管寻址 2K 字的 HPI 存储器只需要 11 位最低有效位地址，但 HPIA 的增/减对 HPIA 寄存器所有 16 位都会产生影响。

3. HPI 控制寄存器

HPI 控制寄存器是一个 16 位存储器映像寄存器，在数据存储器空间中的地址为 002CH，主机和 C54x 都可以对该寄存器进行访问。HPIC 共有 4 个位用于控制 HPI 操作：BOB、SMOD、DSPINT 和 HINT。HPIC 控制位的详细描述如表 7-7 所示。

表 7-7　HPIC 控制位的描述

位	主机访问	DSP 访问	功能描述
BOB	读/写	—	字节选择位。BOB 位影响数据和地址的传送。只有主机可以修改这一位，C54x 对它既不能读也不能写 BOB = 1：第 1 个字节为低位字 BOB = 0：第 1 个字节为高位字
SMOD	读	读/写	寻址方式选择位 SMOD = 1：SAM 使能，HPI 存储器可以被 C54x 访问 SMOD = 0：HOM 使能，C54x 不能访问整个 HPI 存储器 C54x 复位期间 SMOD = 0，复位后 SMOD = 1。SMOD 位只能由 C54x 修正，但 C54x 和主机都可以读它
DSPINT	写	—	主机向 C54x 发出中断位。该位只能由主机写，且主机和 C54x 都不能读它。当主机对 DSPINT 位写 1 时，就对 C54x 产生一次中断。这一位总是读成 0，当主机写 HPIC 时，高、低字节必须写入相同的值
HINT	读/写	读/写	该位确定 C54x 的 $\overline{\text{HINT}}$ 信号输出状态，$\overline{\text{HINT}}$ 信号可用于 C54x 向主机产生一个中断。复位后 HINT = 0，外部 $\overline{\text{HINT}}$ 输出端无效（高电平）。HINT 位只能由 C54x 置位，也只能由主机将其复位。当外部引脚 $\overline{\text{HINT}}$ 为无效（高电平）时，C54x 和主机读 HINT 位为 0。当 $\overline{\text{HINT}}$ 为有效（低电平）时，C54x 和主机读 HINT 位为 1

需要注意的是，HPIC 的高 8 位和低 8 位内容相同，而主机接口总是传输 8 位字节，因此，在主机一侧就以相同内容的高字节与低字节来管理 HPIC（尽管访问某些位受到一定的限制）。换句话说，当主机分两次去写 HPIC 时，两个字节必须相同。而在 C54x 这一侧只使用 HPIC 的低 8 位，不使用高 8 位。主机读 HPIC 要分两个字节完成，而 DSP 可以写 HINT 位，所以，如果在读取的过程中 DSP 改变了 HINT 位的状态，则主机读出的 HPIC 两个字节的内容可能不同。当选择合适的 HCNTL0 和 HCNTL1 时，主机可以访问 HPIC 以及连续两个字节的 8 位 HPI 数据总线。C54x 访问 HPIC 的地址为数据存储空间的 002CH。主机和 C54x 读/写 HPIC 寄存器的结果如图 7-7 所示。需要注意的是，主机对 HPIC 的读/写和 DSP 对 HPIC 的读/写会有不同的位定义，这反映在图 7-7 中。

在图 7-7 中，如果指定某个位域的内容为 X，则对于读操作，读取的为一个未知的值；对于写操作，任何值都可以写。另外，对于主机写，HPIC 的两个字节必须一致。

以上介绍了标准主机接口，增强型 HPI（即 HPI-8 和 HPI-16）与标准型 HPI 相比，具有更强的数据通信功能。需要特别指出的是，HPI-16 提供了一个完整的 16 位双向数据总线，可以支持 16 位数据的读/写操作。

15 ~ 12	11	10	9	8	7 ~ 4	3	2	1	0
×	HINT	0	SMOD	BOB	×	HINT	0	SMOD	BOB

a）主机从HPIC寄存器读出的数据

15 ~ 12	11	10	9	8	7 ~ 4	3	2	1	0
×	HINT	DSPINT	×	BOB	×	HINT	DSPINT	×	BOB

b）主机写入HPIC寄存器的数据

15 ~ 4	3	2	1	0
×	HINT	0	SMOD	0

c）C54x从HPIC寄存器读出的数据

15 ~ 4	3	2	1	0
×	HINT	×	SMOD	×

d）C54x写入HPIC寄存器的数据

图 7-7　主机和 C54x 读写 HPIC 寄存器的结果

7.5　串口

串口一般通过中断来实现与核心 CPU 的同步。TMS320C54x 具有高速、全双工的串口，可用来与系统中的其他 C54x 器件、编/解码器、串行 A/D 转换器以及其他的串行器件相连。C54x 系列 DSP 集成在芯片内部的串口分为 4 种：标准同步串口（SP）、缓冲同步串口（BSP）、时分复用（TDM）串口和多通道缓冲串口（McBSP）。其中，McBSP 属于增强型片内外设。芯片不同，串口的配置也不尽相同，表 7-8 列出了 C54x 系列 DSP 片内串口的种类和数量。

表 7-8　C54x 系列 DSP 片内串口种类和数量

芯片	SSSP	BSP	TDM 串口	McBSP
C541	2	0	0	0
C542	0	1	1	0
C543	0	1	1	0
C545	1	1	0	0
C546	1	1	0	0
C548	0	2	1	0
C549	0	2	1	0
C5402	0	0	0	2
C5409	0	0	0	3
C5410	0	0	0	3
C5416	0	0	0	3
C5420	0	0	0	6

7.5.1　标准同步串口

标准同步串口（Serial Port，SP）是一种高速、全双工的同步串口，用于提供与编码器、

A/D 转换器等串行设备之间的通信，可实现数据的同步发送和接收，能完成 8 位字或 16 位字的串行通信。SP 的发送器和接收器是双缓冲的，并可单独屏蔽外部中断信号。同时，SP 的发送和接收部分均有独立的时钟、帧同步脉冲和串行移位寄存器。

1. SP 的组成和特点

SP 主要由数据接收寄存器（DRR）、数据发送寄存器（DXR）、接收移位寄存器（RSR）、发送移位寄存器（XSR）、两个装载控制逻辑电路和两个字节/字控制计数器组成，其组成如图 7-8 所示。

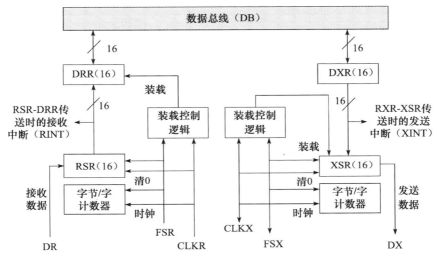

图 7-8　标准同步串口的组成框图

SP 共涉及 6 个引脚，与接收数据有关的是接收时钟信号引脚（CLKR）、串行数据接收引脚（DR）和接收帧同步信号引脚（FSR），与发送数据有关的是发送时钟信号引脚（CLKX）、串行数据发送引脚（DX）和发送帧同步信号引脚（FSX），各引脚的功能如表 7-9 所示。

表 7-9　SP 的引脚功能描述

引脚名称	功能描述
CLKR	接收时钟信号
DR	接收串行数据信号
FSR	接收帧同步信号
CLKX	发送时钟信号
DX	发送串行数据信号
FSX	发送帧同步信号

SP 各部分的功能如下。

- DRR。DRR 是一个 16 位的存储器映像寄存器，用以保存来自 RSR 寄存器并将要写到数据总线的输入数据。当复位时，清除 DRR。
- DXR。DXR 是一个 16 位的存储器映像寄存器，用以保存来自数据总线并将要加载到 XSR 的外部串行数据。当复位时，清除 DXR。

- **RSR**。16 位的 RSR 保存来自 DR 引脚的输入数据，并控制数据到 DRR 的传输。
- **XSR**。16 位的 XSR 控制来自 DXR 的外部数据的传输，并保存将要发送到 DX 的数据。
- **串口控制（SPC）寄存器**（图 7-8 中未标出）。SPC 是一个 16 位的存储器映像寄存器，用以保存串口的模式控制和状态位。
- **控制电路**。控制电路用于控制串口协调工作，由装载控制电路和字节/字控制计数器组成。前者用以完成接收和发送数据的装载，后者用以完成字节/字的传输控制。

总的来说，SP 具有如下特点：

1）发送与接收的帧同步和时钟同步信号完全独立；

2）发送和接收部分可独立复位；

3）串口的工作时钟可来源于片外或片内；

4）独立的发送和接收数据总线；

5）具有数据返回方式，便于测试；

6）在程序调试时，工作方式可选；

7）可以以查询和中断两种方式工作。所谓查询方式，就是通过程序不断查询 SPC 得到其工作状态，然后进行数据处理。所谓中断方式，是指首先设置发送串口中断和接收串口中断，然后通过中断服务程序处理收/发数据。

2. 串口控制寄存器

C54x SP 的操作是由串口控制寄存器（SPC）决定的，其控制位及其功能如表 7-10 所示。

表 7-10　SPC 的控制位及其功能

位	名称	复位值	功能
15	Free	0	Free、Soft：SP 时钟状态位。Free 与 Soft 结合起来，以决定在调试高级语言编写的程序遇到断点时 SP 时钟的工作状态： Free = 0，Soft = 0：立即停止 SP 的时钟，结束传送数据 Free = 0，Soft = 1：接收数据不受影响。若正在发送数据
14	Soft	0	则等到当前字发送完成后停止发送数据 Free = 1，Soft = X：不管 Soft 位为何值，出现断点，时钟继续运行，数据照常传送
13	RSRFULL	0	接收移位寄存器满 RSRFULL = 0：当出现三种情况之一（读取 DRR 中的数据、接收器复位或 DSP 复位）时，RSRFULL 清零 RSRFULL = 1：表示 RSR 满，暂停接收数据直到 DRR 中数据被读取
12	$\overline{\text{XSREMPTY}}$	0	发送移位寄存器空 $\overline{\text{XSREMPTY}}$ = 0：XSR 中的数据已移空但 DXR 没有加载，当发送器复位或系统复位时，该位也清零 $\overline{\text{XSREMPTY}}$ = 1：暂停发送数据，并停止驱动 DX
11	XRDY	1	发送准备好位。XRDY 位由 0 变到 1，表示 DXR 中的内容已经复制到 XSR，可以向 DXR 加载新的数据字，并产生一次发送中断（XINT）

（续）

位	名称	复位值	功能
10	RRDY	0	接收准备好位。RRDY 位由 0 变到 1，表示 RSR 中的内容已经复制到 DRR 中，可以从 DRR 中取数了，并产生一次接收中断（RINT）
9	IN1	X	发送时钟状态位，用以显示发送时钟（CLKX）的当前状态
8	IN0	X	接收时钟状态位，用以显示接收时钟（CLKR）的当前状态
7	$\overline{\text{RRST}}$	0	接收复位位，用以复位或使能串口接收器 $\overline{\text{RRST}}$ = 0：串口接收器复位，停止操作 $\overline{\text{RRST}}$ = 1：串口接收器使能，开始操作
6	$\overline{\text{XRST}}$	0	发送复位位，用以复位或使能串口发送器 $\overline{\text{XRST}}$ = 0：串口发送器复位，停止操作 $\overline{\text{XRST}}$ = 1：串口发送器使能，开始操作
5	TXM	0	发送方式位，用于设定帧同步脉冲 FSX 的来源 TXM = 0：将 FSX 设置成输入，由外部提供帧同步脉冲，发送器处于空转状态直到 FSX 引脚上提供帧同步脉冲 TXM = 1：将 FSX 设置成输出。每次发送数据的开头由片内产生一个帧同步脉冲
4	MCM	0	时钟方式位，用于设定 CLKX 的时钟源 MCM = 0：CLKX 配置成输入，采用外部时钟 MCM = 1：CLKX 配置成输出，采用内部时钟，片内时钟频率是 CLKOUT 频率的 1/4
3	FSM	0	帧同步方式位。这一位规定串口工作时，在初始帧同步脉冲之后是否还要求帧同步脉冲 FSM = 0：串口工作在连续方式，在初始帧同步脉冲之后不需要帧同步脉冲（FSX/FSR） FSM = 1：串口工作在字符组方式。每发送/接收一个字都要求一个帧同步脉冲（FSX/FSR）
2	FO	0	数据格式位，用以规定串口发送/接收数据的字长 FO = 0：发送和接收的数据都是 16 位字 FO = 1：数据按 8 位字传送，首先传送 MSB，然后是 LSB
1	DLB	0	数字返回方式位。用于单个 C54x 测试串口的代码 DLB = 0：禁止数字返回方式。串口工作在正常方式，此时 DR、FSR 和 CLKR 都从外部输入 DLB = 1：使能数字返回方式。片内通过一个多路开关，将输出端的 DR 和 FSR 分别与输入端的 DX 和 FSX 相连，如图 7-9 所示。当工作在数字返回方式时，若 MCM = 1（选择片内串口时钟 CLKS 为输出），CLKR 由 CLKX 驱动；若 MCM = 0（CLKX 从外部输入），CLKR 由外部 CLKX 信号驱动
0	RES	0	保留

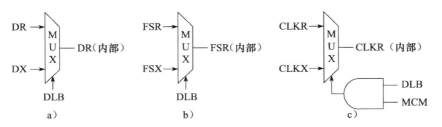

图 7-9　串口接收器多路开关

3. SP 的操作过程

图 7-10 给出了 SP 传输数据的一种连接方法，下面讨论 SP 数据传输的工作过程。

当发送数据时，首先将要发送的数据写到 DXR。若 XSR 是空的（上一个字已串行传送到 DX 引脚），则自动将 DXR 中的数据复制到 XSR 中。在 FSX 和 CLKX 的共同作用下，将 XSR 中的数据移到 DX 引脚输出。当 DXR 中的数据复制到 XSR 后，串口控制（SPC）寄存器中的发送准备好位（XRDY）由 0 变为 1，随后产生一个串口发送中断（XINT）信号，通知 CPU 可以对 DXR 重新加载。

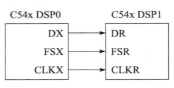

图 7-10　SP 传输数据连接方法

当接收数据时，来自 DR 引脚的数据在 FSR 和 CLKR 的共同作用下移位至 RSR，当 RSR 接收到一个满字时，将数据由 RSR 复制到 DRR，然后，CPU 从 DRR 中读出数据。当 RSR 的数据复制到 DRR 后，SPC 中的接收数据准备好位（RRDY）由 0 变为 1，随后产生一个串口接收中断（RINT）信号，通知 CPU 可以从 DRR 中读取数据。

由于当串口发送或接收数据的操作正在执行时，可以将另一个数据传送到 DXR 或从 DRR 获得，因此串口是双缓冲的。发送和接收都是自动完成的，用户只需检测 RRDY 或 XRDY 位来判断可否继续发送或接收数据。当然，也可利用中断来完成数据的传输。

7.5.2　缓冲同步串口

缓冲同步串口（Buffered Serial Port，BSP）在标准同步串口的基础上增加了一个自动缓冲单元（ABU），它是一个全双工、双缓冲的增强同步串口，最大工作频率为 CLKOUT，提供可变数据流长度，可使用 8、10、12、16 位连续通信流数据包，为发送和接收数据提供帧同步脉冲及一个可编程的串行时钟。自动缓冲单元 ABU 支持高速发送器，并降低了服务中断开销。

1. BSP 的组成和特点

BSP 由 6 个寄存器组成：数据接收寄存器（BDRR）、数据发送寄存器（BDXR）、控制寄存器（BSPC）、控制扩展寄存器（BSPCE）、数据接收移位寄存器（BRSR）和数据发送移位寄存器（BXSR），其结构如图 7-11 所示。

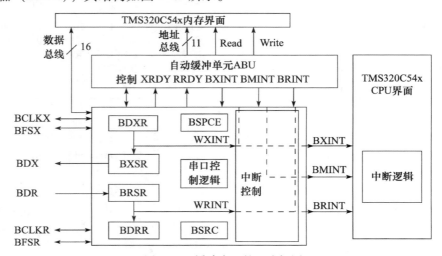

图 7-11　缓冲串口的组成框图

ABU 是一个附加逻辑电路，允许串口直接对内存读写，而不需要 CPU 参与，这样可以节省时间，实现串口与 CPU 的并行操作。BSP 有两种工作方式：非缓冲方式和自动缓冲方式。当工作在非缓冲方式（即标准方式）时，BSP 传送数据与标准串口相同，都是在软件控制下采用查询或中断方式进行的；当工作在自动缓冲方式时，串口直接与 C54x 内部存储器进行 16 位数据的传送。

ABU 具有自身的循环寻址寄存器组，每个都与地址产生单元相关。发送和接收缓冲存储器位于一个指定的 C54x 片内存储器的 2K 字块中。该块是自动缓冲唯一能使用的存储块，同时也可作为通用存储器。

使用自动缓冲，字传输直接发生在串口部分和 C54x 片内存储器之间。当自动缓冲寻址时，使用 ABU 可以编程缓冲区的长度和起始地址，可以产生缓冲满中断，并可以在运行中停止缓冲功能。

2. BSP 的控制寄存器

如前所述，BSP 共有 6 个寄存器，当工作在标准方式时，BSP 利用自身专用的 BDXR、BDRR 和 SPC 寄存器进行数据通信，也利用附加的控制扩展寄存器（BSPCE）处理它的增强功能和控制 ABU。BSP 发送和接收移位寄存器不能用软件直接存取，但具有双缓冲能力。如果没有使用串口功能，BDXR、BDRR 可以用作通用寄存器，此时 BFSR 设置为无效，以保证初始化可能的接收操作。

BSP 在 SP 的基础上新增了许多功能，如可编程串口时钟，选择时钟和帧同步信号的正负极性，允许设置是否忽略同步信号，以及 8、16 位和 10、12 位数据转换等。这些特殊功能受 BSPCE 控制，其各位的功能如表 7-11 所示，ABU 寄存器的功能如表 7-12 所示。

表 7-11　BSPCE 各位的功能

位	名称	复位值	功能
15 ~ 10	ABUC	—	自动控制缓冲单元。具体功能见表 7-12
9	PCM	0	脉冲编码模式位。用来设置串口工作的编码模式。PCM 模式只影响发送器，BDXR 到 BXSR 的转换不受该位影响。 PCM = 0：清除脉冲编码模式； PCM = 1：设置脉冲编码模式。 在 PCM 模式下，只有它的最高位（2^{15}）为 0，才发送 BDXR。若最高位为 1，则不发送 BDXR，且在发送周期内 BDXR 处于高阻态
8	FIG	0	帧同步信号忽略位。该位控制连续发送模式且具有外部帧同步信号以及连续接收模式下的工作状态。 FIG = 0：在第一个帧脉冲之后的帧同步脉冲重新启动时发送；FIG = 1：忽略帧同步信号
7	FE	0	格式扩展位。该位与 SPC 中的 FO 位共同设定传输字长。 FO = 0，FE = 0：字长 16 位； FO = 0，FE = 1：字长 10 位； FO = 1，FE = 0：字长 8 位； FO = 1，FE = 1：字长 12 位。 注意，对于 8、10 和 12 位字长，接收字是右对齐的，且通过符号位扩展而形成 16 位字长，因此，发送的字必须是右对齐的

（续）

位	名称	复位值	功能
6	CLKP	0	时钟极性设置位。用来设定接收和发送数据的采样时间特性 　　CLKP = 0：接收器在 BCLKR 的下降沿接收采样数据，发送器在 BCLKX 的上升沿发送数据； 　　CLKP = 1：接收器在 BCLKR 的上升沿接收采样数据，发送器在 BCLKX 的下降沿发送数据
5	FSP	0	帧同步极性设置位。用来设定帧同步脉冲的触发电平 　　FSP = 0：帧同步脉冲为高电平 　　FSP = 1：帧同步脉冲为低电平
4 ~ 0	CLKDV	00011	内部发送时钟分频因数 　　当 BSPC 中的 MCM = 1 时，BCLKX 由片内的时钟源驱动，其频率为 CLKOUT/（CLKDV + 1），CLKDV 的取值范围是 0 ~ 31 　　当 CLKDV 为奇数或 0 时，BCLKX 的占空比为 50% 　　当 CLKDV 为偶数时，其占空比取决于 CLKP：当 CLKP = 0 时，占空比为（P + 1）/P，CLKP = 1 时，占空比为 P/（P + 1），其中 P = CLKDV/2

表 7-12　ABUC 寄存器的功能

位	名称	复位值	功能
15	HALTR	0	自动缓冲接收停止位。用于决定当缓冲区已接收到一半数据时，自动缓冲是否暂停 　　HALTR = 0：当缓冲区接收到一半数据时，继续操作 　　HALTR = 1：当缓冲区接收到一半数据时，自动缓冲停止。此时 BRE 清零，串口继续在标准模式下工作
14	RH	0	接收缓冲区半满。指明接收缓冲区的哪一半已经填满 　　RH = 0：前半部分缓冲区填满，当前接收的数据正存入后半部分缓冲区 　　RH = 1：后半部分缓冲区填满，当前接收的数据正存入前半部分缓冲区
13	BRE	0	自动接收使能控制 　　BRE = 0：自动接收禁止，串口工作于标准模式 　　BRE = 1：自动接收允许
12	HALTX	0	自动缓冲发送停止位。用于决定当缓冲区已发送一半数据时，自动缓冲是否暂停 　　HALTX = 0：当一半缓冲区发送完成后，自动缓冲继续工作 　　HALTX = 1：当一半缓冲区发送完成后，自动缓冲停止。此时 BXE 清零，串口继续工作于标准模式
11	XH	0	发送缓冲区半满。指明发送缓冲区哪一半数据已发送 　　XH = 0：缓冲区前半部分发送完成，当前发送数据取自缓冲区的后半部分 　　XH = 1：缓冲区后半部分发送完成，当前发送数据取自缓冲区的前半部分
10	BXE	X	自动缓冲发送使能位 　　BXE = 0：禁止自动缓冲发送功能 　　BXE = 1：允许自动缓冲发送功能

3. BSP 的操作过程

（1）标准工作模式

缓冲串口（BSP）有两种工作模式：标准工作模式和缓冲工作模式，本节讨论 BSP 工作在标准工作模式时与 SP 的区别。当 BSP 工作于标准工作模式时，其操作过程与 SP 基本一致，其区别如表 7-13 所示。

表 7-13　SP 与 BSP 的区别

SPC 寄存器	SP	BSP
RSRFULL = 1	要求 RSR 满，且 FSR 出现。连续模式下，只需 BSR 满	只需 RSR 满
当溢出时 RSR 数据保护	溢出时 RSR 数据保护	溢出时 BRSR 内容丢失
当溢出后连续模式下接收重新开始	只要读取 DRR，接收就重新开始	只有读取 BDRR 且 BFSR 到来时，接收才重新开始
当在 DRR 中进行 8、10、12 位转换时扩展符号	否	是
XSR 装载，$\overline{\text{XSREMPTY}}$ 清空，XRDY/XINT 中断触发	当装载 DXR 时出现这种情况	当装载 BDXR 且 BFSX 发生时，出现这种情况
程序对 DXR 和 DRR 的访问	任何情况下都可以在程序控制下对 DXR 和 DRR 进行读/写。当串口正在接收时，对 DDR 的读不能得到以前由程序所写的结果。DXR 的重写可能丢失以前写入的数据，这与帧同步发送信号 FSX 和写的时序有关	当不启动 ABU 功能时，BDRR 只读，BDXR 只写。只有复位时 BDRR 可写。BDRR 在任何情况下可以读
最大串口时钟速率	CLKOUT/4	CLKOUT
初始化时钟要求	只有在帧同步信号出现初始化过程时完成。但如果在帧同步信号发生期间，或之后 XRST/RRST 变为高电平，则忽略帧同步信号	标准 BSP 情况下，帧同步信号出现后，需 1 个时钟周期的延时，才能完成初始化过程。在自动缓冲模式下，FSR/FSX 出现之后，需 6 个时钟周期的延时，才能完成初始化过程
省电操作模式 IDLE2/3	无	有

（2）缓冲工作模式

缓冲工作模式的功能主要由 ABU 来完成。ABU 可独立于 CPU 自动完成控制串口与固定缓冲内存区之间的数据交换。它包括地址发送寄存器（AXR）、块长度发送寄存器（BKX）、地址接收寄存器（ARR）、块长度接收寄存器（BKR）和缓冲串口控制扩展寄存器（BSPCE）。其中，前 4 个是 11 位的片内外设存储器映像寄存器，但这些寄存器按照 16 位寄存器方式读，只是 5 个高位为 0。如果不使用自动缓冲功能，这些寄存器可作为通用寄存器使用。

ABU 的发送和接收部分可以分别控制，当同时应用时，可由软件控制相应的串口寄存器 BDXR 或 BDRR。当发送或接收缓冲区的一半或全部满或空时，ABU 才产生 CPU 中断，从而避免 CPU 直接介入每一次传输带来的资源消耗。可以利用 11 位地址寄存器和块长度寄存器设定数据缓冲区的开始地址和数据长度。发送和接收缓冲可以分别驻留在不同的独立存储区，包括重叠区域或同一个区域。当 BSP 工作于自动缓冲工作模式时，ABU 利用循环寻址方式对存储区寻址。

在使用自动缓冲功能时，CPU 也可以对缓冲区进行操作。但当两者同时访问相同区域时，为防止冲突，ABU 具有更高的优先级，而 CPU 延时 1 个时钟周期后进行存取。另外，当 ABU 同时与串口进行发送和接收操作时，发送的优先级高于接收。此时发送操作首先从缓冲区取出数据，然后延迟等待，当发送完成后再开始接收。ABU 在串口与 ABU 的 2K 字内存之间进行操作。

循环寻址原理为：循环寻址通过 ARX/R 和 BKX/R 来确定缓冲区的顶部和长度，并可以将缓冲区分为上半部分和下半部分。在寻址时地址自动增加，当到达底部时，再重新回到顶部，并在数据过半或到达缓冲区底部时产生中断。

综上所述，自动缓冲过程可归纳为：

1）ABU 完成对缓冲存储区的存取。

2）在工作过程中地址寄存器自动增加，直至缓冲区的底部。当到达底部后，地址寄存器内容恢复到缓冲存储器区顶部。

3）如果数据到达缓冲区的一半或底部，就会产生中断，并更新 BSPEC 中的 XH/RH，以表明哪一部分数据已经发送或接收。

4）如果选择禁止自动缓冲功能，当数据过半或到达缓冲区底部时，ABU 会自动停止缓冲功能。

7.5.3　时分复用串口

C54x 的时分复用串口（Time-Division Multiplexed，TDM）最多可有 8 个 TDM 信道进行时分串行通信。时分复用操作是将 C54x 与不同器件的通信按时间依次分为若干时间段，并按时间顺序周期性地与不同的器件进行通信的工作方式。每个器件占用各自的通信时段（信道），循环往复地传送数据，各通道的发送或接收相互独立。每种器件可以用一个信道发送数据，用 8 个信道中的一个或多个信道接收数据。这样，TDM 为多处理器通信提供了简便而有效的接口，因而在多处理器应用中得到广泛使用。

TDM 串口有两种工作方式：非 TDM 方式和 TDM 方式。当工作在非 TDM 方式（即标准方式）时，TDM 与 SP 的作用是相同的。当工作在 TDM 方式时，将与多个不同器件的通信按时间依次划分成若干个信道，TDM 按时间顺序周期性地与不同信道的器件进行串行通信，图 7-12 是一个 8 通道的 TDM 系统。

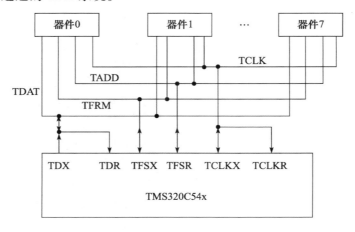

图 7-12　TDM 连接示意图

TDM 串口的数据发送引脚（TDX）、发送帧同步信号引脚（TFSX）、发送时钟引脚（TCLKX）、数据接收引脚（TDR）、接收帧同步信号引脚（TFSR）和接收时钟引脚（TCLKR）的功能与 SP 中对应引脚的功能相同。

TDM 串口的时钟（TCLK）、帧同步（TFRM）、数据（TDAT）及附加地址（TADD）4

条串口总线可以同时连接 8 个串口通信器件进行分时通信，其中，TDAT 和 TADD 信号是双向信号，它们在不同时间段被总线上的不同器件用帧同步信号驱动。

TDM 串口操作通过 6 个存储器映像寄存器 TRCV、TDXR、TSPC、TCSR、TRTA 和 TRAD 及两个专用寄存器 TRSR 和 TXSR 来实现。其中，TRSR 和 TXSR 不直接被程序存取，只用于双向缓冲，下面分别介绍各寄存器的功能。

1）TDM 数据接收寄存器（TRCV）

TRCV 是一个 16 位存储器映像寄存器，用来保存接收的串行数据，功能与 DRR 相同。

2）TDM 数据发送寄存器（TDXR）

TDXR 是一个 16 位存储器映像寄存器，用来保存发送的串行数据，功能与 DXR 相同。

3）TDM 串口控制寄存器（TSPC）

TSPC 是一个 16 位存储器映像寄存器，包含 TDM 的模式控制或状态控制位。第 0 位是 TDM 模式控制位，用来配置串口。当 TDM = 1 时，采用 TDM 通信方式，当 TDM = 0 时，采用非 TDM 工作方式。其他各位域的定义与 SPC 相同。

4）TDM 通道选择寄存器（TCSR）

TCSR 是一个 16 位存储器映像寄存器，用来指定每个通信器件的发送操作时间段。

5）TDM 发送/接收地址寄存器（TRTA）

TRTA 是一个 16 位存储器映像寄存器，低 8 位（RA0 ~ RA7）为接收地址，高 8 位（TA0 ~ TA7）为发送地址。

6）TDM 接收地址寄存器（TRAD）

TRAD 是一个 16 位存储器映像寄存器，用来保存 TDM 地址线的各种状态信息。

7）TDM 数据接收移位寄存器（TRSR）

TRSR 是一个 16 位专用寄存器，用来控制从输入引脚到 TRCV 数据的接收保存过程，与 RSR 功能类似。

8）TDM 数据发送移位寄存器（TXSR）

TXSR 是一个 16 位专用寄存器，用来控制来自 TDXR 的输出数据的传送，并保存从 TDX 引脚发送出去的数据，与 XSR 的功能相同。

7.5.4　多通道缓冲串口

多通道缓冲串口（Multi-channel Buffered Serial Port，McBSP）是在标准同步串口的基础上发展起来的高速、全双工、多通道缓冲串口，它可直接与其他 C54x、编码器以及系统中的其他串口器件通信。McBSP 在外部通道选择电路的控制下，采用分时的方式实现多通道串行通信，与以前的串口相比，具有很大的灵活性。大多数 DSP 芯片都配有 McBSP，如 C54x 系列中的 C5402 有两个 McBSP，C5409、C5410、C5416 有三个 McBSP，而 C5420 有 6 个 McBSP。McBSP 结构复杂，使用起来有一定的难度，但该接口的性能十分优良，因此，需要读者认真揣摩。从总体上来看，McBSP 具有如下功能。

1）全双工通信。

2）双缓冲数据寄存器，允许传送连续的数据流。

3）串口的接收、发送时钟既可由外部设备提供，又可由内部时钟提供。

4）可以直接利用多种串行协议接口通信。如 T1/E1 帧调节器、MVIP 帧调节器、H.100

帧调节器、SCSA 帧调节器、IOM-2 兼容器件、AC-97 兼容器件、IIS 兼容器件、SPI 器件等。

5）当传送 8 位数据时，可选择低位（LSB）先传送或高位（MSB）先传送。

6）可对收发独立的时钟和帧同步信号进行编程：时钟基准（内部时钟相对于外部时钟）、时钟分频、时钟同步信号极性、帧同步脉冲宽度、帧同步脉冲周期、帧同步延迟以及帧同步信号极性。

7）通过片内压扩硬件可以对数据按 μ 律和 A 律进行压缩和扩展。当利用压扩硬件时，压扩数据按指定的压扩律进行编码，接收到的数据则解码为二进制的补码形式。

8）McBSP 允许独立地为发送和接收选择多通道工作方式。当选用多通道工作方式时，每帧都代表一个时分多路切换（TDM）数据流。利用 TDM 数据流，CPU 只需要处理少量的几个通道。为了节省存储器和总线带宽，选用多通道工作方式可以独立地使能所选定的发送和接收通道。最多可以使能的发送和接收通道有 128 个，而一批数据流中最多可达 32 个。

9）McBSP 的时钟停止工作方式（CLKSTP）利用串口外围接口（SPI）协议为传送字的长度提供了兼容性。McBSP 通过编程支持传送的数据字长为：8、12、16、20、24 或 32 位。当 McBSP 配置为 SPI 工作方式时，发送方和接收方一起工作，其中一个为主控方，另一个为从属方。

10）McBSP 可以工作在任意低的时钟频率上，其最高时钟频率为 CPU 时钟频率的 1/2。

1. McBSP 的结构

McBSP 由 7 个外部通信引脚、接收/发送部分、时钟及帧同步信号发生器、多通道选择以及 CPU 中断信号和 DMA 同步信号组成，可分为数据通道和控制通道两部分。数据通道主要完成数据的接收和发送，控制通道主要完成内部时钟和帧同步信号的产生与控制、多通道的选择、产生中断信号送往 CPU 以及产生同步事件通知 DMA 控制器等。McBSP 的内部结构如图 7-13 所示，7 个外部通信引脚的功能如表 7-14 所示。

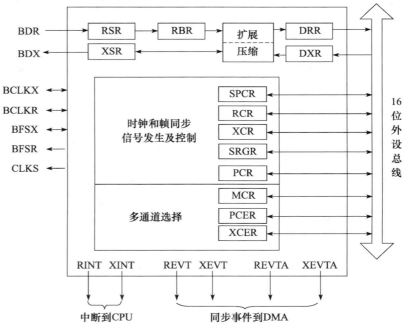

图 7-13　McBSP 的内部结构

表 7-14 McBSP 的引脚功能描述

引脚名称	功能描述
BDR	缓冲串口数据接收端
BDX	缓冲串口数据发送端。当不发送数据或者 EMU1/$\overline{\text{OFF}}$ 为低电平时端口变成高阻状态
BCLKX	发送时钟。可配置为输入或输出，但复位后为输入。当 EMU1/$\overline{\text{OFF}}$ 为低电平时，端口变成高阻状态
BCLKR	接收时钟。可配置为输入或输出，在复位时为输入。可作为缓冲串口接收数据的串行移位时钟
BFSX	发送帧同步脉冲端。BFSX 脉冲的下降沿对数据发送过程初始化，可配置为输入或输出，但在复位后为输入。当 EMU1/$\overline{\text{OFF}}$ 为低电平时，此引脚变成高阻状态
BFSR	接收帧同步脉冲端。可配置为输入或输出，但复位后为输入。BFSR 脉冲的下降沿对数据接收过程初始化
CLKS	外部时钟输入引脚

  McBSP 的数据通道主要由 5 个寄存器组成，其中，数据接收寄存器（DRR）、数据发送寄存器（DXR）、接收移位寄存器（RSR）和发送移位寄存器（XSR）的功能与 SP 中相应寄存器的功能相同，接收缓冲寄存器（RBR）的主要作用是在接收数据时充当一级缓冲。

  McBSP 的数据发送是双缓冲的，数据接收是三缓冲的。这种多级缓冲方式使得片内的数据搬移和与外部的数据通信可以同时进行。当串行数据的长度是 8、12、16 位时，只需要使用 DRR1、RBR1、RSR1、XSR1 和 DXR1，而不需要使用 DRR2、RBR2、RSR2、XSR2 和 DXR2；当串行数据的长度是 20、24、32 位时，需要使用 DRR2、RBR2、RSR2 和 DXR2 存放高位数据。

  McBSP 的控制通道由内部时钟发生器、帧同步信号发生器、控制电路以及多通道选择器 4 部分组成。两个中断信号和 4 个同步事件信号分别控制 CPU 与 DMA 中断：接收中断信号 RINT 和发送中断信号 XINT 分别触发 CPU 的接收与发送中断；接收同步事件信号 REVT 和发送同步事件 XEVT 分别触发 DMA 接收与发送同步事件；接收同步事件信号 REVTA 和发送同步事件 XEVTA 分别触发 DMA 接收与发送同步事件 A。DMA 可以不经 CPU 而使数据在 McBSP 和存储器之间直接传送。McBSP 发出的 CPU 中断信号和 DMA 同步事件信号见表 7-15。

表 7-15 McBSP 的 CPU 中断信号和 DMA 同步事件信号

信号	功能说明
RINT	接收中断信号，送往 CPU
XINT	发送中断信号，送往 CPU
REVT	接收同步事件信号，送往 DMA 控制器
XEVT	发送同步事件信号，送往 DMA 控制器
REVTA	接收同步事件 A 信号，送往 DMA 控制器
XEVTA	发送同步事件 A 信号，送往 DMA 控制器

  控制通道有 4 个作用：产生内部时钟信号和帧同步信号、进行多通道的选择、产生中断请求信号送往 CPU 以及产生同步事件信号通知 DMA 控制器。

  McBSP 的上述各种功能是通过配置其控制寄存器实现的，表 7-16 列出了 C5416 McBSP 的控制寄存器及其在数据存储器中的映像地址。

表 7-16   McBSP 的控制寄存器

映像地址			子地址	缩写	寄存器名称
McBSP0	McBSP1	McBSP2			
—	—	—		RBR[1, 2]	接收缓冲寄存器 1 和 2
—	—	—		RSR[1, 2]	接收移位寄存器 1 和 2
—	—	—		XSR[1, 2]	发送移位寄存器 1 和 2
0020H	0040H	0030H	—	DRR2x[①]	数据接收寄存器 2
0021H	0041H	0031H	—	DRR1x	数据接收寄存器 1
0022H	0042H	0032H	—	DXR2x	数据发送寄存器 2
0023H	0043H	0033H	—	DXR1x	数据发送寄存器 1
0038H	0048H	0034H	—	SPSAx	子块地址寄存器
0039H	0049H	0035H	—	SPSDx	子块数据寄存器
0039H	0049H	0035H	0000H	SPCR1x	串口控制寄存器 1
0039H	0049H	0035H	0001H	SPCR2x	串口控制寄存器 2
0039H	0049H	0035H	0002H	RCR1x	接收控制寄存器 1
0039H	0049H	0035H	0003H	RCR2x	接收控制寄存器 2
0039H	0049H	0035H	0004H	XCR1x	发送控制寄存器 1
0039H	0049H	0035H	0005H	XCR2x	发送控制寄存器 2
0039H	0049H	0035H	0006H	SRGR1x	采样率发生寄存器 1
0039H	0049H	0035H	0007H	SRGR2x	采样率发生寄存器 2
0039H	0049H	0035H	0008H	MCR1x	多通道控制寄存器 1
0039H	0049H	0035H	0009H	MCR2x	多通道控制寄存器 2
0039H	0049H	0035H	000AH	RCERAx	接收通道使能寄存器 A
0039H	0049H	0035H	000BH	RCERBx	接收通道使能寄存器 B
0039H	0049H	0035H	000CH	XCERAx	发送通道使能寄存器 A
0039H	0049H	0035H	000DH	XCERBx	发送通道使能寄存器 B
0039H	0049H	0035H	000EH	PCRx	引脚控制寄存器

① 所有的 x 代表 0、1 或 2，分别表示属于 McBSP0、McBSP1 或 McBSP2。

从表 7-15 可以看出，每一个 McBSP 所拥有的寄存器可以分为三类，分别如下所示。

1）RBR[1, 2]、RSR[1, 2] 以及 XSR[1, 2] 共 6 个寄存器没有映像地址，因此，这 6 个寄存器不能通过 CPU 或 DMA 进行读/写。

2）6 组寄存器有存储器映像地址，因此 CPU 或 DMA 可以从存储器映像单元进行读/写，它们是（括号内的地址顺序依次对应于 McBSP0、McBSP1 和 McBSP2）：DRR2x（0020H、0040H、0030H）、DRR1x（0021H、0041H、0031H）、DXR2x（0022H、0042H、0032H）、DXR1x（0023H、0043H、0033H）、SPSAx（0038H、0048H、0034H）和 SPSDx（0039H、0049H、0035H）。

3）其余 15 组控制寄存器只有一个存储器映像地址，不过，每个寄存器都有一个互不相同的称为子地址的地址。这类寄存器称为子地址寄存器，它们需要采用子地址寻址的方法进行寻址。

子地址寻址指的是多路复用技术，该技术可以实现一组寄存器共享存储器中的一个单元。McBSP 有两个子块寄存器：子块地址寄存器（SPSAx）和子块数据寄存器（SPSDx）。子块寄存器的作用是配合 McBSP 的子地址寻址，实现 McBSP 子地址寄存器的配置和操作，子地址寻址示意图如图 7-14 所示。

在图 7-14 中，子块地址寄存器（SPSAx）用于控制 McBSP 的复接器，子块数据寄存器（SPSDx）用于指定子地址寄存器中数据的读或写，复接器将 McBSP 的一组子地址寄存器复接到存储器映射的同一个位置上。

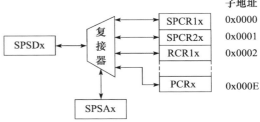

图 7-14　子地址寻址示意图

当访问某个子地址寄存器时，首先要将相应的子地址写入 SPSAx，SPSAx 驱动复接器，使其与 SPSDx 相连。当向 SPSDx 写入数据时，数据送入前面子块地址寄存器所指定的子块地址寄存器中，当从 SPSDx 读取数据时，也接入前面子块地址寄存器所指定的子地址寄存器中。

例如，当 DSP 访问 McBSP0 的 SPCR10 时，先将 SPCR10 的子地址 0000H 发送给 SPSA0，然后对 0039H 进行访问时，操作的对象就是 SPCR10。

这样对于 DSP 来说，操作由子地址来寻址的 15 组子地址寄存器，只需 3 组寄存器地址。对于 McBSP0 来讲，就是 0038H 和 0039H；对于 McBSP1 来讲，就是 0048H 与 0049H；而对于 McBSP2 来讲，就是 0034H 与 0035H。使用子地址寻址的好处主要是可以使用少量的寄存器映射存储器空间来访问 McBSP 的 15 组子地址寄存器。对于 C54x 系列的 DMA 控制器来说，由于 DMA 控制寄存器较多，也采用了这种方式。

【例 7-3】　配置 SPCR10 和 SPCR20

```
SPSA0     .set   38H                    ;定义子块地址寄存器映射位置
SPSD0     .set   39H                    ;定义子块数据寄存器映射位置
SPCR10    .set   00H                    ;定义 SPCR10 的映射子地址
SPCR20    .set   01H                    ;定义 SPCR20 的映射子地址
STM       #SPCR10 , SPSA0               ;将 SPCR10 的子地址写入 SPSA0
STM       #K_SPCR10_CONFIG , SPSD0      ;将配置值写入 SPSD0
STM       # SPCR20 , SPSA0              ;将 SPCR2 的子地址写入 SPSA0
STM       #K_SPCR20_CONFIG , SPSD0      ;将配置值写入 SPSD0
```

2. McBSP 的配置

用于 McBSP 串口配置的寄存器共有 7 个。McBSP 通过两个 16 位串口控制寄存器 1 和 2（SPCR[1，2]）和引脚控制寄存器（PCR）进行配置，这些寄存器包含 McBSP 的状态和控制信息。另外，除了在正常的串口工作状态下用于配置 McBSP 引脚的输入输出特性外，PCR 还可在收发器复位时用于将串口引脚配置成通用 I/O 引脚。除 SPCR[1，2] 和 PCR 之外，McBSP 还配置了接收控制寄存器（RCR[1，2]）和发送控制寄存器（XCR[1，2]）来确定接收与发送操作的参数，它们的具体内容如表 7-17 ~ 表 7-23 所示。

表 7-17   串口接收控制寄存器（SPCR1）

位	名称	功能
15	DLB	数字循环返回环模式位，DLB=1 使能。该模式使能后可以将接收到的数据直接发送出去，一方面，可以用来测试硬件，另一方面，还可以用来在与 AD50 等音频采样和合成芯片通信时实现语音回放
14～13	RJUST	接收符号扩展和判断模式位 RJUST=00：右对齐，用 0 填充 DRR[1, 2] 的高位 RJUST=01：右对齐，DRR[1, 2] 的高位符号扩展 RJUST=10：左对齐，用 0 填充 DRR[1, 2] 的低位 RJUST=11：保留
12～11	CLKSTP	时钟停止模式位。CLKSTP=0X，禁止时钟停止模式，对非 SPI 模式采用正常的时钟。SPI 模式包括： CLKSTP=10 且 CLKXP=0：时钟在上升沿开始，无延迟 CLKSTP=10 且 CLKXP=1：时钟在下降沿开始，无延迟 CLKSTP=11 且 CLKXP=0：时钟在上升沿开始，有延迟 CLKSTP=11 且 CLKXP=1：时钟在下降沿开始，有延迟
10～8	保留	保留
7	DXENA	DX 使能位 DXENA=0：DX 使能关 DXENA=1：DX 使能开
6	ABIS	ABIS 模式位 ABIS=0：ABIS 模式禁止 ABIS=1：ABIS 模式使能
5～4	RINTM	接收中断模式位 RINTM=00：RINT 由 RRDY 驱动，在 ABIS 模式下由帧结束驱动 RINTM=01：多通道时 RINT 在块或帧结束时产生 RINTM=10：RINT 在帧同步收到时产生 RINTM=11：RINT 由接收同步错误（RSYNCERR）产生
3	RSYNCERR	接收帧同步错误位 RSYNCERR=0：接收帧同步无错 RSYNCERR=1：接收帧同步出错
2	RFULL	接收移位寄存器满位 RFULL=0：RBR [1, 2] 未超限 RFULL=1：DRR [1, 2] 未读取，而 RBR 满，RSR 移入新字满
1	RRDY	接收准备好位 RRDY=0：接收未准备好 RRDY=1：接收准备好，可以从 DRR [1, 2] 读取数据
0	$\overline{RRST}$	接收器复位位，可使能和复位接收器 $\overline{RRST}$=0：串行接收器禁止，并处于复位状态 $\overline{RRST}$=1：串行接收器使能

表 7-18   串口发送控制寄存器（SPCR2）

位	名称	功能
15～10	保留	保留
9	FREE	自由工作模式位 FREE=0：禁止自由工作模式 FREE=1：使能自由工作模式

（续）

位	名称	功能
8	SOFT	软件模式位 SOFT = 0：禁止 SOFT 模式 SOFT = 1：使能 SOFT 模式
7	$\overline{\text{FRST}}$	帧同步发生器复位 $\overline{\text{FRST}}$ = 0：帧同步逻辑电路复位，采样率发生器不产生帧同步信号 $\overline{\text{FRST}}$ = 1：时钟发生器 CLKG 产生（FPER + 1）个脉冲后，帧同步信号发生器产生帧同步信号
6	$\overline{\text{GRST}}$	采样率发生器复位 $\overline{\text{GRST}}$ = 0：采样率发生器复位 $\overline{\text{GRST}}$ = 1：采样率发生器启动，CLKG 按照采样率发生器中的编程值产生时钟信号
5 ~ 4	XINTM	发送中断模式位 XINTM = 00：XINT 由 XRDY 驱动产生 XINT XINTM = 01：多通道时 XINT 在块或帧结束时产生 XINTM = 10：XINT 在接收到帧同步时产生 XINTM = 11：XINT 由 XSYNCERR 产生
3	XSYNCERR	发送同步出错位 XSYNCERR = 0：发送同步无错 XSYNCERR = 1：发送同步出错
2	$\overline{\text{XEMPTY}}$	发送移位寄存器空位 $\overline{\text{XEMPTY}}$ = 0：XSR [1, 2] 空 $\overline{\text{XEMPTY}}$ = 1：XSR [1, 2] 非空
1	XRDY	发送准备好位 XRDY = 0：发送没有准备好 XRDY = 1：发送准备好，发送 DXR [1, 2] 中的数据
0	$\overline{\text{XRST}}$	发送部分复位位 $\overline{\text{XRST}}$ = 0：发送部分复位 $\overline{\text{XRST}}$ = 1：发送部分工作

表 7-19　引脚控制寄存器（PCR）

位	名称	功能
15 ~ 14	保留	保留
13	XIOEN	发送通用 I/O 模式位（当 SPCR2 中的 $\overline{\text{XRST}}$ = 0 时有效） XIOEN = 0：DX、FSX 和 CLKX 作为串口引脚工作 XIOEN = 1：DX 引脚作为通用的输出，FSX 和 CLKX 作为通用 I/O
12	RIOEN	接收通用 I/O 模式位（当 SPCR1 中的 $\overline{\text{RRST}}$ = 0 时有效） RIOEN = 0：DR、FSR、CLKR 和 CLKS 作为串口引脚工作 RIOEN = 1：DR 和 CLKS 作为通用输入，FSR 和 CLKR 作为通用 I/O
11	FSXM	发送帧同步模式位 FSXM = 0：帧同步信号由外部产生 FSXM = 1：帧同步信号由内部采样率发生器 SRG2 中 FGSM 位产生
10	FSRM	接收帧同步模式位 FSRM = 0：FSR 为输入引脚，帧同步信号由外部产生 FSRM = 1：除 SRGR2 中的时钟同步复位 GSYUN = 1 外，FSR 为输出引脚，帧同步信号由内部采样率发生器产生

(续)

位	名称	功能
9	CLKXM	发送时钟模式位 串口模式时 CLKXM = 0：CLKX 为输入引脚，发送时钟由外部驱动 CLKXM = 1：CLKX 为输出引脚，发送时钟由内部采样率发生器驱动 SPI 模式下（CLKSTP≠0） CLKXM = 0：McBSP 为从设备，CLKX 由 SPI 主设备驱动，CLKR 由 CLKX 内部驱动 CLKXM = 1：McBSP 为主设备，产生时钟 CLKX 驱动接收时钟 CLKR
8	CLKRM	接收时钟模式位 数字循环返回模式禁止（SPCR1 中 DLB = 0）时 CLKRM = 0：CLKR 为输入引脚，接收时钟由外部驱动 CLKRM = 1：CLKR 为输出引脚，接收时钟由内部采样率发生器驱动 数字循环返回模式使能（SPCR1 中 DLB = 1）时 CLKRM = 0：CLKR 引脚呈高阻态，接收时钟由 CLKX 驱动，CLKX 由 CLDXM 决定 CLKRM = 1：CLKR 为输出引脚，接收时钟由 CLKX 驱动，CLKX 由 PCR 的 CLKXM 位决定
7	保留	保留
6	CLKS_STAT	CLKS 引脚状态位，当作为通用输入时，反映 CLKS 的状态
5	DX_STAT	DX 引脚状态位，当作为通用输出时，反映 DX 的状态
4	DR_STAT	DR 引脚状态位，当作为通用输入时，反映 DR 的状态
3	FSXP	发送帧同步脉冲极性位 FSXP = 0：FSX 高脉冲有效 FSXP = 1：FSX 低脉冲有效
2	FSRP	接收帧同步脉冲极性位 FSRP = 0：FSX 高脉冲有效 FSRP = 1：FSX 低脉冲有效
1	CLKXP	发送时钟极性位 CLKXP = 0：在 CLKX 上升沿对发送数据采样 CLKXP = 1：在 CLKX 下降沿对发送数据采样
0	CLKRP	接收时钟极性位 CLKRP = 0：在 CLKR 下降沿对接收数据采样 CLKRP = 1：在 CLKR 上升沿对接收数据采样

表 7-20　接收控制寄存器（RCR1）

位	名称	功能
15	保留	保留
14 ~ 8	RFRLEN1	接收帧长 1 位 RFRLEN1 = 0000000：每帧 1 个字 RFRLEN1 = 0000001：每帧 2 个字 …… RFRLEN1 = 1111111：每帧 128 个字
7 ~ 5	RWDLEN1	接收字长 1 位 RWDLEN1 = 000：8 比特 RWDLEN1 = 001：12 比特 RWDLEN1 = 010：16 比特 RWDLEN1 = 011：20 比特 RWDLEN1 = 100：24 比特 RWDLEN1 = 101：32 比特 RWDLEN1 = 11X：保留
4 ~ 0	保留	保留

表 7-21　接收控制寄存器（RCR2）

位	名称	功能
15	RPHASE	接收相位位 RPHASE = 0：单相帧 RPHASE = 1：双相帧
14 ~ 8	RFRLEN2	接收帧长 2 位 RFRLEN2 = 0000000：每帧 1 个字 RFRLEN2 = 0000001：每帧 2 个字 …… RFRLEN2 = 1111111：每帧 128 个字
7 ~ 5	RWDLEN2	接收字长 2 位 RWDLEN2 = 000：8 比特 RWDLEN2 = 001：12 比特 RWDLEN2 = 010：16 比特 RWDLEN2 = 011：20 比特 RWDLEN2 = 100：24 比特 RWDLEN2 = 101：32 比特 RWDLEN2 = 11X：保留
4 ~ 3	RCOMPAND	接收压扩模式位 RCOMPAND = 00：无压扩，最高位先传输 RCOMPAND = 01：无压扩，最低位先传输 RCOMPAND = 10：对接收数据用 μ 律压扩 RCOMPAND = 11：对接收数据用 A 律压扩 注意，仅当 RWDLEN = 000b 时，即字长为 8 位时，该位才有效
2	RFIG	接收帧同步忽略位 RFIG = 0：每次传输都需要帧同步 RFIG = 1：在第一个接收帧同步后，忽略以后的帧同步
1 ~ 0	RDATDLY	接收数据延迟位 RDATDLY = 00：0 比特延迟 RDATDLY = 01：1 比特延迟 RDATDLY = 10：2 比特延迟 RDATDLY = 11：保留

表 7-22　发送控制寄存器（XCR1）

位	名称	功能
15	保留	保留
14 ~ 8	XFRLEN1	发送帧长 1 位 XFRLEN1 = 0000000：每帧 1 个字 XFRLEN1 = 0000001：每帧 2 个字 …… XFRLEN1 = 1111111：每帧 128 个字
7 ~ 5	XWDLEN1	发送字长 1 位 XWDLEN1 = 000：8 比特 XWDLEN1 = 001：12 比特 XWDLEN1 = 010：16 比特 XWDLEN1 = 011：20 比特 XWDLEN1 = 100：24 比特 XWDLEN1 = 101：32 比特 XWDLEN1 = 11X：保留
4 ~ 0	保留	保留

表 7-23　发送控制寄存器（XCR2）

位	名称	功能
15	XPHASE	发送相位位 XPHASE = 0：单相帧 XPHASE = 1：双相帧
14~8	XFRLEN2	发送帧长 2 位 XFRLEN2 = 0000000：每帧 1 个字 XFRLEN2 = 0000001：每帧 2 个字 …… XFRLEN2 = 1111111：每帧 128 个字
7~5	XWDLEN2	发送字长 2 位 XWDLEN2 = 000：8 比特 XWDLEN2 = 001：12 比特 XWDLEN2 = 010：16 比特 XWDLEN2 = 011：20 比特 XWDLEN2 = 100：24 比特 XWDLEN2 = 101：32 比特 XWDLEN2 = 11X：保留
4~3	XCOM-PAND	发送压扩模式位 XCOMPAND = 00：无压扩处理，最高位先传输 XCOMPAND = 01：无压扩处理，最低位先传输 XCOMPAND = 10：对发送数据用 μ 律压缩 XCOMPAND = 11：对发送数据用 A 律压缩 注意，仅当 XWDLEN = 000b 时，即字长为 8bit 时该位有效
2	XFIG	发送帧同步忽略位 XFIG = 0：每次传输都需要帧同步 XFIG = 1：在第一个发送帧同步后，忽略以后的帧同步
1~0	XDATDLY	发送数据延迟位 XDATDLY = 00：0 比特延迟 XDATDLY = 01：1 比特延迟 XDATDLY = 10：2 比特延迟 XDATDLY = 11：保留

3. 帧同步信号和时钟信号的配置

在介绍帧同步信号和时钟信号配置之前，先介绍 McBSP 传输数据时涉及的一些重要概念。

- **串行字**。寄存器和引脚之间的数据传输是以串行字（简称字）为单位传输的，用户可以自定义字长为 8、12、16、20、24 或 32 位。在数据接收过程中，来自 DR 引脚的数据存入 RSR，直到 RSR 装满一个字，然后将该字传给 RBR，最后传给 DRR。在数据发送过程中，直到一个完整的字从 XSR 传到 DX 引脚，XSR 才会从 DXR 接收新的数据。

- **时钟**。串行数据一次只能传送一位，每位的传送时间依赖于时钟信号的上升沿或下降沿。接收时钟（CLKR）控制数据位从 DR 引脚传送到 RSR，发送时钟（CLKX）控制数据从 XSR 传到 DX 引脚，CLKR 和 CLKX 的极性是可以编程的。

- **帧**。一个或多个字要以叫做帧的数组为单位进行传输，用户可以自定义一帧有多少个字。一帧中所有的字都以连续的数据流形式传送，但帧与帧之间可能存在不连续的情况。

- **帧相位**。McBSP 可配置每帧包含单相位或双相位，并可为每个相位独立设置帧长和字长。其中，单相帧最多可配置 128 个字，双相帧最多可配置 256 个字，字长可以是 8、12、16、20、24 或 32 位。相位的个数由 RCR2 和 XCR2 的（R/X）PHASE 字段选择，每相位的字数及每字的位数由 RCR1 和 XCR1 的（R/X）FRLEN1、WDLEN1 字段选择。

图 7-15 是一个双相帧传输的例子，其中，第一相由两个 12 位的字组成，第 2 相由 3 个 8 位的字组成。由图 7-15 可以看出，在一帧中整个位流是连续的，相与相之间以及字与字之间没有间隙，用户可以通过这些配置来安排帧结构以满足各自的需要或达到最大的数据传输速率。

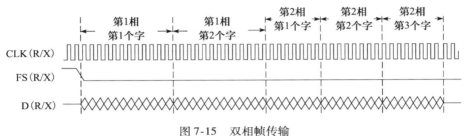

图 7-15　双相帧传输

- **数据延迟**。在 McBSP 实际操作中，允许数据传输的开始相对于帧同步信号延迟 0、1 或 2 个时钟周期，如图 7-16 所示，这种延迟称为数据延迟，可通过（R/X）CR2 中的 DATDLY 字段进行选择。

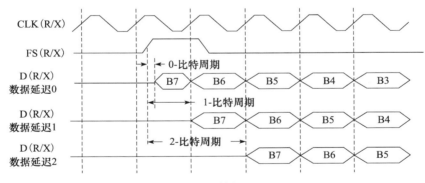

图 7-16　数据延迟

- **帧同步**。帧同步信号表示 McBSP 传输的开始，当有一个帧同步信号出现时，McBSP 开始接收/发送一帧数据。当下一个帧同步信号出现时，McBSP 接收/发送下一帧数据，以此类推。接收帧同步信号（FSR）在引脚 DR 上启动帧接收，发送帧同步信号（FSX）在引脚 DX 上启动帧发送。在 McBSP 操作中，只有当确认帧同步信号无效然后它又重新变为有效时，下一个帧同步信号才会出现。

McBSP 提供多种方法为发送器和接收器选择时钟和帧同步信号。用户可以独立选择发送器和接收器是由外部提供时钟和帧同步信号，还是利用内部采样率发生器产生时钟和帧同步信号。

采样率发生器由三级时钟分频组成，如图 7-17 所示。它可以产生可编程的 CLKG（数据位时钟）信号和 FSG（帧同步时钟）信号。CLKG 和 FSG 是 McBSP 的内部信号，用于驱动接收/发送时钟信号（CLKR/X）和帧同步信号（FSR/X）。采样率发生器时钟既可以由内部的 CPU 时钟驱动（CLKSM＝1），也可以由外部时钟源驱动（CLKSM＝0）。采样率发生器寄存器 SRGR [1，2] 控制采样率发生器的各种操作，其各位域的功能描述见表 7-24 和表 7-25。

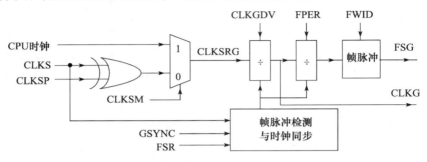

图 7-17　采样率发生器的框图

表 7-24　采样率发生器寄存器（SRGR1）

位	名称	功能
15～8	FWID	帧宽度位。该字段的值加 1 确定帧同步脉冲的宽度，因此帧宽度范围为 1～256
7～0	CLKGDV	采样率发生器时钟分频位。默认值为 1

表 7-25　采样率发生器寄存器（SRGR2）

位	名称	功能
15	GSYNC	采样率发生器时钟同步位（当 CLKSM＝0 时有效） GSYNC＝0：采样率发生器自由运行 GSYNC＝1：采样率发生器时钟 CLKG 正在运行，但是，仅当检测到 FSR 之后，才重新同步 CLKG 和产生 FSG，帧周期 FPER 此时不考虑在内
14	CLKSP	CLKS 时钟边沿选择位（当 CLKSM＝0 时有效） CLKSP＝0：在 CLKS 的上升沿产生 CLKG 和 FSG CLKSP＝1：在 CLKS 的下降沿产生 CLKG 和 FSG
13	CLKSM	采样率发生器时钟模式位 CLKSM＝0：采样率发生器时钟来源于 CLKS 引脚 CLKSM＝1：采样率发生器时钟来源于 CPU 时钟
12	FSGM	采样率发生器发送帧同步模式位（当 PCR 的 FSXM＝1 时有效） FSGM＝0：当数据从 DXR [1，2] 到 DSR [1，2] 复制时，产生发送帧同步信号 FSX，忽略 FPR 和 FWID FSGM＝1：发送帧同步信号 FSX 由采样率发生器帧同步信号 FSG 驱动
11～0	FPER	帧周期位。该字段的值加 1 确定下一个帧同步信号有效所经过的 CLKG 周期数，帧周期范围 1～4096 个 CLKG 周期

4. McBSP 的数据接收和发送操作流程

McBSP 的操作过程包括 3 个阶段：串口的复位、串口的初始化以及数据的接收和发送。

（1）McBSP 串口复位

McBSP 串口有两种复位方式：系统复位和 McBSP 单独复位。

- **系统复位**。即通过 DSP 芯片复位端（$\overline{RS}$）对系统进行复位。当 $\overline{RS}$＝0 时，整个串口复位，包括串口发送器、接收器、采样率发生器均复位。$\overline{RS}$ 复位完成后，$\overline{RS}$＝1，此时，McBSP 的控制位：$\overline{GRST} = \overline{FRST} = \overline{RRST} = \overline{XRST} = 0$。采样率发生器时钟（CLKG）等于 CPU 时钟的一半，并且不会产生帧同步信号 FSG（低电平，无效）。

- **McBSP 单独复位**。利用 McBSP 控制寄存器的控制位复位。串口的发送器和接收器可以利用串口控制寄存器（SPCR[1，2]）中的$\overline{RRST}$和$\overline{XRST}$位分别独自复位，采样率发生器可以利用 SPCR2 中的$\overline{GRST}$和$\overline{FRST}$位复位。

（2）MCBSP 串口的初始化

McBSP 的控制信号，如时钟、帧同步和时钟源都是可以设置的。如果采用中断方式，需设置 SPCR[1，2] 中的 （R/X)INTM = 00b，这样当 DRR 中的数据已经准备好或可以向 DXR 中写入数据时允许 McBSP 产生中断。

McBSP 的初始化步骤：

1）设置 SPCR[1，2] 中的$\overline{GRST} = \overline{FRST} = \overline{RRST} = \overline{XRST} = 0$，将整个串口复位。如果在此之前芯片曾复位，则该步可省略。

2）以编程方式配置特定的 McBSP 的配置寄存器（表 7-16 中除数据寄存器外的其他寄存器）。

① 在不改变第 1）步中已设置位域的前提下，根据需要对采样率发生器寄存器（SRGR[1，2]）、串口控制寄存器（SPCR[1，2]）、引脚控制寄存器（PCR）、发送控制寄存器（XCR[1，2]）和接收控制寄存器（RCR[1，2]）进行配置。

② 设置 SPCR2 中的$\overline{GRST} = 1$，使采样率发生器退出复位状态，内部的采样率发生器时钟信号 CLKG 开始由选定的时钟源按预先设定的分频比驱动。如果 McBSP 收发部分的时钟和帧同步信号都是由外部输入，则这一步可省略。

3）等待两个时钟周期 [传输时钟 （CLKR/CLKX)]，以确保正确的内部同步。

4）按照写 DXR 的要求，给出数据。

5）设置 SPCR[1，2] 中的$\overline{RRST} = \overline{XRST} = 1$，以使能串口。

6）如果要求内部帧同步信号，设置 SPCR2 中的$\overline{FRST} = 1$。

7）等待两个时钟周期后，激活接收器和发送器。

一旦 McBSP 初始化完毕，每一次数据单元的传输都会触发相应的中断，可以在中断服务程序中完成 DXR 的写入或 DRR 的读出。

（3）数据的接收和发送操作

接收操作是三缓冲的，接收的串行数据流首先到达 DR 引脚，然后移入接收移位寄存器 RSR[1，2] 并在其中完成串行数据向并行数据的转换。一旦接收到一个满字（8、12、16、20、24 或 32 位），并且当接收缓冲寄存器 RBR[1，2] 不满时，就将 RSR[1，2] 中的并行数据复制到 RBR[1，2] 中。如果数据接收寄存器 DRR[1，2] 中的内容已经被 CPU 或 DMA 读取（即 DRR[1，2] 为空），则把 RBR[1，2] 中的内容复制到 DRR[1，2] 中，并由 CPU 或 DMA 读取 DRR[1，2] 中的数据，从而完成串口数据的接收。

发送操作是双缓冲的，CPU 或 DMA 控制器向数据发送寄存器 DXR[1，2] 写入待发送的并行数据。如果发送移位寄存器 XSR[1，2] 中没有数据，则把 DXR[1，2] 的值复制到 XSR[1，2] 中并在其中完成从并行数据向串行数据的转换。如果 XSR[1，2] 中非空，则当上一个串行数据的最后一位从 DX 中移出时，才把 DXR[1，2] 的值复制到 XSR[1，2]

中。发送帧同步后，XSR[1，2] 才开始从 DX 引脚逐位移出发送数据。

SPCR[1，2] 的 RRDY 与 XRDY 分别表示 McBSP 接收器与发送器的准备状态。串口写和读可以通过查询 RRDY 和 XRDY 或者使用 CPU 中断（RINT 和 XINT）来实现同步。

在接收时，RRDY = 1 表示 RBR[1，2] 中的数据已经复制到 DRR[1，2] 中，并且该数据可以被 CPU 读取。CPU 读取数据后，把 RRDY 清零。在芯片复位或串口接收器复位（$\overline{RRST}$ = 0）时，也把 RRDY 清零。

在发送时，XRDY = 1 表示 DXR[1，2] 中的数据已经复制到 XSR[1，2] 中，并且 DXR[1，2] 已经准备好加载新的数据。一旦 CPU 加载新数据，就把 XRDY 清零。数据从 XDR[1，2] 复制到 XSR[1，2] 中，XRDY 就再次从 0 变为 1。此时，CPU 可以再次写入 DXR[1，2]。

McBSP 允许通过设置 McBSP 的寄存器为数据帧同步配置各种参数，并可对接收和发送分别进行配置，配置的参数如下：

1) FSR、FSX、CLKX 和 CLKR 的极性。
2) 单相帧或双相帧的选择。
3) 对于每一相，可配置每帧的字数。
4) 对于每一相，可配置每个字的位数。
5) 后续的帧同步可以重新启动串行数据流，也可以被忽略。
6) 从帧同步到第一个数据位之间的数据位延迟，延迟的位数可以为 0、1 或 2 位。
7) 对接收数据采用右对齐或左对齐，进行符号扩展或者填充 0。

在实际应用中，例如，用 C54x 构成数据采集系统，用户一般需要在采集完一批数据后再对其进行处理。如果采用查询方式采集数据，显然会占用大量的 CPU 资源。而利用 CPU 中断方式，虽然可以提高 CPU 的利用率，但在采集数据的每个时刻还是由 CPU 来完成的，而且还会因增加了中断服务程序而降低了程序的可读性。然而，利用 C54x 的 DMA 与 McBSP 相结合设计数据采集系统，可使 CPU 正常工作与 DMA 数据采集并行进行，可以极大地提高 DSP 的运行效率。关于直接存储器访问（DMA）的相关内容请参阅 TI 公司相关手册，限于篇幅，在此不再赘述。

【例 7-4】 典型的 McBSP 数据接收和发送举例（数据由右向左传输，即先传高位）McBSP 的寄存器参数配置如下：

1) (R/X)FRLEN1 = 0b，每帧 1 个字；
2) (R/X)PHASE = 0，单相帧；
3) (R/X)FRLEN2 = X，(R/X)WDLEN2 = X，每帧字数任意；
4) (R/X)WDLEN1 = 000b，字长 8 位；
5) CLK(R/X)P = 0，在 CLKR 的下降沿采样接收数据，在 CLKX 的上升沿采样发送数据；
6) FS(R/X)P = 0，帧同步高脉冲有效；
7) (R/X)DATDLY = 01b，1 位数据延迟；
8) (R/X)COMPAND = 00，禁止压扩功能。

1. 典型的 McBSP 接收过程

接收过程的时序如图 7-18 所示。一旦接收帧同步信号 FSR 变为有效状态（如本例为高脉冲）时，在接收时钟 CLKR 的第一个下降沿处检测到它，这时 McBSP 插入由 RDATDLY 设置的数据延迟（本例中是 1 个数据延迟），然后引脚 DR 上的数据移入接收移位寄存器 RSR［1，2］。因为本例中字长为 8，所以只使用了 RSR1。当一个整字到达时，如果 RBR1 不满，则 McBSP 在每个字结尾的时钟上升沿处将 RSR1 中的内容复制到 RBR1 中。然后，在下一个接收时钟 CLKR 的下降沿处，从 RBR［1，2］向 DRR［1，2］的一个复制操作会激活 RRDY 状态位为 1。这表示接收数据寄存器 DRR［1，2］已准备就绪，通知 CPU 或 DMA 读取接收数据。当读取数据后，RRDY 重新变为无效状态。

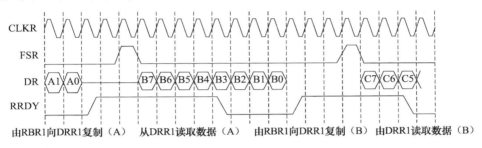

图 7-18　接收过程的时序

2. 典型的 McBSP 发送过程

发送过程的时序如图 7-19 所示。一旦发送帧同步信号 FSX 变为有效状态（如本例为高脉冲），McBSP 插入由 XDATDLY 设置的数据延迟（本例中是 1 个数据延迟），然后，把发送移位寄存器 XSR［1，2］中的值移至 DX 引脚。在 CLKX 的下一个上升沿，从 DXR［1，2］到 XSR［1，2］的每一个复制操作都激活 XRDY，表示已经发送一个数据，可以准备发送下一个数据。当 CPU 或 DMA 向 DXR［1，2］写入数据时，XRDY 无效。

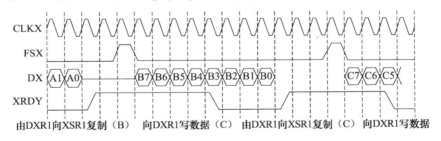

图 7-19　发送过程的时序

7.6　外部总线

TMS320C54x 系列 DSP 的片内存储器容量有限，因此在应用时可能需要扩展外部存储器。C54x 的外部总线具有很强的系统接口能力，可与外部存储器以及 I/O 设备相连，可通过独立的空间选择信号$\overline{DS}$、$\overline{PS}$、$\overline{IS}$、$\overline{MSTRB}$ 和$\overline{IOSTRB}$选择物理上分离的 64K 字的数据存储空间、64K 字的程序存储空间以及 64K 字的 I/O 空间进行寻址。其中，外部空间选通信号$\overline{DS}$、$\overline{PS}$、和$\overline{IS}$可以独立地对外部空间进行选择。外部 READY 信号和软件可编程等待状态发生器可以使 CPU 与不同速度的存储器及 I/O 设备连接。接口的保护方式使得外设可对外部总线进行控制，从而使外设可以访问程序、数据和 I/O 空间的存储资源。

选择存储器时，主要考虑的因素有存取时间、容量和价格等因素。存储器存取时间，即速度指标十分重要，如果所选存储器的速度达不到 DSP 的要求，则它不能正常工作。因此，在采用低速器件时，需要用软件或硬件的方法为 DSP 插入等待状态来协调两者的速度差异。

1. 外部总线接口

C54x 的外部总线是一组并行接口，由数据总线、地址总线以及一组控制信号组成，可用来寻址 C54x 的外部存储器以及 I/O 口。C54x 的外部程序存储器、数据存储器以及 I/O 的地址总线和数据总线是复用的，其操作主要依靠片选和读写选通信号配合来实现。

C54x 的外部总线构成基本上是相同的，唯一的区别在于地址总线的位数：C541、C542、C543、C545、C546 的地址总线有 16 位，C5420 的地址总线有 18 位，C5402 的地址总线有 20 位，而 C548、C549、C5409、C5410、C5416 的地址总线为 23 位。表 7-26 列出了 C5416 的主要外部接口信号。

表 7-26   C5416 的主要外部接口信号

信号名称	说明	信号名称	说明
A0 ~ A22	地址总线	R/$\overline{\text{W}}$	读/写信号
D0 ~ D15	数据总线	READY	数据准备好信号
$\overline{\text{MSTRB}}$	外部存储器选择信号	$\overline{\text{HOLD}}$	请求控制存储器接口
$\overline{\text{PS}}$	程序空间选择信号	$\overline{\text{HOLDA}}$	响应 HOLD 请求
$\overline{\text{DS}}$	数据空间选择信号	$\overline{\text{MSC}}$	微状态完成信号
$\overline{\text{IOSTRB}}$	I/O 设备选通信号	$\overline{\text{IAQ}}$	获取指令地址信号
$\overline{\text{IS}}$	I/O 空间选通信号	$\overline{\text{IACK}}$	中断响应信号

$\overline{\text{MSTRB}}$用于访问外部程序或数据存储器，$\overline{\text{IOSTRB}}$用于访问 I/O 设备，这两个选通信号是互相排斥的。读/写信号 R/$\overline{\text{W}}$控制数据传输的方向。

READY 信号与片内软件可编程等待状态发生器一道，可以使处理器与各种速度的存储器以及 I/O 设备接口。当与慢速器件通信时，CPU 处于等待状态，直到慢速器件完成它的操作并发出 READY 信号，CPU 才继续运行。

当外部设备需要寻址 C54x 的外部程序、数据和 I/O 存储空间时，可以用$\overline{\text{HOLD}}$和$\overline{\text{HOLDA}}$信号控制 C54x 的外部资源。

CPU 寻址片内存储器时，外部数据总线置高阻态，地址总线和存储器选择信号（$\overline{\text{DS}}$、$\overline{\text{PS}}$、及$\overline{\text{IS}}$）均保持先前的状态，$\overline{\text{MSTRB}}$、$\overline{\text{IOSTRB}}$、R/$\overline{\text{W}}$、$\overline{\text{IAQ}}$和$\overline{\text{MSC}}$信号均保持在无效状态。

如果处理器工作模式状态寄存器（PMST）中的地址可见位（AVIS）置 1，那么 CPU 执行指令时，内部程序存储器的地址就会出现在外部地址总线上，同时$\overline{\text{IAQ}}$信号有效。

对于外部总线，CPU 在每个机器周期内只能对它们寻址一次，否则，将产生流水线冲突。例如，如果在一个并行指令周期内，CPU 寻址外部存储器两次（如一次取指，一次取操作数或写操作数），那么就会发生流水线冲突。对于这种外部总线上的流水线冲突，CPU 可根据流水线操作的优先级别自动解决。外部总线数据存取的优先级高于程序的读取。只有在所有的数据读/写完成后，才能够开始程序的读取。

C54x 片内有两个控制 CPU 等待状态的部件：软件可编程等待状态发生器和可编程分区转换逻辑电路。这两个部件分别受软件等待状态寄存器（SWWSR）和可编程分区转换逻辑寄存器（BSCR）的控制，下面分别加以介绍。

2. 软件可编程等待状态发生器

C54x 的所有内部读和写操作都是单周期的，而外部存储器读操作也是在单周期内进行的。若将单个周期内完成的读操作分成三个部分：地址建立时间、数据有效时间和存储器存取时间，则要求外部存储器的存取时间应小于机器周期的 60%。对于型号为 TMS320C54x-40 的 DSP 芯片，其尾数 40 表示 CPU 运行的最高频率为 40MHz，因为大多数指令都是单周期指令，所以这种 DSP 的运行速率也就是 40MIPS，即每秒执行 4000 万条指令。这时它的机器周期为 25ns，如果不插入等待状态，就要求外部器件的存取时间少于 15ns。一般情况下，外部低速器件很难达到此要求，因此，当 C54x 与低速器件接口时，需要通过软件或硬件的方法插入等待状态。

C5416 的软件可编程等待状态发生器可以将外部总线的访问周期最多延长至 14 个机器周期，这样，DSP 就能很方便地与外部低速器件接口。如果外部器件要求更多的等待周期，则可利用硬件 READY 引脚来处理。当所有外部寻址配置在零等待状态时，加到等待状态发生器的时钟关断，以减少损耗。

软件可编程等待状态发生器的工作受一个 16 位的软件等待状态寄存器（SWWSR）的控制，它是一个存储器映像寄存器，在数据空间中的地址为 0028H。程序空间和数据空间都分成两个 32K 的字块，I/O 空间由一个 64K 字块组成，这 5 个字块空间在 SWWSR 中都相应地有一个 3 位字段，用来定义各个空间插入等待状态的数目。此外，软件等待状态控制寄存器（SWCR）的软件等待状态乘法位（SWSM）控制等待周期的乘法因子值选择 1 或 2。在复位时初始化 SWWSR，对所有外部存储器访问均设置成 7 个等待周期。

当 CPU 寻址外部程序存储器时，将 SWWSR 中相应的字段值加载到计数器中。如果这个字段不为 000，就会向 CPU 发出一个"没有准备好"的信号，等待计数器启动工作，没有准备好的状态一直保持到计数器减到零并且外部 READY 信号变为高电平为止。外部 READY 信号和内部等待状态的 READY 信号经过一个与门产生 CPU 等待信号，加到 CPU 的 $\overline{\text{WAIT}}$ 端。当计数器减到零（内部等待状态的 READY 信号变为高电平），且外部 READY 也为高电平时，CPU 的 $\overline{\text{WAIT}}$ 端由低电平变为高电平，结束等待状态。需要说明的是，只有在软件编程等待状态中插入两个以上的机器周期时，CPU 才在 CLKOUT 的下降沿检测外部 READY 信号。C5416 的 SWWSR 的功能如表 7-27 所示，SWCR 的功能如表 7-28 所示。

表 7-27　SWWSR 各位域的功能

位	名称	复位值	功能
15	XPA	0	扩展程序地址控制位。与程序空间一起选择程序空间等待状态的地址范围 XPA=0：不扩展 XPA=1：扩展
14~12	I/O 空间	111	I/O 空间。此字段值（0~7）是对 I/O 空间（0000H~FFFFH）插入等待状态个数的基数。SWCR 中的 SWSM 位设置这个基数的乘法因子为 1 或 2
11~9	数据空间	111	高数据空间。此字段值（0~7）是对地址范围为 8000H~FFFFH 的数据空间插入等待状态个数的基数。SWCR 中的 SWSM 位设置这个基数的乘法因子为 1 或 2
8~6	数据空间	111	低数据空间。此字段值（0~7）是对地址范围为 0000H~7FFFH 的数据空间插入等待状态个数的基数。SWCR 中的 SWSM 位设置这个基数的乘法因子为 1 或 2

（续）

位	名称	复位值	
5～3	程序空间	111	高程序空间。此字段值（0～7）是对下列程序空间插入等待状态个数的基数： XPA = 0：xx8000H ～ xxFFFFH XPA = 1：400000H ～ 7FFFFFH SWCR 中的 SWSM 位设置这个基数的乘法因子为 1 或 2
2～0	程序空间	111	低程序空间。此字段值（0～7）是对下列程序空间插入的等待状态个数基数： XPA = 0：xx0000H ～ xx7FFFH XPA = 1：000000H ～ 3FFFFFH SWCR 中的 SWSM 位设置这个基数的乘法因子为 1 或 2

表 7-28   SWCR 各位域的功能

位	名称	复位值	功能
15～1	保留	0	保留
0	SWSM	0	软件等待状态乘法位。通过该位定义在 SWWSR 中的软件等待基数的乘法因子，从而使等待时间最多可达到 14 个等待周期 SWSM = 0：乘法因子为 1 SWSM = 1：乘法因子为 2

3. 可编程分区转换逻辑

当外部存储器由多个存储芯片构成时，在不同芯片之间的地址转换过程中，需要有一定的延时。当 C54x 跨越外部程序或数据空间的存储器分区界线寻址时，无需软件可编程等待状态发生器为其插入等待周期，可编程分区转换逻辑可根据情况自动地插入一个等待周期。

C54x 分区转换逻辑可以在下列几种情况下自动地插入一个附加的周期，在这个附加的周期内，让地址总线转换到一个新的地址：

1）一次存储器读操作之后，紧跟着对不同存储器分区的读操作；

2）一次程序存储器读操作之后，紧跟着一个数据存储器读操作；

3）一次数据存储器读操作之后，紧跟着一个程序存储器读操作；

4）一次程序存储器读操作之后，紧跟着一个不同页的程序存储器读操作。

分区转换由分区转换控制寄存器（BSCR）定义，它是地址为 0029H 的存储器映像寄存器，其功能如表 7-29 所示。

表 7-29   BSCR 各位域的功能

位	名称	复位值	功能
15	$\overline{\text{CONSEC}}$	1	连续分区转换。指定分区转换模式 $\overline{\text{CONSEC}}$ = 0：仅在 32KB 块界进行分区转换，在连续存储器读中，如果要求快速访问，清除此位 $\overline{\text{CONSEC}}$ = 1：在外部存储器读时连续分区转换。每个读周期由 3 个周期组成：起始周期、读周期和跟随周期
14～13	DIVFCT	11	CLKOUT 输出除法因子。CLKOUT 输出可以设置成 DSP 时钟除以（DIVFCT + 1）： DIVFCT = 00：CLKOUT 保持不变 DIVFCT = 01：CLKOUT 为 DSP 时钟的 1/2 DIVFCT = 10：CLKOUT 为 DSP 时钟的 1/3 DIVFCT = 11：CLKOUT 为 DSP 时钟的 1/4
12	IACKOFF	1	IACK 信号输出关闭 IACKOFF = 0：IACK 信号输出关闭功能被禁止 IACKOFF = 1：IACK 信号输出关闭功能被使能

（续）

位	名称	复位值	功能
11 ~ 3	保留	—	保留
2	HBH	0	HPI 总线保持 HBH = 0：除了当 HPI16 = 1 之外，总线保持禁止 HBH = 1：总线保持使能。当不驱动时，HPI 数据总线 D[7~0] 保持当前值
1	BH	0	总线保持 BH = 0：总线保持禁止 BH = 1：总线保持使能。当不驱动时，数据总线 D[7~0] 保持当前值
0	保留	—	保留

7.7　TMS320C54x 外部引脚

TMS320C54x 系列 DSP 的型号不同，芯片引脚也不同，下面以 C5416 芯片为例介绍 DSP 的芯片引脚。C5416 的封装形式有 BGA 和 LQFP 两种，但其引脚数量都是 144 个，各引脚的功能如表 7-30 所示，其他芯片的引脚描述请读者参阅相关技术文档。

表 7-30　C5416 引脚说明

引脚名称	I/O/Z	描述
数据信号		
A22 ~ A0	I/O/Z⊖	并行地址总线 A22（MSB）~ A0（LSB）。低 16 位（A15 ~ A0）是复用总线，可以寻址外部数据/程序存储空间或 I/O 空间；7 个最高位（A22 ~ A16）用于扩展程序存储器寻址；在保持模式或 OFF 为低电平时，A22 ~ A0 处于高阻状态
D15 ~ D0	I/O/Z	并行数据总线 D15（MSB）~ D0（LSB）。D15 ~ D0 用于 CPU 与外部数据/程序存储器或 I/O 设备之间传送数据。在如下 4 种情况下 D15 ~ D0 处于高阻状态： 1）没有输出数据 2）$\overline{RS}$ 信号有效 3）$\overline{HOLD}$ 信号有效 4）EMU/$\overline{OFF}$ 为低电平
初始化、中断和复位信号		
$\overline{IACK}$	O/Z	中断响应信号。当 $\overline{IACK}$ 有效时，表示接收一次中断，程序计数器获取由 A15 ~ A0 所指定的中断向量。当 $\overline{OFF}$ 为低电平时，$\overline{IACK}$ 变成高阻状态
$\overline{INT0}$ ~ $\overline{INT3}$	I	外部中断请求信号，$\overline{INT0}$ ~ $\overline{INT3}$ 的优先级为：$\overline{INT0}$ 最高，依次降低，$\overline{INT3}$ 最低。这 4 个中断请求信号都可以用中断屏蔽寄存器 IMR 和状态寄存器 ST1 中的中断方式控制位 INTM 屏蔽。$\overline{INT0}$ ~ $\overline{INT3}$ 都可以通过中断标志寄存器 IFR 进行查询和复位
$\overline{NMI}$	I	非屏蔽中断。$\overline{NMI}$ 是一种不能被 IMR 和 INTM 屏蔽的外部中断。当 $\overline{NMI}$ 有效时，处理器从非屏蔽中断向量位置上取指令
$\overline{RS}$	I	复位信号。当 $\overline{RS}$ 有效时，DSP 结束当前正在执行的操作，强迫程序计数器变成 0FF80H。当 $\overline{RS}$ 变为高电平时，处理器从程序存储器的 0FF80H 单元开始执行程序，$\overline{RS}$ 对许多寄存器和状态位有影响
MP/$\overline{MC}$	I	微处理器/微计算机模式选择。如果在复位时此引脚为低电平，就工作在微计算机模式，片内程序 ROM 映像到程序存储器高 16K 字。如果复位时此引脚为高电平，就工作在处理器模式，此时片内 ROM 从程序空间移除。仅在复位时采样此引脚，处理器工作模式状态寄存器（PMST）的 MP/$\overline{MC}$ 位可以修改此引脚在复位时确定的工作模式

I = Input：输入；O = Output：输出；Z = High-impedance：高阻态；S = Supply：电源。

（续）

引脚名称	I/O/Z	描述
多处理器信号		
$\overline{BIO}$	I	分支转移控制信号。当BIO低电平有效时，有条件地执行分支转移。有条件执行指令 XC 在流水线的译码阶段对BIO采样；执行其他条件指令时在流水线的读操作数阶段对BIO采样
XF	O/Z	外部标志输出端。这是一个可以锁存的、软件可编程信号，可以利用 SSBX XF 指令，将 XF 置高电平；用 RSBX XF 指令，将 XF 置低电平；也可以用加载状态寄存器 ST1 的方法来设置。在多处理器配置中，利用 XF 向其他处理器发送信号，XF 也可用作一般的输出引脚。当 OFF 为低电平时，XF 变成高阻状态，在复位时 XF 变为高电平
存储器控制信号		
$\overline{DS}$、$\overline{PS}$、$\overline{IS}$	O/Z	数据、程序和 I/O 空间选择信号。DS、PS和IS总是高电平，只有与一个外部空间通信时，相应的选择信号才为低电平。它们的有效期与地址信号的有效期相对应。在保持方式下，均变成高阻状态。当OFF为低电平时，DS、PS和IS也变成高阻状态
$\overline{MSTRB}$	O/Z	存储器选通信号。MSTRB平时为高电平，当 CPU 寻址外部数据或程序存储器时为低电平。在保持工作方式下或OFF为低电平时，MSTRB变成高阻状态
READY	I	数据准备好信号。当 READY 有效（高电平）时，表明外部器件已经做好传送数据的准备。如果外部器件没有准备好（READY 为低电平），处理器就等待一个周期，到时再检查 READY 信号。注意，如果软件编程两个以上的等待状态，处理器就要检测 READY 信号。不过，要等软件等待状态完成之后，CPU 才检测 READY 信号
R/$\overline{W}$	O/Z	读/写信号。R/W指示与外部器件通信期间数据传送的方向。R/W 通常为高电平（读方式），只有当 DSP 执行一次写操作时，才变成低电平。在保持工作方式下或OFF为低电平时，R/W变成高阻状态
$\overline{IOSTRB}$	O/Z	I/O 触发信号。IOSTRB通常为高电平，当 CPU 寻址外部 I/O 设备时为低电平。在保持工作方式下或OFF为低电平时，IOSTRB变成高阻状态
$\overline{HOLD}$	I	保持输入信号。HOLD低电平有效，表示外部电路请求控制地址、数据和控制信号线。当 C54x 响应时，这些线均变成高阻状态
$\overline{HOLDA}$	O/Z	保持响应信号。HOLDA低电平有效，表示处理器已处于保持状态，数据、地址和控制线均处于高阻状态，外部电路可以利用它们。当OFF为低电平时，HOLDA也变成高阻状态
$\overline{MSC}$	O/Z	微状态完成信号。它表明所有软件等待状态结束。当内部编程的两个或两个以上软件等待状态执行到最后一个状态时，MSC变为低电平。如果将MSC连接到 READY 线上，则可以在最后一个内部等待状态完成后，再插入一个外部等待状态。当OFF为低电平时，MSC变成高阻状态
$\overline{IAQ}$	O/Z	指令采集信号。IAQ低电平有效，表示一条正在执行的指令的地址出现在地址总线上，当OFF为低电平时，IAQ变成高阻状态
时钟信号		
CLKOUT	O/Z	时钟输出信号。复位后，CLKOUT 周期是 CPU 机器周期的 1/4 倍，CLKOUT 可以表示由控制寄存器 BSCR 设置的 CPU 对机器周期的 1、1/2、1/3、1/4 倍的时钟输出。内部机器周期是以这个信号的下降沿界定的。当OFF为低电平时，CLKOUT 变成高阻状态
CLKMD1 CLKMD2 CLKMD3	I	时钟模式选择引脚。利用 CLKMD1、CLKMD2 和 CLKMD3，可以选择和配置不同的时钟工作方式，例如，晶振方式、外部时钟方式以及各种锁相环系数
X2/CLKIN	I	时钟/振荡器输入端。若不用内部晶振，该引脚就变成外部时钟输入端
X1	O	从内部振荡器连到晶体的输出引脚。如果不用内部晶体振荡器，X1 应悬空。当OFF为低电平时，X1 不会变成高阻状态
TOUT	O/Z	定时器输出端。当片内定时器减法计数到 0 时，TOUT 输出端发出一个宽度为 1 个 CLKOUT 脉冲。当OFF为低电平时，TOUT 变成高阻状态

（续）

引脚名称	I/O/Z	描述
	多通道缓冲串口 0、1、2 信号	
BCLKR0 BCLKR1 BCLKR2	I/O/Z	接收时钟输入/输出端。可配置为输入或输出端口，在复位时为输入端口，可作为缓冲串口接收数据的串行移位时钟
BDR0 BDR1 BDR2	I	缓冲串口数据接收端
BFSR0 BFSR1 BFSR2	I/O/Z	接收帧同步脉冲输入/输出端。可配置为输入或输出，但复位后为输入，BFSR 脉冲的下降沿对数据接收过程初始化
BCLKX0 BCLKX1 BCLKX2	I/O/Z	发送时钟。可配置为输入或输出，但复位后为输入。当$\overline{OFF}$为低电平时，端口变成高阻状态
BDX0 BDX1 BDX2	O/Z	缓冲串口数据发送端。当不发送数据、复位或者$\overline{OFF}$为低电平时端口变成高阻状态
BFSX0 BFSX1 BFSX2	I/O/Z	发送帧同步脉冲输入/输出端。BFSX 脉冲的下降沿对数据发送过程初始化，可配置为输入或输出，但复位后为输入。当$\overline{OFF}$为低电平时，此引脚变成高阻状态
	主机接口信号	
HD0 ~ HD7	I/O/Z	双向并行数据总线。HPI 数据总线用于主机和 HPI 寄存器的信息交换，当不传送数据或$\overline{OFF}$为低电平时，HD0 ~ HD7 处于高阻状态
HCNTL0 HCNTL1	I	控制输入端。用于主机选择所要寻址的 HPI 寄存器
HBIL	I	字节识别信号。识别主机传过来的是第 1 个字节（HBIL = 0）或第 2 个字节（HBIL = 1）
$\overline{HCS}$	I	片选信号。作为 C54x HPI 的使能端，且只能在访问期间驱动
$\overline{HDS1}$ $\overline{HDS2}$	I	数据选通信号
$\overline{HAS}$	I	地址选通信号
HR/$\overline{W}$	I	读/写信号。高电平表示主机要读 HPI，低电平表示主机要写 HPI
HRDY	O/Z	HPI 输出准备好端。高电平表示 HPI 已准备执行一次数据传送，低电平表示 HPI 正忙。当$\overline{OFF}$为低电平时，此信号变为高阻态
$\overline{HINT}$	O/Z	HPI 中断输出信号。当 DSP 复位时，此信号为高电平。当$\overline{OFF}$为低电平时，此信号变为高阻态
HPIENA	I	HPI 模式选择信号。要选择 HPI，必须将此信号引脚连接到高电平，如果此引脚处于开路状态或接地，将不能选择 HPI 模式，当复位信号$\overline{RS}$变为高电平时采样 HPIENA 信号，在$\overline{RS}$再次变为低电平以前不检查此信号
HPI16	I	HPI16 模式选择端。必须将此信号引脚连接到高电平，如果此引脚处于开路状态或接地，将不能选择 HPI16 模式
	电源引脚	
CV$_{SS}$	S	接地端，C54x 的 CPU 地线
CV$_{DD}$	S	正电源，CV$_{DD}$ 是 CPU 专用电源
DV$_{SS}$	S	接地端，I/O 引脚地线
DV$_{DD}$	S	正电源，DV$_{DD}$ 是 I/O 引脚用的电源

（续）

引脚名称	I/O/Z	描述
测试引脚		
TCK	I	IEEE 标准 1149.1 测试时钟。TCK 通常是一个占空比为 50% 的时钟信号。在 TCK 的上升沿，将输入信号 TMS 和 TDI 在测试访问口（TAP）上的变化记录到 TAP 的控制器、指令寄存器或所选定的测试数据寄存器；TAP 输出信号（TDO）的变化发生在 TCK 的下降沿
TDI	I	IEEE 标准 1149.1 测试数据输入端。此引脚带有内部上拉电阻，在 TCK 时钟的上升沿，将 TDI 记录到所选定的寄存器（指令寄存器或者数据寄存器）
TDO	O/Z	IEEE 标准 1149.1 测试数据输出端。在 TCK 的下降沿，将所选定的寄存器（指令或数据寄存器）中的内容移位到 TDO 端。除了在进行数据扫描时外，TDO 均处在高阻状态。当 OFF 为低电平时，TDO 也变成高阻状态
TMS	I	IEEE 标准 1149.1 测试模式选择端。把此引脚带有内部上拉电阻，在 TCK 时钟的上升沿，把此串行控制输入信号记录到 TAP 的控制器
TRST	I	IEEE 标准 1149.1 测试复位端。此引脚带有内部上拉电阻，在TRST为高电平时，由 IEEE 标准 1149.1 扫描系统控制 C54x 的工作；若TRST悬空或接低电平，则 C54x 按正常方式工作，可以不管 IEEE 标准 1149.1 的其他信号
EMU0	I/O/Z	仿真器 0 的引脚，当TRST为低电平时，为了启动 OFF 条件，EMU0 必须为高电平；当TRST为高电平时，EMU0 作为加到或者来自仿真器系统的一个中断，是输出还是输入则由 IEEE 标准 1149.1 扫描系统定义
EMU1/OFF	I/O/Z	仿真器 1 的引脚/禁止所有输出端。当TRST为高电平时，EMU1/OFF作为加到或来自仿真器系统的一个中断，是输出还是输入则由 IEEE 标准 1149.1 扫描系统定义。当TRST为低电平时，EMU1/OFF配置为OFF，将所有输出端都设置为高阻状态。注意，对于测试和仿真目的（不是多处理器应用）OFF 是相斥的，当TRST为低电平、EMU0 为高电平或 EMU1/OFF为低电平时，满足OFF条件

7.8　小结

本章详细介绍了 TMS320C54x 的片内外设，主要包括通用 I/O 口、时钟发生器、定时器、主机接口、串口和外部总线。其中，I/O 口是系统访问 I/O 空间的接口；时钟发生器为 DSP 提供时钟信号；片内定时器包括定时寄存器（TIM）、定时周期寄存器（PRD）和定时控制寄存器（TCR），用来周期地产生内部定时中断；主机接口是 C54x 系列定点 DSP 芯片内部具有的一种并行接口部件，主要用于 DSP 与其他总线或 CPU 进行通信；串口一般通过查询或中断的方式来实现与核心 CPU 的同步，它可以用来与外部串行器件相连，如编码解码器、串行 A/D 或 D/A 以及其他串行设备；外部总线主要用于 DSP 与外部存储器及 I/O 设备相连。

通过本章的学习，读者应能熟练掌握时钟发生器、定时器、主机接口及多通道缓冲串口（McBSP）的工作方式和使用方法。

实验十：定时器设计

【实验目的】

1）掌握定时器的使用方法。

2）掌握内部定时中断的使用方法。

3）掌握中断向量表的编写方法。

4）掌握链接命令文件的编写方法。

【实验内容】

设 CPU 时钟频率为 100MHz，利用内部定时中断在 XF 引脚产生周期为 8ms 的方波。

提示：

1）定时周期计算公式为：

$$T_{定时周期} = T_{CLKOUT} \times (TDDR + 1) \times (PRD + 1)$$

其中，T_{CLKOUT} 为 CPU 时钟周期，TDDR 和 PRD 分别为定时器的分频系数与时间常数。

2）若方波的周期为 8ms，则需要的定时时间为 4ms。

3）在编程过程中，要注意解决三个问题：计算计数初值、初始化定时器和配置内部定时中断。

4）本程序用到了内部定时中断，因此需要编写并调用中断向量表。

【实验步骤】

1）编写汇编源程序。

2）编写链接命令文件，要求：

① 输出可执行文件的文件名为"ex10.out"；

② 把 .cinit 段分配到首地址为 1800H、长度为 800H 的程序存储空间；

③ text 段紧接着 .cinit 段依次存放；

④ 中断向量表（.vector）存放在首地址为 FF80H、长度为 80H 的程序存储空间；

⑤ 把 .stack 段分配到数据存储空间的 2000H ～ 27FFH；

⑥ data 段和 .bss 段依次紧随 .stack 段存放。

3）编写中断向量表。

4）运行结果查看

① 查看程序和数据存储空间，验证链接命令文件的正确性。

② 利用 CCS 开发环境查看 XF 引脚输出的方波信号。

思考题

1. TMS320C54x 提供哪几个专用的通用 I/O 口？简述其功能。

2. 简述 TMS320C54x 时钟发生器外部参考时钟的两种提供方式。

3. 简述 TMS320C54x 时钟发生器锁相环的配置方法。

4. 简述 TMS320C54x 定时器的组成及其工作原理。

5. 简述定时器的主要作用及定时周期的计算方法。

6. 简述定时器的编程过程。

7. TMS320C54x 的 HPI 有何作用？

8. 简述 HPI 的主要组成部分及其作用。

9. 简述 HPI 的工作模式。

10. 简述 SP 的主要组成部分及其作用。

11. 简述 SP 数据传输的工作过程。

12. 简述 BSP 的自动缓冲过程。

13. 简述 McBSP 主要功能。

14. 简述 McBSP 的结构。

15. 简述 McBSP 数据通道的工作过程。

16. 简述 McBSP 控制通道的结构及其功能。

17. 什么是子地址寻址？它有什么优点？

18. 现有汇编程序如下：

　　① SPSA0　.set　38H

　　② SPSD0　.set　39H

　　③ RCR10　.set　02H

　　④ STM　　#RCR10，SPSA0

　　⑤ STM　　#8765H，SPSD0

　　试回答：

　　1）试简述访问某个指定的子地址寄存器的步骤。

　　2）第①、④行语句的作用分别是什么？

　　3）该汇编程序的功能是什么？

19. 简述软件可编程等待状态发生器的功能。

20. 简述可编程分区转换逻辑的功能。

第 8 章　DSP 应用系统设计

📖 内容提要

本章主要介绍基于 TMS320VC5416 的 DSP 应用系统设计，包括最小系统设计和扩展系统（音频系统）设计以及相应的系统调试方法。通过本章的学习，读者可以对 DSP 系统的开发有一个具体的了解，并在此基础上自行设计 DSP 应用系统，为真正掌握 DSP 技术提供一个坚实的实践平台。

📖 重点难点

- 系统电源
- 时钟电路
- 外扩存储系统
- CPLD 系统

8.1　DSP 最小系统设计

DSP 作为一门实用技术，其核心在于应用，读者不仅要掌握相关的理论知识，还要能够利用 DSP 芯片进行系统设计和开发。

DSP 最小系统由电源电路、复位电路、时钟电路和 JTAG 接口电路组成，其设计目标是让 DSP 芯片能够正常运行，为更深层次的开发奠定基础，最小系统的组成如图 8-1 所示。

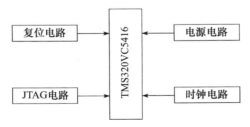

图 8-1　DSP 最小系统的组成

8.1.1　系统电源

电源电路是 DSP 系统最基本的组成单元之一，在进行系统设计时要根据系统的要求选择合适的供电方式。TMS320VC5416 芯片的内核和片内 I/O 供电电压分别为 1.6V 与 3.3V，因此既可以采用两路独立的电源为其供电，也可以利用电源芯片，采用一路电源分别为其提供电源，本系统采用后一种方式。

本系统选用 TPS767D301-EP 芯片作为系统的电源芯片。TPS767D301-EP 是 TI 公司推出的双路低压差电源调整器，能同时提供 1.6V 和 3.3V 两种电压，主要用在需要双电源供电的 DSP 设计中，芯片引脚排列如图 8-2 所示。

TPS767D301-EP 的一路输出电压为定值 3.3V，另一路为可调输出。可调输出电压幅值区间为 1.5 ~ 5.5V，输出电压值由式（8.1）决定。

$$V_{\text{out}} = V_{\text{ref}}\left(1 + \frac{R_1}{R_2}\right) \tag{8.1}$$

式中，V_{ref} 为内部参考电压，一般取值为 1.183 4V。R_1 和 R_2 的取值应保证通过它们的电流在 50μA 左右，推荐选择 $R_2 = 30.1\text{k}\Omega$。

已知输出电压为 1.6V，$R_2 = 30.1\text{k}\Omega$，根据式（8.1）可得：

$$R_1 = \left(\frac{V_{\text{out}}}{V_{\text{ref}}} - 1\right)R_2 = \left(\frac{1.6}{1.183\,4} - 1\right) \times 30.1 = 10.6(\text{k}\Omega)$$

根据计算结果，可设置 TPS767D301-EP 的 1OUT 引脚输出 1.6V 电压，2OUT 引脚输出 3.3V 电压，以满足 DSP 系统的供电需求。系统电源设计如图 8-3 所示。

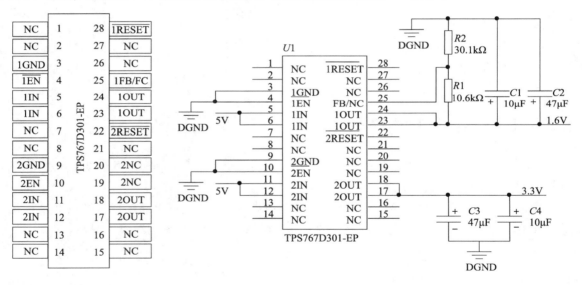

图 8-2   TPS767D301-EP
　　　　引脚排列图

图 8-3   系统电源电路图 1

图 8-4 给出了用较大阻值的电位器代替电阻 R_1 和 R_2 的系统电源设计方案。其中，VR1 是一个 50kΩ 的电位器，其移动触点 c 和固定端点 b 之间的阻值相当于电阻 R_1 的阻值，移动触点 c 和固定端点 a 之间的阻值相当于电阻 R_2 的阻值。该设计方案的缺点是电位器的调节灵敏度会制约输出电压的精度。不过，若能选用灵敏度较高的电位器，就可以最大限度地避免其缺点。其优点是在电路调试过程中可以实现输出电压连续可调，为系统调试带来极大的方便，因此，在实际设计中一般采用该方案。

为了保证芯片输出的电源干净、稳定，需要在 TPS767D301-EP 的电源输出引脚并联旁路电容，用于去除电路中的高频噪声，电路如图 8-5 所示。

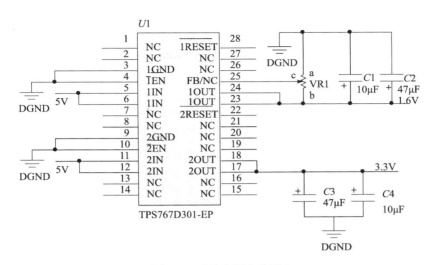

图 8-4 系统电源电路图 2

8.1.2 复位电路

复位电路有两个主要任务：一是保证 DSP 系统的上电顺序；二是在电压不稳定的情况下，避免系统产生不确定的状态。为了完成上述两个任务，复位电路需确保在内核及 I/O 电压未达到要求前，系统始终处于复位状态。所以，在设计复位电路时，一方面，应确保复位低电平持续时间足够长，以保证系统能够可靠复位；另一方面，应确保复位电路具有较好的稳定性，以防止系统发生误复位。

本系统采用 TI 公司的 TPS3307-33-EP 芯片作为复位电路的核心芯片，该芯片自带三路电压检测功能，具有适应电压范围广（2～6V）、上电复位延时短（200ms）、无需外加电容、最大供电电流 40μA 及提供一路手动复位等优异性能，因此，非常适合用于诸如 DSP 等低功耗系统的复位电路中。

TPS3307-33-EP 设计了 3 路独立的监控电压：5V、3.3V 和自定义电压，其中，自定义电压要大于 1.25V，其复位门限值分别为：4.55V、2.93V 和 1.25V。TPS3307-33-EP 的引脚排列如图 8-6 所示，内部结构如图 8-7 所示。

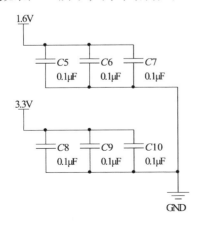

图 8-5 电源旁路电容

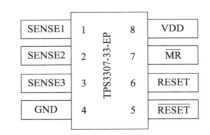

图 8-6 TPS3307-33-EP 的引脚图

在图 8-6 中，第 1、2、3 引脚是监控电压输入引脚，第 4 引脚是接地引脚，第 5 引脚是反相复位输出引脚，第 6 引脚是复位输出引脚，第 7 引脚是手动复位输入引脚，第 8 引脚是芯片供电引脚（供电电压为 3.3V）。

由图 8-7 可知，监控电压输入引脚 SENSE3 没有片内分压电路，因此需要外加电阻调整其电压阈值。根据芯片手册，总阻值 $R1 + R2 = 1000\text{k}\Omega$，输入电压 $VI = 1.6\text{V}$，电压阈值 $VIT = 1.25\text{V}$，根据串联电阻分压原理，可得 $R1 = 220\text{k}\Omega$，$R2 = 780\text{k}\Omega$，这样即可监控 1.6V 输入电压，复位电路如图 8-8 所示。

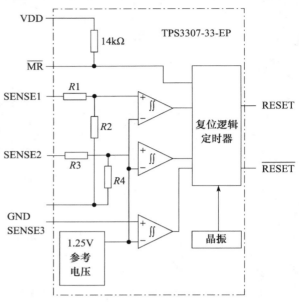

图 8-7　TPS3307-33-EP 的内部结构图

下面简要描述复位电路的工作过程。

- 上电复位。系统上电时，DSP 的状态是不确定的，因此，在系统上电后，应首先通过上电复位对 DSP 芯片进行初始化。为保证 DSP 芯片正确进行初始化，一般应保证复位引脚至少持续 5 个时钟周期的有效低电平。根据 DSP 的工作频率及复位芯片的复位延时要求，本系统采用 200ms 的复位脉冲。在实际电路中，可以将 DSP 的 $\overline{\text{RESET}}$ 引脚与 TPS3307-33-EP 的 $\overline{\text{RESET}}$ 引脚直接相连，以确保上电复位的顺利进行。

- 电源监控。为了避免电压不稳定给 DSP 系统带来的损失，应让 DSP 在供电电压达到一定阀值前不输出任何信号。为达到这一目的，在复位电路中可以利用 TPS3307-33-EP 的监控电压输入引脚（SENSE1-3），对包括内核电压（1.6V）和 I/O 电压（3.3V）在内的系统电压进行监控。在图 8-8 所示的实际电路中，SENSE1-3 引脚分别外接 5V、3.3V 和 1.6V 的监控电压，一旦监控电压低于门限值，$\overline{\text{RESET}}$ 就会一直输出低电平，提醒系统的工作电压异常并自动对 DSP 芯片进行复位，以保证系统正常运行。

- 手动复位。TPS3307-33-EP 复位芯片上的 $\overline{\text{MR}}$ 引脚外接复位按键，可为系统提供手动复位功能。当按下复位按键时，TPS3307-33-EP 的 $\overline{\text{RESET}}$ 引脚就会输出一个持续时间为 200ms 的低电平而使 DSP 复位。在实际设计中，$\overline{\text{MR}}$ 引脚需外接一个 10K 的上拉电阻。

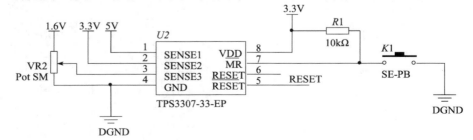

图 8-8　复位电路原理图

8.1.3　时钟电路

时钟电路的作用是为芯片提供一个可靠的参考时钟信号。TMS320C54x 的外部参考时钟可通过如下两种方式提供。

1）与内部振荡器共同构成时钟振荡电路。

将晶体跨接于 TMS320C54x 的两个时钟输入引脚 X1 与 X2/CLKIN 之间，构成内部振荡器的反馈电路。

2）直接利用外部时钟。

将一个外部时钟信号直接连接到 X2/CLKIN 引脚，X1 引脚悬空，此时内部振荡器不起作用。

对于 TMS320VC5416 芯片来说，其内部集成有振荡器和锁相环电路（PLL）。利用 PLL 频率放大和信号提纯的特性，可以锁定时钟发生器的振荡频率，为系统提供高稳定的时钟信号，还可以降低因高速开关时钟造成的高频噪声。同时，考虑到性价比和可靠性等因素，本系统的时钟电路采用方式一，即采用以晶体为核心的时钟电路，其电路如图 8-9 所示。

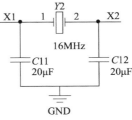

图 8-9　无源晶体时钟电路

由于 TMS320VC5416 芯片的输入时钟频率应在 10～20MHz 的范围内，因此晶体 Y2 的振荡频率选择为 16MHz。晶体两端并联电容的作用是改善晶体频偏，以保证振荡频率稳定在 16MHz。

参考时钟设计完成之后，可通过硬件或软件的方法将其配置为系统所需的时钟信号，以供系统使用。具体配置方法可参阅本书 7.2 节。

8.1.4　JTAG 接口

联合测试行动小组（Joint Test Action Group，JTAG）是一种国际标准测试协议，主要用于芯片内部测试。JTAG 的基本原理是在器件内部定义一个测试访问口（Test Access Port，TAP），以便通过专用的 JTAG 测试工具对芯片内部进行测试。

目前大多数比较复杂的数字器件都支持 JTAG 协议，如 ARM、DSP、FPGA 等。标准的 JTAG 接口包括 4 个必选引脚和一个可选引脚。其中，4 个必选引脚分别为测试模式选择引脚（TMS）、测试时钟输入引脚（TCK）、测试数据输入引脚（TDI）和测试数据输出引脚（TDO），可选引脚是 JTAG 异步复位引脚（TRST）。

TI 仿真器采用 14 引脚的 JTAG 接口，其引脚结构如图 8-10 所示，各引脚的具体功能可参阅本书 7.7 节的相关内容。

JTAG 接口用来连接 JTAG 仿真电缆和 DSP 的 JTAG 测试端口，它起到电平转换和保护的作用，JTAG 接口与 DSP 引脚的电路连接如图 8-11 所示。

需要注意的是，由于 JTAG 中的 EMU0、EMU1 可以作为输入/输出引脚，在多处理器系统中，这两个引脚处理全局的运行/停止操作。因此，在设计时需要为这两个引脚外接上拉电阻，以确保输出的可靠性，上拉电阻的推荐阻值为 4.7kΩ 或 10kΩ。

TMS	1		2	TRST
TDI	3		4	GND
VCC	5		6	NC
TDO	7	JTAG	8	GND
TCK_RET	9		10	GND
TCK	11		12	GND
EMU0	13		14	EMU1

图 8-10　JTAG 的引脚结构

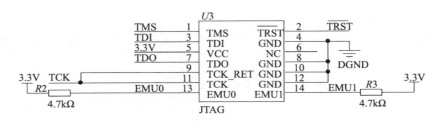

图 8-11　JTAG 接口电路

另外当仿真器与 JTAG 的距离超过 6in（15.24cm）时，不仅要在 EMU0 和 EMU1 引脚上增加上拉电阻，还要在数据传输引脚（TMS、TDI 和 TDO）上增加上拉电阻。

8.1.5　DSP 其他引脚电路

TMS320VC5416 芯片的一些特殊引脚需要外接高电平，设计原理图如图 8-12 所示。

外部标志输出引脚（XF）可以由软件控制来为外部设备提供输出信号，所以，在 XF 引脚外接一个 LED，便可以通过观察其运行情况来检测 DSP 最小系统是否正常运行。具体测试方法将在 8.3 节详细讲解，电路如图 8-13 所示。

8.2　DSP 扩展系统设计

由于 DSP 最小系统不能进行程序的固化，存储空间也没有扩展，因此，并不能满足实际应用的需要。本节将以音频处理系统为例介绍硬件扩展系统的设计，主要包括音频编解码电路、外部存储器扩展电路和显示模块，系统组成如图 8-14 所示。

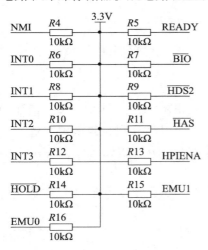

图 8-12　部分特殊引脚电路图

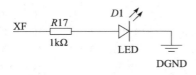

图 8-13　XF 引脚测试连接原理图

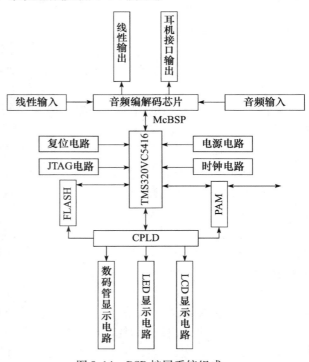

图 8-14　DSP 扩展系统组成

8.2.1   音频编解码电路

音频编解码电路主要有线性输入、麦克风输入、AD/DA、数字滤波、内部混音、线性输出和耳机输出等功能，可以实现音频数据原始采集后直接求和输出或经 DSP 处理后再行输出。

本系统采用 TLV320AIC23B 音频编解码芯片作为音频编解码电路的核心芯片，该芯片是 TI 公司出品的一款性价比高、功能丰富、专为 DSP 设计的音频编解码芯片，其主要特性有以下几点。

1）高性能的立体声编解码器。

① 信噪比为 90dB 的多位 Sigma-Delta 结构 ADC（A 的权重为 48kHz）；

② 信噪比为 100dB 的多位 Sigma-Delta 结构 DAC（A 的权重为 48kHz）；

③ 数字核心部分为 1.42～3.6V 供电，与 TI C54x DSP 核心电压兼容；

④ 缓冲器和模拟部分为 2.7～3.6V 供电，与 TI C54x DSP 的缓冲器相兼容；

⑤ 支持 8～96kHz 采样率。

2）控制指令通过与 TI McBSP 兼容的多协议串行接口传输。

① 兼容两线或 SPI 串行通信；

② 与 TI McBSP 可以无缝连接。

3）音频数据的输入/输出通过与 TI McBSP 兼容的可编程音频接口传输。

① I^2S 兼容接口仅需一个 McBSP 接口就能完成 ADC 和 DAC 的数据传输；

② 提供标准的 I^2S、最高位或最低位验证通信接口；

③ 提供 16、20、24、32 位数据字长；

④ 为 DSP（$250/272f_s$）的 USB 模式优化的音频主/从模式；

⑤ 普通模式提供 $256f_s/384f_s$ 的业内标准主/从模式支持；

⑥ 与 TI McBSP 接口无缝连接。

4）集成化的驻极体麦克风偏置及缓冲方案。

① 低噪声的 MICBIAS 引脚为驻极体单元提供 3/4 AVDD 的偏置电压；

② 集成的带缓冲放大器具有增益从 1 到 5 可步进调谐功能；

③ 附加控制寄存器可选择缓冲器增益范围为 0～20dB。

5）立体声线性输入。

① 集成的增益可编程放大器；

② 编解码器模拟电路部分可屏蔽；

③ ADC 可同时接收线性输入和麦克风输入。

6）线性输出。

① 为 DAC 和模拟屏蔽线路提供模拟立体声混音器；

② 提供音量控制和静音功能。

7）高效率的线性耳机放大器。

① 3.3V 模拟供电时可为 32Ω 负载提供 30mW 功率；

② 完全通过软件控制的灵活的电源管理方式；

③ 回放模式仅需消耗 23mW；

④ 省电模式消耗小于 150μW；

⑤ 断电模式电源消耗小于 15μW。

TLV320AIC23B 由以下三部分电路组成。

1）模拟、数字分开的电源部分。两者分开可极大地减小数字部分高频信号对模拟信号的影响；

2）独立的数字电路。包括 ADC、DAC、控制逻辑及时钟管理电路；

3）独立的模拟电路。包括两路音量可控的线性输入、高阻低容值的麦克风输入及两路低内阻的线性输出和两路可驱动 16Ω 或 32Ω 耳机的功率输出。

根据功能，TLV320AIC23B 的端口可分为 7 大类：模拟输入、模拟输出、数据传输、控制接口、模拟电源、数字电源和时钟，其引脚排列如图 8-15 所示。在音频电路设计时，将 TLV320AIC23B 的控制端口和数据端口分别接至 DSP 的两组 McBSP 接口上。

1）数字电源设计：数字电源引脚包括 BVDD（3.3V）、DVDD（3.3V）和 DGND（数字地）。

设计时需注意数字电源与模拟电源的隔离。本系统在模拟电源和数字电源之间接上 0Ω 电阻以起到隔离的作用，电路图如图 8-16 所示。

BVDD	1	28	DGND
CLKOUT	2	27	DVDD
BCLK	3	26	XTO
DIN	4	25	XTI/MCLK
LRCIN	5	24	SCLK
DOUT	6	23	SDIN
LRCOUT	7	22	MODE
HPVDD	8	21	$\overline{CS}$
LHPOUT	9	20	LLINEIN
RHPOUT	10	19	RLINEIN
HPGND	11	18	MICIN
LOUT	12	17	MICBIAS
ROUT	13	16	VMID
AVDD	14	15	AGND

TLV320AIC23B

图 8-15　TLV320AIC23B 的引脚排列

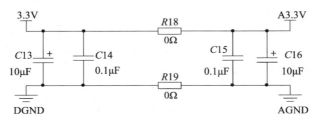

图 8-16　数字电源的电路图

2）模拟电源设计：模拟电源引脚包括 HPVDD、AVDD、VMID、HPGND 和 AGND。

① HPVDD（Headphone VDD，3.3V）用于为耳机功率放大器供电。

② AVDD（Analog VDD，3.3V）用于为芯片内部的模拟电路供电。

③ VMID（Midrail voltage，1.65V）为中轨去耦合输入端，应将 10μF 和 0.1μF 的电容并联至此，以去除内部噪声。

④ HPGND 和 AGND 均为模拟地。注意模拟地和数字地的隔离（地平面相互之间用磁珠相连、电源采用不同的走线方式），否则数字部分会对模拟电路造成干扰。

3）数据传输设计：数据传输引脚包括 DIN、LRCIN、DOUT 和 LRCOUT。

① DIN 遵循 I²S 格式，将数字音频信号串行输入到 TLV320AIC23B 内部的 Sigma-Delta DAC 中。该引脚应与 DSP 中 McBSP 的数据发送引脚（BDX）相连。

② LRCIN 为 DAC 的 I²S 的时钟信号输入引脚，用来同步 TLV320AIC23B 与外部的通信。该引脚应与 DSP 中 McBSP 的发送帧同步引脚（BFSX）相连，此时应注意音频编解码芯片 TLV320AIC23B 的主从模式。

③ DOUT 为 TLV320AIC23B 芯片中 Sigma-Delta ADC 的数据输出引脚，该引脚应与 DSP

中 McBSP 的数据接收引脚（BDR）相连。

④ LRCOUT 为 ADC 的 I²S 的时钟信号输出引脚，该引脚应与 DSP 中 McBSP 的接收帧同步引脚（BFSR）相连，同样应当注意其主从模式的选择。

4）控制接口设计：控制接口引脚包括 $\overline{CS}$、MODE、SDIN 和 SCLK。

① $\overline{CS}$ 在控制接口中的作用根据 DSP 和 TLV320AIC23B 之间通信方式的不同而不同。

② MODE 为控制接口通信模式选择引脚。该引脚用来选择 TLV320AIC23B 和 DSP 之间的通信协议 2-wire（2 线式，使用 SCLK 和 SDIN 两个引脚）和 SPI（使用 $\overline{CS}$、SCLK 和 SDIN 三个引脚），可以设计硬件开关以实现通信协议的手动选择。

③ SDIN 为控制接口串行数据输入引脚，用于 DSP 向 TLV320AIC23B 传输指令和数据。该引脚应与 DSP 中 McBSP 的数据发送引脚（BDX）相连。

④ SCLK 为控制接口串行时钟输入引脚，用于 DSP 向 TLV320AIC23B 传输指令和数据时提供时钟信号。该引脚应与 DSP 中 McBSP 的发送时钟引脚（BCLKX）相连。

5）模拟输入设计：模拟输入引脚包括 MICBIAS、MICIN、RLINEIN 和 LLINEIN。

① MICBIAS 用于为外接的麦克风提供偏置电压，电平为 3/4 的 AVDD。该引脚应当连接到麦克风的输入端。

② MICIN 是带缓冲放大的麦克风输入引脚，无需外接电阻即可提供 5 倍的信号放大功能，阻容耦合至麦克风输入。

③ RLINEIN 和 LLINEIN 分别为右声道、左声道线性输入引脚，通过这两路信号可以将模拟信号直接输入至 TLV320AIC23B。

6）模拟输出设计：模拟输出引脚包括 LHPOUT、RHPOUT、LOUT 和 ROUT。

① LHPOUT 和 RHPOUT 分别为耳机左右声道输出引脚，该引脚自带耳机驱动单元，当负载为 32Ω 时能够提供 30mW 的功率，当负载为 16Ω 时可提供 40mW 功率。

② LOUT 和 ROUT 分别为左右声道线性输出引脚，此信号为经功率放大后的输出，标准输出幅度为 1V。

7）时钟设计：时钟引脚包括 CLKOUT、BCLK、XTI/MCLK 和 XTO，电路图如图 8-17 所示。

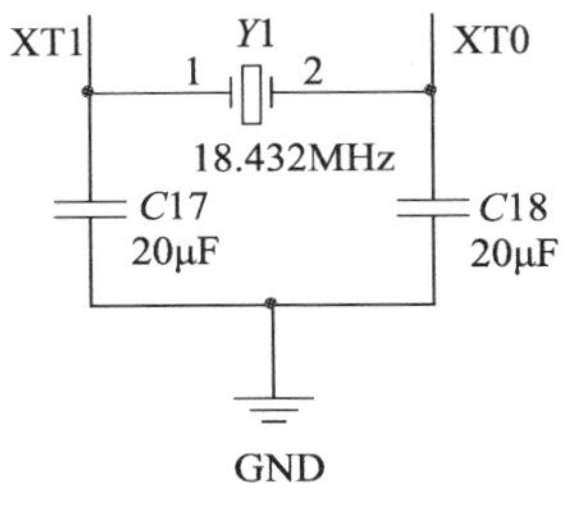

① CLKOUT 为 TLV320AIC23B 的时钟输出引脚，输出信号可与 XTI 同频或为其频率的 1/2；

② BCLK 为 I²S 通信的串行时钟引脚，根据主从模式选择的不同，该引脚应与 DSP 中 McBSP 的接收时钟引脚（BCLKR）或发送时钟引脚（BCLKX）相连；

③ XTI/MCLK 为外接时钟输入引脚，该引脚需外接晶体，可支持 12.288MHz、11.2896MHz、18.432MHz 和 16.9344MHz 的晶振；

图 8-17　TLV320AIC23B 的时钟电路图

④ XTO 为晶体输出引脚，外接晶体。

在此需要注意 0Ω 电阻的使用，0Ω 电阻相当于很窄的电流通路，能够有效地限制环路电流，使噪声得到抑制。当电平面和地平面分割后，信号最短回流路径断裂，信号回路不得不绕道而形成很大的环路面积，从而造成的后果就是电场和磁场的影响变强，信号之间容易干扰或被干扰。在分割区跨接 0Ω 电阻，可以提供较短的回流路径以达到减小干扰的效果。整体音频编解码电路如图 8-18 所示。

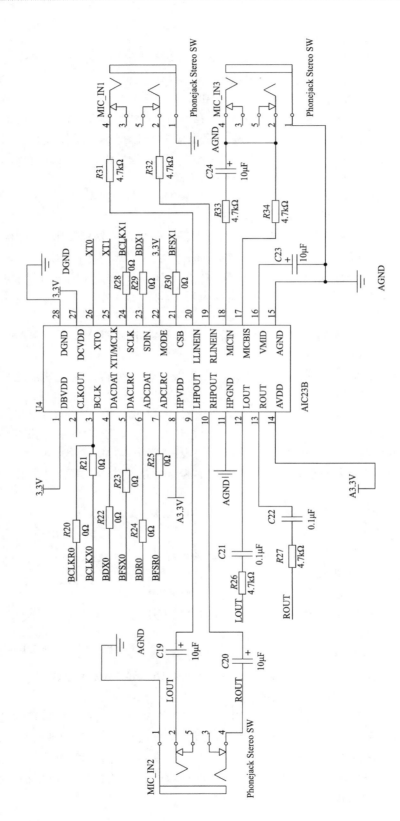

图8-18 音频编码电路图

8.2.2　外扩存储系统

1. FLASH

FLASH 芯片选用 SST39VF800，其字长 16 位，容量 512KB。芯片引脚分为四类：电源（V_{DD}、V_{DDQ}、Vss）、控制逻辑（$\overline{CE}$、$\overline{OE}$、$\overline{WE}$）、地址线（A0 ~ A18）和数据线（DQ0 ~ DQ15），其内部逻辑如图 8-19 所示。

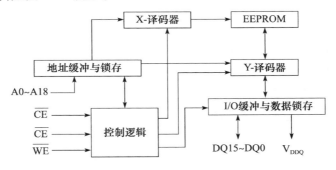

图 8-19　SST39VF800 的内部逻辑图

1）电源设计：电源引脚包括 V_{DD}、V_{DDQ} 和 Vss。

① V_{DD}：芯片供电引脚，3.3V 供电；

② V_{DDQ}：I/O 供电引脚，可直接连到 V_{DD} 引脚；

③ Vss：接地。

2）控制逻辑：控制逻辑引脚包括 $\overline{CE}$、$\overline{OE}$ 和 $\overline{WE}$。

① $\overline{CE}$：芯片选通信号（Chip Enable），低电平有效。此引脚应连接至 CPLD，由其内部逻辑配合 DSP 工作状态来控制选通。

② $\overline{OE}$：输出使能（Output Enable），在读操作时应保持低电平，而在写操作时应保持高电平，本系统由 CPLD 来控制其选通状态；

③ $\overline{WE}$：写使能（Write Enable），用来控制与写有关的操作。在写芯片时应保持低电平，而在读操作是应保持高电平，本系统由 CPLD 来控制其选通状态。

3）地址线：A0 ~ A18，共 19 根，寻址范围为 512K 字。

4）数据线：DQ0 ~ DQ15，共 16 根。数据线和地址线应接入 DSP 的相应总线。

2. RAM

RAM 芯片选用 IS61LV25616，其字长 16 位，容量为 256KB。与 FLASH 类似，其引脚也分为四类：电源（Vcc、GND）、控制逻辑（$\overline{CE}$、$\overline{OE}$、$\overline{WE}$、$\overline{UB}$、$\overline{LB}$）、地址线（A0 ~ A17）和数据线（DQ0 ~ DQ15）。IS61LV25616 的内部逻辑如图 8-20 所示。

1）电源：电源引脚包括 Vcc 和 GND。

① Vcc：3.3V 电源供电；

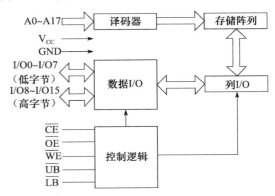

图 8-20　IS61LV25616 的内部逻辑图

② GND：接地。

2）控制逻辑：控制逻辑引脚包括$\overline{CE}$、$\overline{OE}$、$\overline{WE}$、$\overline{UB}$和$\overline{LB}$。

前三条控制逻辑线的使用与 FLASH 类似，相比 FLAHS 增加了两条：$\overline{UB}$和$\overline{LB}$。

① $\overline{UB}$：数据高 8 位控制（8~15），当$\overline{UB}$为低电平时，数据线的高 8 位可用，本系统将其接地；

② $\overline{LB}$：数据低 8 位控制（0~7），当$\overline{LB}$为低电平时，数据线的低 8 位可用，本系统将其接地。

3）地址线：A0~A17，共 18 根，256KB 寻址范围。

4）数据线：I/O0~I/O15，共 16 根。数据线和地址线应接入 DSP 的总线。

8.2.3　CPLD 及显示系统

1. CPLD 的电源、复位及 JTAG 电路

CPLD 芯片选用的是 Altera 公司的 MAX EPM3064ATC100，为使 CPLD 芯片作为逻辑门电路正常工作，仅需在 VCC、VCCIO、VCCINT 等电源输入引脚接上 3.3V 电压即可。再将$\overline{RESET}$引脚与 DSP 的$\overline{RESET}$引脚相连，即可使 CPLD 接收 DSP 的复位信号，以达到 CPLD 复位的目的。

为了向 CPLD 芯片中写程序，需要设计 JTAG 电路，与 CPLD 芯片相配套的 JTAG 电路设计如图 8-21 所示。

2. CPLD 与外扩存储器连接电路

外扩存储器 RAM 和 FLASH 的数据口、片选端、使能端均接在 CPLD 的 I/O 口上，然后在程序中编写控制逻辑代码并下载到 CPLD 中即可。

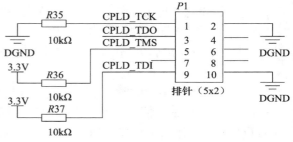

图 8-21　JTAG 电路设计（CPLD）

3. LED 显示电路

利用 CPLD 的 I/O 口连接 LED，形成 LED 显示电路。需要注意的是，要在 LED 与 CPLD 之间串联一个 360Ω 的限流电阻，LED 显示电路如图 8-22 所示。

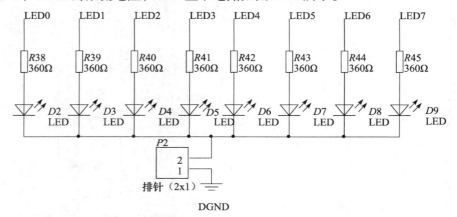

图 8-22　LED 显示电路

4. 数码管显示电路

与 LED 显示电路类似，可利用 CPLD 的 I/O 口连接数码管，形成数码管显示电路。同样注意，需在数码管的段选端加入较小的限流电阻，数码管显示电路如图 8-23 所示。

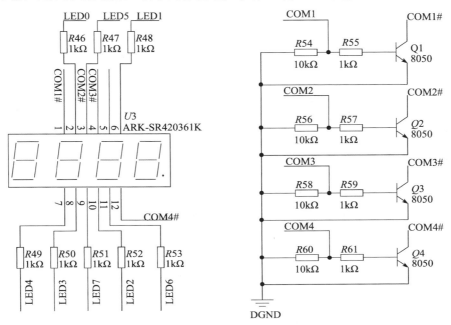

图 8-23　数码管显示电路

5. LCD1602 显示电路

根据 LCD1602 的读写时序，可设计出 LCD1602 的电路。将 P2 上接上跳线帽即可选中 LCD1602 进行工作。数据端与 LED 和数码管段选段（SEG）复用，具体设计电路如图 8-24 所示。

8.2.4　PCB 电路设计

本系统采用了大规格的四层 PCB 电路板设计，第 1～4 层分别是主布线层、电源层、电源地层和次布线层。

音频信号作为模拟信号，在系统传输过程中对噪音比较敏感。为了降低噪声对音频信号的影响，在 PCB 中将音频编解码器的模拟电路部分与其他电路进行了隔离处理。具体分离方法是：首先分离模拟部分的"地"和其他部分的"地"，然后再用磁珠将这两块"地"铺铜相连。另外，在设计 PCB 时还考虑了元器件的全局摆放、减少穿孔的数量等问题。应用系统的电路原理图和 PCB 电路图详见本书配套的教辅资源。

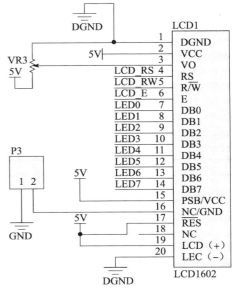

图 8-24　LCD1602 显示电路

8.2.5　系统硬件调试

在使用本系统前，应该先遵循一定的步骤对电路板进行全面的检查和调试，以确保系统各模块均能正常工作。系统的硬件调试在本节介绍，系统的软件设计与调试在下一节给予详细介绍。

首先，认真检查 PCB。

因为工艺或者设备不够完善，从工厂拿回的 PCB 可能存在一些诸如焊盘连接错误、短路、断路等制板方面的问题。所以，拿到 PCB，首先应将电路板与设计原理图进行仔细比对，查看电路板是否有明显的错误。然后借助万用表的二极管测试挡进一步判断电路板连线是否有误。

其次，重视元器件焊接过程的监控。

本系统所用芯片均为贴片元件，如果焊接温度过高极易烫坏芯片，所以在焊接时应该注意焊接的温度。一般来说，当焊接贴片元件时，电烙铁温度调至 300℃ 为宜。

为方便调试及排除故障，可以先从电源模块开始焊接。焊接完成后，先用万用表检查电源与“地”是否有短路、短路等现象，确保无误的情况下再接通电源。这时，应用系统的电源指示灯 D9 会正常发光。用万用表的电压挡检测电源芯片 TPS767D301-EP 的 17 引脚（2OUT）的输出是否为 3.3V。在输出正常的情况下，调节 $VR1$ 电位器，使电源芯片 TPS767D301-EP 的 23 引脚（1OUT）输出电压为 1.6V。接着焊接 TMS320VC5416 芯片及 DSP 最小系统的相关元件。焊接完成后，剪短 JTAG 的部分的第 6 脚排针。接下来需要配合软件调试，测试 DSP 最小系统是否正常工作。具体调试步骤请参见下节中软件调试部分。然后，依次完成音频电路、FLASH、RAM、CPLD 以及相关外围电路的焊接及调试，相关调试参见下一节。

焊接完成后，用直流稳压电源对整个系统进行 5V 供电，检测工作电流，一般情况下，正常工作电流为 $60\sim80$mA。

8.3　DSP 系统软件设计与调试

在完成硬件调试后，需要通过软件测试 DSP 应用系统是否正常工作，本节将全面地介绍软件设计和测试过程。

8.3.1　DSP 最小系统软件调试

将 DSP 应用系统用 JTAG 与安装有 CCS 开发环境的 PC 相连接，连接完成后，打开测试例程 1，烧入应用系统。本测试代码的功能是采用内部定时中断的方式，使 TMS320VC5416 芯片的 XF 引脚以一定的频率输出高低电平（即方波）。程序运行后，观察标号为 D10 的 LED 是否闪烁，若按一定频率闪烁，说明 DSP 最小系统工作正常。程序源代码详见本书配套的教辅资源，测试流程图如图 8-25 所示，测试效果如图 8-26 所示。

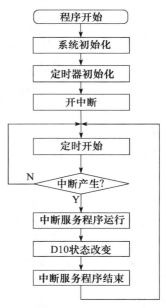

图 8-25　最小系统代码流程图

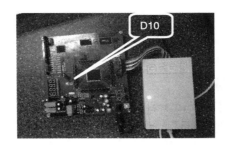

图 8-26　最小系统测试效果图

8.3.2　音频系统软件调试

音频部分主要涉及音频编解码芯片（TLV320AIC23B）和 DSP 芯片（TMS320VC5416）。在设计软件时，首先要对 TLV320AIC23B 的寄存器进行配置，然后对 DSP 芯片的多通道缓冲串口（McBSP）进行配置，以达到 DSP 与音频芯片通信的目的。

音频编解码芯片 TLV320AIC23B 的寄存器配置如表 8-1 所示。McBSP 初始化配置可参阅 7.5 节相关内容，流程图如图 8-27 所示。

表 8-1　音频芯片寄存器配置

寄存器	配置值	寄存器	配置值	寄存器	配置值
POWER_CON	0000H	L_LN_VOL	0117H	R_LN_VOL	0117H
L_HP_VOL	0079H	R_HP_VOL	0079H	A_PATH	0010H
D_PATH	0006H	D_INFA	0053H	SAM_RATE	0023H
D_INFA_ACT	0001H				

芯片初始化完成之后，用 McBSP1 模拟 SPI 总线与音频芯片产生通信协议。SPI 协议由数据线、时钟线和片选信号线组成，具体操作如下：

```
/*使用 McBSP1(BFSX1)模拟 SPI 总线操作:片选信号产生 */
void CS(unsigned char x)
{
    SPSA_ADDR1 =  PCR_SUBADDR;
    if (x)   SPSD_ADDR1 =  SPSD_ADDR1 | 0008H;
    else  SPSD_ADDR1 =  SPSD_ADDR1 & 0FFF7H;
}
/*使用 McBSP1 (BDX1) 模拟 SPI 总线操作-串行输出一位数据 */
void SDIN (unsigned char x)
{
    SPSA_ADDR1 =  PCR_SUBADDR;
    if (x)   SPSD_ADDR1 = SPSD_ADDR1 | 0020H;
    else  SPSD_ADDR1 = SPSD_ADDR1 & 0FFDFH;
}
/*使用 McBSP1 (BCLKX1)模拟 SPI 总线操作:串行时钟产生 */
void SCLK (unsigned char x)
{
    SPSA_ADDR1 = PCR_SUBADDR;
    if (x)   SPSD_ADDR1 = SPSD_ADDR1 | 0002H;
    else  SPSD_ADDR1 = SPSD_ADDR1 & 0FFFDH;
}
```

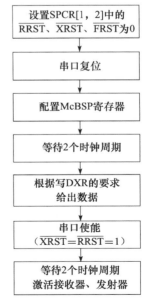

图 8-27　McBSP 初始化流程图

最后，将耳机接入 P-OUT 耳机接口，连接 CCS，打开测试例程 2（详见教辅资源），将生成的可执行文件烧入应用系统。运行程序，听到耳机发出报警声，说明音频电路工作正常。

8.3.3   SARAM 软件调试

对 SARAM 的操作包括写操作和读操作两部分内容，所以，在测试程序中，仅需做一次读操作和一次写操作，即可完成对 SARAM 的测试。

在写操作时，先在数据线上传入待写入的数据，在地址端选定要写入数据的存储单元地址，再打开写使能端，这时，数据线上的数据就被写入相应的地址单元，SARAM 芯片写操作时序图如图 8-28 所示。

在读操作时，先在地址端选定要读的地址单元，再打开读使能端，此时数据线上数据就是该存储单元所存储的数据，SARAM 芯片读操作时序图如图 8-29 所示。

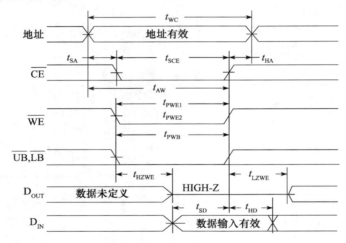

图 8-28   SARAM 芯片写操作时序图

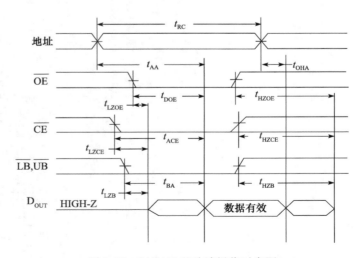

图 8-29   SARAM 芯片读操作时序图

在测试时，首先在 $P4$ 的第 7 引脚和第 8 引脚之间加上跳线帽，以保证将 DSP 芯片设定为微计算机模式。然后，连接 CCS，打开测试例程 3（详见教辅资源），将生成的可执行文件烧入应用系统。在数据烧写过程中，数码管显示"S"；若数据烧写正确，则显示"1"；若数据烧写错误，则显示"E"。数据烧写过程状态如图 8-30 所示，数据烧写完成状态如图 8-31 所示。

图 8-30　数据烧写过程状态（SARAM）　　　图 8-31　数据烧写完成状态（SARAM）

8.3.4　FLASH 软件调试

FLASH 芯片的读操作较为简单，只需要将$\overline{\text{CE}}$和$\overline{\text{OE}}$引脚设置为低电平，即可读取相应数据，读操作时序如图 8-32 所示。

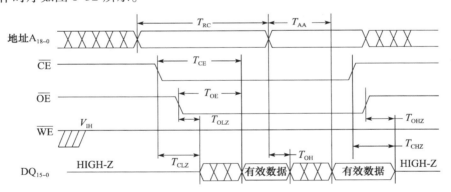

图 8-32　FLASH 芯片读操作时序图

如果 FLASH 芯片要修改某一数据页中某个存储单元的内容，那么需将该页数据全部读出，修改完成后再写入该数据页。写操作包括字节装载和内部编程两个步骤，字节装载的目的是将数据写入页缓冲区，内部编程的作用是将页缓冲区的数据写入芯片的非挥发存储器阵列。另外，因为 FLASH 芯片掉电后数据不会丢失，因此在进行写操作前，需要擦除原来存储的数据。FLASH 芯片的写操作流程如图 8-33 所示。

在 P4 的第 7 引脚和第 8 引脚之间加上跳线帽，连接 CCS，打开测试例程 4（详见教辅资源），将生成的可执行文件烧入应用系统。运行程序，数据烧写过程数码管显示"S"。若数据烧写正确，则显示"1"；若数据烧写错误，则显示"E"。数据烧写过程状态如图 8-34 所示，数据烧写完成状态如图 8-35 所示。

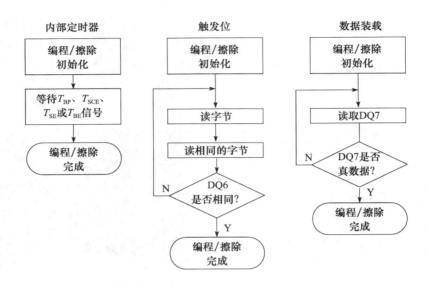

图 8-33　FLASH 芯片写操作算法流程图

图 8-34　数据烧写过程状态（FLASH）

图 8-35　数据烧写完成状态（FLASH）

8.3.5　显示系统软件调试

在 DSP 应用系统中数码管和 LED 采用共阴连接，因此，当相应 I/O 口输出高电平时，数码管和 LED 会点亮。在 P3 上加上跳线帽，连接 CCS，打开测试例程 5（详见教辅资源），烧写入应用系统。运行程序，数码管循环显示"0"，"1"，"2"，…，"9"，LED（D10）按照一定规律闪亮，如图 8-36 所示。

当断开 P3 跳线帽，加上 P2 跳线帽并接上 1602 液晶屏时，可以利用与数码管类似的原理进行测试。关于 1602 液晶屏的相关操作留作课后实验，供读者练习。

8.3.6　Bootloader 软件调试

Bootloader（引导装载程序）是一段芯片出厂时固化在片内 ROM 中的程序代码，其主要功能是将用户的程序代码从外部存储器装入到片内 RAM 或扩展的 RAM 中，以便高速运行。一般来说，DSP 应用开发系统加电开机后，Bootloader 将存放在外部存储器中的用户程序引导加载到片内 RAM 中高速运行。

本测试程序存放于 DSP 应用系统外扩的 FLASH 中，功能是使应用系统中标号为 D10 的 LED 闪烁，测试目的是检测 DSP 应用系统加电开机后，引导装载程序能否正常工作，具体测试过程如下。

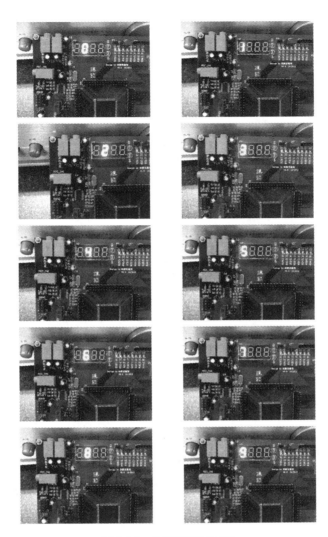

图 8-36　数码管测试结果

　　在 P4 的第 7 引脚和第 8 引脚之间加上跳线帽，连接 CCS，打开测试例程 6（详见教辅资源），将代码烧入应用系统。需要注意的是，不能将可执行文件直接下载到 FLASH 芯片中，而应该利用 HEX500.exe 将其转换为 bin 文件后再进行下载。程序烧写完成后，断开 CCS 连接，关闭再打开应用系统的电源。保证在没有仿真器连接的情况下，DSP 应用系统能够自行运行测试程序，以检测引导装载程序是否正常运行。如果 D10 按照一定频率闪烁（如图 8-37所示），则表明引导装载程序能够正常工作。

图 8-37　Bootloader 运行效果

8.3.7　CPLD 软件调试

　　CPLD 在 DSP 应用系统中起 I/O 接口扩展和逻辑控制的作用。具体而言，CPLD 对数码管、LCD1602 和 LED 起到扩展 I/O 接口的作用，而对 SARAM 和 FLASH 则起到地址页的逻辑控制作用。CPLD 程序采用 VERILOG 硬件描述语言编写，完整代码详见教辅资源中的测试代码 7，CPLD 程序流程图如图 8-38 所示。

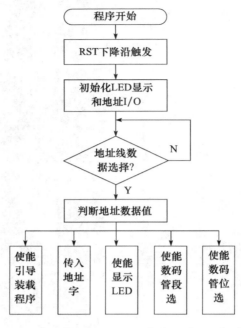

图 8-38   CPLD 程序流程图

8.4   小结

本章系统介绍了 TMS320VC5416 的应用系统开发过程。首先介绍了 DSP 最小系统的设计流程，包括电源、复位、时钟和 JTAG 接口等电路。最小系统设计完成后，读者可以在其基础上进行一些操作，以增加对 DSP 的感性认识。然后，以音频系统为例，对 DSP 开发系统进行了扩展，包括音频编解码电路、外部存储扩展电路和显示模块等。最后介绍了硬件和软件的调试方法。

本章内容既是学习 DSP 技术必备的硬件平台设计方法，又是 DSP 技术的提高部分。通过本章的学习，读者应该能够对 DSP 的应用系统开发有一个比较全面、清晰的认识，能够将 DSP 技术应用于实际，以达到学以致用、提高工程实践能力的目的。

实验十一：基于应用系统的音频软件设计

【实验目的】

1）熟悉应用系统平台各部分的构成和功能。

2）掌握多通道缓冲串行口（McBSP）的调试和使用方法。

3）掌握掌握 C 语言程序的编写和调试方法。

4）掌握链接命令文件的编写方法。

5）掌握中断向量表的编写方法。

【实验内容】

使用音频线将计算机与应用系统平台相连，在计算机上播放音乐，通过平台上的耳机欣赏计算机中播放的音乐。

【实验步骤】

1）采用 C 语言编写源程序。

2）在应用系统平台的 PHONE_OUT（耳机接口）处插入耳机，音频线一端连接于应用系统平台的 MIC_IN 处，另一端接电脑的耳机输入接口。

3）应用系统平台上电，连接 DSP 仿真器，并打开 CCS。

4）编译连接程序，并加载生成的可执行文件。

5）运行程序，检验效果。

实验十二：基于应用系统的 LCD1602 软件设计

【实验目的】

1）熟悉应用系统平台各部分的构成和功能。

2）掌握应用系统平台显示部分的调试方法。

3）掌握掌握 C 语言程序的编写和调试方法。

4）掌握链接命令文件的编写方法。

5）掌握中断向量表的编写方法。

【实验内容】

1）在 LCD 上顺序显示 0~9 和 A~Z。

2）在 LCD 上分两行显示字符串："HOW ARE YOU?" 和 "YOU ARE SUCCESSFUL!"

【实验步骤】

1）采用 C 语言编写源程序。

2）在 P2 上接上跳线帽，选中 LCD1602。

3）应用系统平台上电，连接 DSP 仿真器，并打开 CCS。

4）编译连接程序，并加载生成的可执行文件。

5）运行程序，查看结果。

思考题

1. 简述 TMS320VC5416 系统电源的设计过程。

2. 简述复位电路的作用及其设计要求。

3. 时钟电路设计时为什么需要并联电容?

4. 设计 JTAG 电路时需要注意什么?

5. 为什么在音频编解码电路中使用 0Ω 电阻?

参 考 文 献

[1] Texas Instruments Incorporated. TMS320C54x DSP Reference Set, Volume 1: CPU and Peripherals. 2001.

[2] Texas Instruments Incorporated. TMS320C54x DSP Reference Set, Volume 2: Mnemonic Instruction Set. 2001.

[3] Texas Instruments Incorporated. TMS320C54x DSP Reference Set, Volume 3: Algebraic Instruction Set. 2001.

[4] Texas Instruments Incorporated. TMS320C54x DSP Reference Set, Volume 4: Applications Guide. 2001.

[5] Texas Instruments Incorporated. TMS320C54x DSP Reference Set, Volume 5: Enhanced Peripherals. 2001.

[6] Texas Instruments Incorporated. TMS320C54x Assembly Language Tools User's Guide. 2002.

[7] Texas Instruments Incorporated. TMS320C54x Optimizing C/C++ Compiler User's Guide. 2002.

[8] Texas Instruments Incorporated. TMS320C54x Code Composer Studio Tutorial. 2000.

[9] 胡圣尧, 葛中芹, 关静, 等. DSP 原理与应用 [M]. 2 版. 南京: 东南大学出版社, 2013.

[10] 赵中伟, 戴文战. DSP 应用设计综合实验 [M]. 杭州: 浙江工商大学出版社, 2013.

[11] 陈纯锴, 陈义平, 李静辉, 等. TMS320C54XDSP 原理、编程及应用 [M]. 北京: 清华大学出版社, 2012.

[12] 邹彦, 唐冬, 宁志刚. DSP 原理及应用 [M]. 修订版. 北京: 电子工业出版社, 2012.

[13] 赵红怡. DSP 技术与应用实例 [M]. 3 版. 北京: 电子工业出版社, 2012.

[14] 张永祥, 宋宇, 袁慧梅. TMS320C54 系列 DSP 原理与应用 [M]. 北京: 清华大学出版社, 2012.

[15] 刘艳萍, 李志军, 贾志成, 等. DSP 技术原理及应用教程 [M]. 3 版. 北京: 北京航空航天大学出版社, 2012.

[16] 余成波, 汪治华. 嵌入式 DSP 原理及应用 [M]. 北京: 清华大学出版社, 2012.

[17] 刘波文, 张军, 何勇. DSP 嵌入式项目开发三位一体实战精讲 [M]. 北京: 北京航空航天大学出版社, 2012.

[18] 梁义涛, 傅洪亮, 杨铁军, 等. 现代 DSP 技术及应用 [M]. 北京: 清华大学出版社, 2012.

[19] 薛雷. DSPs 原理及应用教程 [M]. 2 版. 北京: 清华大学出版社, 2011.

[20] 叶青, 黄明, 宋鹏. TMS320C54x DSP 应用技术教程 [M]. 北京: 机械工业出版社, 2011.

[21] 黎步银, 张平川. DSP 技术及应用 [M]. 北京: 北京大学出版社, 2011.

[22] 邓琛, 刘海山, 滕旭东, 等. DSP 芯片技术及工程实例 [M]. 北京: 清华大学出版社, 2010.

[23] 范勤儒, 王一刚. DSP 原理及应用 [M]. 北京: 化学工业出版社, 2010.

[24] 杨占昕, 邓纶晖, 余心乐. TMS320C54x 系列 DSP 指令和编程指南 [M]. 北京: 清华大学出版社, 2010.

[25] 张涛, 贺家琳, 等. DSP 实验教程——基于 TMS320VC5416 DSK [M]. 北京: 机械工业出版社, 2009.

[26] 张雄伟, 曹铁勇, 等. DSP 芯片的原理与开发应用 [M]. 4 版. 北京: 电子工业出版社, 2009.

[27] 俞一彪, 曹洪龙, 邵雷. DSP 技术与应用基础 [M]. 北京: 北京大学出版社, 2009.

[28] 刘向宇. DSP 嵌入式常用模块与综合系统设计实例精讲 [M]. 北京: 电子工业出版社, 2009.

[29] 张卫宁, 栗华, 马昕. DSP 原理与应用教程 [M]. 北京: 科学出版社, 2008.

[30] 林静然. 基于 TI DSP 的通用算法实现 [M]. 北京: 电子工业出版社, 2008.

[31] 彭启琮, 李玉柏, 管庆. DSP 技术的发展与应用 [M]. 2 版. 北京: 高等教育出版社, 2007.

[32] 姜沫岐, 许涵, 余鹏, 等. DSP 原理与应用从入门到提高 [M]. 北京: 机械工业出版社, 2007.

[33] 戴明桢, 周建江. TMS320C54x DSP 结构、原理及应用 [M]. 2 版. 北京: 北京航空航天大学出版社, 2007.

[34] 吴冬梅, 张玉杰. DSP 技术及应用 [M]. 北京: 北京大学出版社, 2007.